国防特色教材·核科学与技术

黑龙江省精品图书出版工程项目

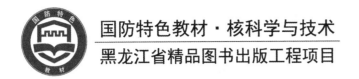

气 液 两 相 流

（第 3 版）

阎昌琪　编著

U0284612

哈尔滨工程大学出版社

Harbin Engineering University Press

内 容 简 介

本书系统地介绍了气液两相流的基本原理和理论分析方法。全书共分九章，其中包括两相流基本参数、流型、基本方程、截面含气率的计算、压降计算、两相临界流、流动不稳定性和两相流参数测量等主要内容。

本书可供从事核反应堆工程及热能工程专业的技术人员使用，也可作为高等学校核动力工程及热能工程专业的本科生教材。

图书在版编目(CIP)数据

气液两相流/阎昌琪编著. —3 版. —哈尔滨:哈尔滨工程大学出版社,2017.8(2023.1 重印)
ISBN　978 - 7 - 5661 - 1577 - 5

Ⅰ.①气…　Ⅱ.①阎…　Ⅲ.①气体 - 液体流动 - 研究
Ⅳ.①O359

中国版本图书馆 CIP 数据核字(2017)第 181599 号

选题策划　石　岭
责任编辑　石　岭　宗盼盼
封面设计　张　骏

出版发行　哈尔滨工程大学出版社
社　　址　哈尔滨市南岗区南通大街 145 号
邮政编码　150001
发行电话　0451 - 82519328
传　　真　0451 - 82519699
经　　销　新华书店
印　　刷　哈尔滨理想印刷有限公司
开　　本　787 mm×1 092 mm　1/16
印　　张　12.25
字　　数　320 千字
版　　次　2017 年 8 月第 3 版
印　　次　2023 年 1 月第 3 次印刷
定　　价　28.00 元
http://www.hrbeupress.com
E - mail:heupress@ hrbeu.edu.cn

第 3 版前言

本书自出版发行以来,已经在本科生教学中使用了二十多年,经过了两次修订,不断地进行改进和完善。在多年的教学使用过程中,许多任课老师和学生对本书的内容提出了宝贵意见,根据这些反馈意见和作者本人在教学工作中的体会和总结对原书进行了必要的修订。

本书的特点是涵盖两相流的知识面宽,与专业结合紧密,内容通俗易懂,适合教学使用,这些特点在使用过程中受到任课教师和学生的肯定。但是在使用过程中也发现一些问题,例如由于符号太多,有些符号标示不明确;个别内容和表述有些陈旧;个别文字和语句存在错误。本次修订保留了原书固有的特色和风格,对存在的上述问题进行了修改和完善,更新了陈旧过时的内容,更加适合目前教学使用。

由于修改时间仓促和作者水平有限,难免还存在错误和不足,希望广大读者给予批评指正。

编著者

2017 年 6 月

第 2 版前言

本书出版发行后,经过十几年的教学使用,效果良好。在本书的使用过程中,许多任课教师对本书的内容提出了一些意见和建议,特别是哈尔滨工程大学的黄渭堂教授、曹夏昕副教授等提出了许多具体的修改意见,在此向他们表示衷心地感谢。

根据读者和教师反馈的意见与建议,本次修订对原书部分内容进行了修改和重新安排。考虑到内容安排的合理性,删去了第一章第五节的内容,在第四章中增加了第八节,该节涵盖了原书第一章第五节的内容,并对原内容有所补充。将原书第二章中的部分内容调整到了第五章,这样有利于教学内容的循序渐进,使内容编排更加合理,减少了原书的错误和纰漏,但由于时间仓促,难免还存在错误和不当之处,希望读者给予批评指正。

编著者

2009 年 8 月

第 1 版前言

两相流是在流体力学与传热学基础上发展起来的一门新兴学科。它广泛应用于动力、石油、化工以及其他一些工业过程。由于核动力技术的迅速发展,这一学科引起了各国学者的重视,开展了广泛地理论研究和实验研究,取得了很多研究成果。

本书依据作者所编的核动力装置专业的两相流选修课讲义,并在教学实践和科研的基础上,补充了作者的研究成果,引用了国内外有关资料,补充改编而成。书中主要介绍了气液两相流的基本原理和基本处理方法,着重介绍管内气水两相流的机理和基本规律,并着重介绍了这些基本规律与工程实际的关系。

两相流动现象在热能动力装置及核动力装置中是经常发生的,例如核动力装置中的核反应堆、蒸发器等一些主要设备中都存在着两相流动问题。两相流的气相含量、压降及传热特性对这些设备的影响很大。掌握两相流动特性的变化规律和计算方法,就可以使所设计的设备有良好的热工和流体动力学特性,避免造成设计上和运行上的失误。因此两相流的研究在核能及热能动力工程中是非常重要的。

本书可作为高等学校核动力工程专业和热能工程专业本科生教材或研究生教材,也可供其他有关专业的师生和工程技术人员使用。

本书由黄渭堂副教授主审。郭镇明副教授为本书的出版提出了许多宝贵意见,在此深表谢意。

由于编者水平有限,书中可能存在不少缺点和错误,敬请读者批评指正。

编著者

1995 年 2 月

主 要 符 号 表

符号	单位	名称
A	m^2	流通面积
A'	m^2	液相所占流通面积
A''	m^2	气相所占流通面积
C	—	常数
C_p	$J/(kg \cdot ℃)$	比定压热容
D	m	管道直径
D_e	m	当量直径
d	m	直径
E	—	窜流比值
e	J/kg	单位质量的工质能量
f	—	摩阻系数
g	$kg/(m^2 \cdot s)$	质量流速
G''	$kg/(m^2 \cdot s)$	气相质量流速
G'	$kg/(m^2 \cdot s)$	液相质量流速
g	m/s^2	重力加速度
h_f	$W/(m^2 \cdot ℃)$	对流传热系数
i	J/kg	焓
i'	J/kg	单位质量液体在饱和温度下的焓
i''	J/kg	单位质量饱和蒸汽焓
j_l	m/s	液相折算速度
j_g	m/s	气相折算速度
j_{gm}	$m^3/(s \cdot m^2)$	气相漂移通量
j_{lm}	$m^3/(s \cdot m^2)$	液相漂移通量
k	mm	绝对粗糙度
k_f	$W/(m \cdot ℃)$	导热系数
L	m	长度
M	kg/s	质量流量
M'	kg/s	液相质量流量
M''	kg/s	气相质量流量
m	—	孔板开孔截面与管道截面之比
P_h	m	周界长度
P	kW	功率
p	MPa	压力
Δp_a	MPa	加速压降
Δp_f	MPa	摩擦压降
Δp_g	MPa	重位压降

符号	单位	名称
Q	J	吸热量
q	J/kg	热流量
q''	W/m^2	热流密度
R	m	半径
r	m	半径
i_{fg}	J/kg	汽化潜热
S	—	滑速比
T	℃	温度
T_s	℃	饱和温度
T_i	℃	入口温度
t	s	时间
U	J/kg	内能
V	m^3/s	容积流量
V'	m^3/s	液体容积流量
V''	m^3/s	气体容积流量
v	m^3/kg	比体积
v'	m^3/kg	液体比体积
v''	m^3/kg	气体比体积
v_m	m^3/kg	均质两相流的比体积
v_A	m^3/kg	截面平均比体积
v_M	m^3/kg	动量平均比体积
v_E	m^3/kg	动能平均比体积
W_o	m/s	循环流速
W'	m/s	液相流速
W''	m/s	气相流速
W_{gm}	m/s	气相漂移速度
W_{lm}	m/s	液相漂移速度
W_R	m/s	气液间相对速度
W_b	m/s	气泡速度
W_s	m/s	气泡在静止液体中的运动速度
X	—	马蒂内里参数
x	—	质量含气率(干度)
x_e	—	出口质量含气率
x_T	—	真实质量含气率
β	—	容积含气率
δ	m	液膜厚度
θ	(°)	水平倾角
λ	—	摩阻系数

符号	单位	名称
λ_{lo}	—	全液相摩阻系数
λ_{go}	—	全气相摩阻系数
λ_l	—	分液相摩阻系数
λ_g	—	分气相摩阻系数
μ	$N \cdot s/m^2$	两相流平均动力黏度
μ'	$N \cdot s/m^2$	液相动力黏度
μ''	$N \cdot s/m^2$	气相动力黏度
ρ	kg/m^3	密度
ρ'	kg/m^3	液体密度
ρ''	kg/m^3	气体密度
ρ_m	kg/m^3	流动密度（均质两相流密度）
ρ_o	kg/m^3	两相流的真实密度
σ	N/m^2	表面张力系数
τ	N/m^2	切应力
τ_o	N/m^2	流体与管壁的切应力
τ_i	N/m^2	气液间的界面切应力
α	—	截面含气率（截面含气率）
α_e	—	出口截面含气率
Φ_l^2	—	分液相折算系数
Φ_g^2	—	分气相折算系数
Φ_{lo}^2	—	全液相折算系数
Φ_{go}^2	—	全气相折算系数
$\dfrac{dp_a}{dz}$	$N/(m^2 \cdot m)$	加速压降梯度
$\dfrac{dp_g}{dz}$	$N/(m^2 \cdot m)$	重位压降梯度
$\dfrac{dp_f}{dz}$	$N/(m^2 \cdot m)$	摩擦压降梯度
$\left(\dfrac{dp_f}{dz}\right)_l$	$N/(m^2 \cdot m)$	分液相摩擦压降梯度
$\left(\dfrac{dp_f}{dz}\right)_g$	$N/(m^2 \cdot m)$	分气相摩擦压降梯度
$\left(\dfrac{dp_f}{dz}\right)_{lo}$	$N/(m^2 \cdot m)$	全液相摩擦压降梯度
$\left(\dfrac{dp_f}{dz}\right)_{go}$	$N/(m^2 \cdot m)$	全气相摩擦压降梯度

目　　录

第一章　两相流基本参数及其计算方法

第一节　基　本　概　念

两相流动是指固体、液体、气体三个相中的任何两个相组合在一起、具有相间界面的流动体系,可以由气体－液体、液体－固体或固体－气体组合构成,是自然界和工业应用中一种常见的流体流动现象。例如,液体沸腾、蒸汽冷凝、血液流动及石油输送等,都是一些普通的两相或多相流动体系。

两相流动体系可以是一种物质的两个相状态,也可以是两种物质的两相状态。因此,可以分为单组分两相流动和双组分两相流动。单组分两相流动是由同一种化学成分的物质的两种相态混合在一起的流动体系。例如,水及其蒸汽构成的汽－水两相流动体系。双组分两相流动是指化学成分不同的两种物质同处于一个系统内的流体流动。例如,空气和水构成的气－水两相流动体系。广义上,实际中还有一些双组分流动,是由彼此互不混合的两种液体构成,例如油－水两相流动。

双组分两相流动与单组分两相流动定义虽有一些差异,但其流动所遵守的基本守恒方程和数学模型是相同的。在不涉及相变的情况下,可将它们按同一种物理现象处理。

流体在加热过程中会发生相变而形成两相流动。沸腾是一种很常见的物理现象,在沸腾过程中必然伴随着两相流动。这一过程中的许多两相流动特征,如流动不稳定性、空泡的分布特性、阻力特性等,对水冷核反应堆、蒸汽锅炉、蒸馏塔、制冷设备和各种换热器等的工作过程都有重要影响。气体和液体都是流体,当它们单独流动时,其流动规律基本相同。但是,它们共同流动与单独流动有许多不同之处。这使得单相流中的许多准则和关系式不能直接用来描述两相流。

近几十年来,由于传统工业和新兴工业,如化学工程、冶金工程、核工程、航空与航天工程等的迅速发展,促进了两相流动的研究和应用,使它发展成为一个独立的研究分支,得到了广泛的重视。但是,由于固有的复杂性、多样性以及测量手段的局限性,到目前为止,无论是在理论上,还是在方法上,这一研究尚处于发展阶段,而且在今后一个较长的时间内,将继续是一个各抒己见,实验性强,充满着机会和突破的学术领域。

在气液两相流动中,两相介质都是流体,各自都有相应的流动参数。另外,由于两相介质之间的相互作用,还出现了一些相互关联的参数。为了便于两相流动计算和实验数据的处理,还常常使用折算参数(或称虚拟参数),这使得两相流的参数比单相流复杂得多。本章就两相流中的一些主要参数予以讨论,并给出计算关系式。

第二节　气相介质含量

气相介质含量,表示两相流中气相所占的份额,它有以下几种表示方法。

一、质量含气率 x

质量含气率是指单位时间内,流过通道某一截面的两相流体总质量 M 中气相所占的比例份额,即

$$x = \frac{M''}{M} = \frac{M''}{M'' + M'} \tag{1-1}$$

式中,M'',M' 分别为气相和液相的质量流量,单位为 kg/s。且

$$1 - x = \frac{M'}{M} = \frac{M'}{M'' + M'} \tag{1-2}$$

称为质量含液率。

二、热力学含气率 x

在有热量输入的两相流系统中,经常使用热力学含气率的概念。热力学含气率,在有些文献中也称热平衡含气率,它是由热平衡方程定义的含气率,可根据加入通道的热量算出气相的含量。由热平衡方程

$$i = i' + (i'' - i')x \tag{1-3}$$

可得

$$x = \frac{i - i'}{i'' - i'} \tag{1-4}$$

式中 　i——流道某截面上两相流体的焓值;

　　　i'——饱和水的焓。

在欠热沸腾的情况下,两相流体的焓 i 小于饱和水的焓 i',x 小于 0。对于过热蒸汽,$i > i''$,此时 x 大于 1。因此,热力学含气率可以小于 0 也可以大于 1,这是它与质量含气率的主要差别。

三、容积含气率 β

容积含气率是指单位时间,流过通道某一截面的两相流总容积中,气相所占的比例份额。其表达式为

$$\beta = \frac{V''}{V} = \frac{V''}{V' + V''} \tag{1-5}$$

式中,V'',V' 分别为气相和液相介质的容积流量,而

$$1 - \beta = \frac{V'}{V} \tag{1-6}$$

称为容积含液率。

根据定义可以导出质量含气率 x 与 β 的关系,即

$$x = \frac{M''}{M'' + M'} = \frac{\beta\rho''}{\beta\rho'' + (1-\beta)\rho'} \tag{1-7}$$

$$\beta = \frac{x/\rho''}{x/\rho'' + (1-x)/\rho'} \tag{1-8}$$

式中，ρ''，ρ'分别为气相和液相密度。

四、截面含气率 α

截面含气率也称空泡份额，是指两相流中某一截面上，气相所占截面与总流道截面之比。其表达式为

$$\alpha = \frac{A''}{A} = \frac{A''}{A' + A''} \tag{1-9}$$

式中，A''，A'分别为气相和液相所占的流道截面积。

同样

$$1 - \alpha = \frac{A'}{A} \tag{1-10}$$

称为截面含液率。

在两相绝热的稳定流动情况下，两相质量流量是不变的，所以在等截面流道的任意截面中，α均相等，即 A 不变，A'，A''也为常数。于是有

$$\alpha = \frac{A''}{A} = \frac{A''\Delta L}{A\Delta L} = \frac{\Delta V''_o}{\Delta V_o} \tag{1-11}$$

式中 ΔL—— 一小段管长，m；

$\quad\quad \Delta V''_o$—— 存在于 ΔL 管长中气相的容积，m^3；

$\quad\quad \Delta V_o$—— 存在于 ΔL 管长中两相流总容积，m^3。

从这里可以看出 β 与 α 的区别，β 表示流过通道的气相容积份额，而 α 则表示存在于流道中的气相容积份额，两者的意义是不同的，由于气相介质密度比液相介质密度小，所以 α 越大则存在于流道中的两相介质密度越小；反之，密度越大。β 不能表示出这种特性，由于气液两相介质的流速并不相同，所以流过某一截面的气相体积流量和总体积流量之比，并不等于存在于流道内的气相介质容积和流道内两相介质总容积之比。这一点可以由 β 和 α 的定义直接导出，即

$$\beta = \frac{\dfrac{M''}{\rho''}}{\dfrac{M''}{\rho''} + \dfrac{M'}{\rho'}} = \frac{1}{1 + \dfrac{(1-x)}{x}\dfrac{\rho''}{\rho'}} \tag{1-12}$$

$$\alpha = \frac{A''}{A'' + A'} = \frac{1}{1 + \dfrac{(1-x)}{x}\dfrac{\rho''W''}{\rho'W'}} \tag{1-13}$$

式中，W''，W'分别为气相和液相的流速。

比较式（1-12）和式（1-13）可以看出，如果两相流体中气相速度 W'' 等于液相速度 W'，即两相之间没有相对滑动时，则 α 等于 β 值，否则两值不等。在两相流系统中，由于两相的密度不同，其受力情况也不同，因此都不同程度地存在滑动。两相之间滑动的大小用滑速比 S 来表示，$S = W''/W'$。引入滑速比的概念后，可以把式（1-13）改写成为

$$\alpha = \frac{1}{1 + \frac{(1-x)}{x}\frac{\rho''}{\rho'}S} \qquad (1-14)$$

而 β 与 α 之间的关系为

$$\beta = \frac{1}{1 + \frac{(1-\alpha)}{\alpha}\frac{1}{S}} \qquad (1-15)$$

在两相流通道中求出 x 后,可利用式(1-8)很容易求出相应的 β 值。但是,截面含气率 α 的计算,涉及气液两相真实速度的比值 S,这就给 α 的计算带来很多困难,在后面我们要专门讲 α 值的计算问题。

第三节　两相流的流量和流速

两相流的流量和流速的表达形式较多,有各相的流量和流速、两相混合物的流量和流速,还定义了一些折算流量和流速。这使得两相流的流量和流速的表达形式很复杂,容易混淆,下面分别给出一些主要的定义和表达式。

一、质量流量和质量流速

两相流的总质量流量为 M,它表示单位时间流过任一流道横截面的气液混合物的总质量,单位为 kg/s。每一相的质量流量与总质量流量的关系为

$$M = M' + M'' \qquad (1-16)$$

流道单位横截面通过的质量流量,称为质量流速,或质量流密度,单位为 kg/(m² · s),用 G 表示为

$$G = \frac{M}{A} \qquad (1-17)$$

每一相的质量流速与总质量流速的关系为

$$G = G' + G'' \qquad (1-18)$$

式中

$$G' = M'/A$$
$$G'' = M''/A$$

二、容积流量、相速度和折算速度

1. 容积流量

两相流的总容积流量 V,定义为单位时间内流经通道任一流通横截面的气液混合物的容积,单位为 m³/s。总容积流量为每一相容积流量之和,即

$$V = V' + V'' \qquad (1-19)$$

$$V' = \frac{M'}{\rho'} \qquad (1-20)$$

$$V'' = \frac{M''}{\rho''} \qquad (1-21)$$

2. 各相的平均速度

液相的真实平均速度定义为

$$W' = \frac{V'}{A'} = \frac{M'}{\rho'A'} = \frac{G'}{\rho'(1-\alpha)} \tag{1-22}$$

气相的真实平均速度为

$$W'' = \frac{V''}{A''} = \frac{M''}{\rho''A''} = \frac{G''}{\rho''\alpha} \tag{1-23}$$

3. 折算速度

折算速度 j 又称容积流密度,定义为每单位流道截面上的两相流容积流量,单位为 m/s,它也表示两相流的平均速度,即

$$j = \frac{V}{A} = \frac{V'+V''}{A} = j_g + j_1 \tag{1-24}$$

式中,$j_g = V''/A$ 称为气相折算速度,它的意义是假定两相介质中的气相单独流过同一通道时的速度;$j_1 = V'/A$ 称为液相折算速度,它表示两相介质中的液相单独流过同一通道时的速度。由折算速度的定义

$$j_1 = \frac{V'}{A} = \frac{V'}{A'}(1-\alpha) \tag{1-25}$$

式中,$V'/A' = W'$ 是液相的真实速度,所以有

$$W' = \frac{j_1}{1-\alpha} \tag{1-26}$$

同理

$$j_g = \frac{V''}{A} = \frac{V''}{A''}\alpha = \alpha W'' \tag{1-27}$$

$$W'' = \frac{j_g}{\alpha} \tag{1-28}$$

三、漂移速度和漂移通量

在解决两相流动问题时,经常要用到漂移速度和漂移通量的概念。漂移速度是指各相的真实速度与两相混合物平均速度的差值。气相漂移速度为

$$W_{gm} = W'' - j \tag{1-29}$$

式中,j 表示两相混合物的平均速度。液相漂移速度为

$$W_{lm} = W' - j \tag{1-30}$$

漂移通量表示各相相对于平均速度 j 运动的截面所流过的体积通量。气相漂移通量为

$$j_{gm} = \frac{A''}{A}(W''-j) = j_g - \alpha j \tag{1-31}$$

液相漂移通量为

$$j_{lm} = \frac{A'}{A}(W'-j) = (1-\alpha)(W'-j)$$

$$= j_1 - (1-\alpha)j = \alpha j - j_g \tag{1-32}$$

由式(1-31)和式(1-32)可以看出

$$j_{gm} = -j_{lm} \qquad (1-33)$$

即气相漂移通量与液相漂移通量大小相等、方向相反。

四、循环速度和循环倍率

1. 循环速度

循环速度是指与两相混合物总质量流量 M 相等的液相介质流过同一截面的通道时的速度。根据质量守恒原理,入口为欠热水或饱和水的沸腾通道,进口处水的质量流量等于汽水混合物的质量流量。因此,对于这样的等截面通道,循环速度在数值上等于通道入口处的水速。由定义可得

$$W_o = \frac{M}{\rho'A} = \frac{M'' + M'}{\rho'A} = \frac{\rho''V''}{\rho'A} + \frac{V'}{A} = \frac{\rho''}{\rho'}j_g + j_l \qquad (1-34)$$

于是有

$$j = j_l + j_g = j_g + \left(W_o - \frac{\rho''}{\rho'}j_g\right) = W_o + \left(1 - \frac{\rho''}{\rho'}\right)j_g \qquad (1-35)$$

2. 循环倍率

循环倍率是指单位时间内,流过通道某一截面的两相介质总质量与其中气相质量之比,也就是质量含气率的倒数,即

$$K' = \frac{M}{M''} = \frac{1}{x} \qquad (1-36a)$$

上式亦可写成

$$K' = \frac{W_o\rho'}{j_g\rho''} \qquad (1-36b)$$

五、滑速比

由于气体和液体的流速不同,在两相之间存在相对速度 W_{xd},且

$$W_{xd} = W'' - W' \qquad (1-37)$$

相对速度又称为滑移速度。

气体的速度与液体的速度之比称为滑速比(S),且

$$S = \frac{W''}{W'} = \frac{\dfrac{Gx}{\rho''\alpha}}{\dfrac{G(1-x)}{\rho'(1-\alpha)}} = \left(\frac{x}{1-x}\right)\left(\frac{\rho'}{\rho''}\right)\left(\frac{1-\alpha}{\alpha}\right) \qquad (1-38)$$

关于气体与液体之间存在相对速度的原因,后面还要进行详细讨论。当气体的真实速度大于液体的真实速度时,$W_{xd} > 0$,$S > 1$;反之,$W_{xd} < 0$,$S < 1$;当两者的速度相等时,$W_{xd} = 0$,$S = 1$。

影响 S 值的因素非常多,无法直接从流动参数计算来确定,目前多是根据实验得到的经验公式来确定。当两相流体竖直上升流动时,由于浮力的作用,使 $W'' > W'$,$S > 1$,则 $\beta > \alpha$;下降流动时一般 $W'' < W'$,$S < 1$,则 $\alpha > \beta$。

第四节 两相介质密度及比体积

一、两相介质密度

根据气、液两相介质经过流道的流动情况和在流道中存在的情况,两相介质密度有以下两种表示方法。

1. 两相介质的流动密度 ρ_m

两相介质的流动密度 ρ_m 是指单位时间内流过流道某一横截面的两相介质质量和体积之比,即

$$\rho_m = \frac{M}{V} = \frac{M}{Aj} = \frac{\dfrac{M}{A}}{W_o + (1 - \dfrac{\rho''}{\rho'})j_g} = \frac{\rho'}{1 + (1 - \dfrac{\rho''}{\rho'})\dfrac{j_g}{W_o}} \qquad (1-39)$$

还可以写成

$$\rho_m = \frac{M}{V} = \frac{V''\rho'' + V'\rho'}{V} = \beta\rho'' + (1 - \beta)\rho' \qquad (1-40)$$

流动密度是以流过通道某一截面的两相介质的质量与体积之比得到的,它反映了两相介质在流动中的密度。流动密度与两相介质的流动参数直接相关,所以常用来计算两相介质在流动过程中的压降和其他一些问题。

2. 两相介质的真实密度 ρ_o

两相介质的真实密度是根据密度的定义(即单位体积内两相介质的质量)而得到的,它反映了存在于流道中的两相介质的实际密度,用它可以计算存在于流道当中两相介质的质量。

在绝热的两相流通道中取微小长度 ΔL,则在该微小长度中流道的体积为 $A\Delta L$,在这段管长中两相介质的质量为

$$\rho''A''\Delta L + \rho'A'\Delta L = \rho''\alpha A\Delta L + \rho'(1 - \alpha)A\Delta L \qquad (1-41)$$

真实密度

$$\rho_o = \frac{\rho''\alpha A\Delta L + \rho'(1 - \alpha)A\Delta L}{A\Delta L} = \alpha\rho'' + (1 - \alpha)\rho' \qquad (1-42)$$

当两相介质的流动速度相等时,$S = 1$,则 $\beta = \alpha$。由式(1-40)和式(1-42)可以看出,$\rho_o = \rho_m$,即两相介质的真实密度和流动密度相等。

二、两相介质的比体积

两相介质的比体积 v_m 定义为单位时间内流过流道某一横截面的两相介质体积和质量之比,即

$$v_m = \frac{V}{M} = \frac{V'' + V'}{M} = \frac{1}{\rho_m}$$
$$= xv'' + (1 - x)v' \qquad (1-43)$$

从式(1-43)可以看出,v_m 是 ρ_m 的倒数。

经常见到的两相流平均比体积还有以下的表达形式。

1. 截面平均比体积 v_A

$$v_A = \left(\frac{1}{A}\int_A \rho \mathrm{d}A\right)^{-1} = \left(\frac{1}{A}\int_{A'} \rho' \mathrm{d}A + \frac{1}{A}\int_{A''} \rho'' \mathrm{d}A\right)^{-1}$$

$$= \frac{(1-x)v'S + xv''}{x + (1-x)S} \tag{1-44}$$

2. 动量平均比体积 v_M

$$v_M = \frac{1}{G^2 A}\int_A \rho j^2 \mathrm{d}A = \frac{1}{G^2 A}\left(\int_{A'} \rho' W'^2 \mathrm{d}A + \int_{A''} \rho'' W''^2 \mathrm{d}A\right)$$

$$= \frac{A(\rho'W'A')^2}{M^2 \rho'A'} + \frac{A(\rho''W''A'')^2}{M^2 \rho''A''} = \frac{(1-x)^2 v'}{1-\alpha} + \frac{x^2 v''}{\alpha} \tag{1-45}$$

3. 动能平均比体积 v_E

$$v_E = \left(\frac{1}{G^3 A}\int_A \rho j^3 \mathrm{d}A\right)^{\frac{1}{2}} = \left[\frac{A^2}{M^3}\left(\int_{A'} \rho' W'^3 \mathrm{d}A + \int_{A''} \rho'' W''^3 \mathrm{d}A\right)\right]^{\frac{1}{2}}$$

$$= \left\{\frac{A^2}{M^3}\left[\frac{(1-x)^3 M^3}{(1-\alpha)^2 A^2}v'^2 + \frac{x^3 M^3}{\alpha^2 A^2}v''^2\right]\right\}^{\frac{1}{2}} = \left[\frac{(1-x)^3 v'^2}{(1-\alpha)^2} + \frac{x^3 v''^2}{\alpha^2}\right]^{\frac{1}{2}} \tag{1-46}$$

若将

$$\alpha = \frac{1}{1 + \left(\frac{1-x}{x}\right)\frac{\rho''}{\rho'}S}$$

代入式(1-46),可得

$$v_E = \left\{\left[\frac{xv''}{S} + (1-x)v'\right]^2 \left[1 + x(S^2 - 1)\right]\right\}^{\frac{1}{2}} \tag{1-47}$$

习　　题

1-1　两相流以环状流动形式通过一管路,管路直径 D,液膜厚度 δ,$\delta \ll D$。求该管道的截面含气率 α。

1-2　证明:

$$S = \left(\frac{\beta}{1-\beta}\right)\left(\frac{1-\alpha}{\alpha}\right)$$

1-3　汽水混合物在 0.1 MPa 压力下的管内流动,质量含气率是 2%,测得截面含气率 $\alpha = 80\%$。求两相的滑速比 S。

1-4　证明下列关系:

$$j = W_o + xW_o\left(\frac{\rho'}{\rho''} - 1\right)$$

1-5　有一内径为 38.5 mm 的竖直上升蒸发管,其入口为饱和水,循环流速 $W_o = 1$ m/s,设此管沿长度均匀受热,总吸热量为 75 366 kJ/h。管内绝对压力为 6.6 MPa。求该管段出口两相流平均速度 j 及各相的折算速度 j_l 和 j_g。

第二章 两相流的流型和流型图

第一节 研究流型的意义

在气液两相流动过程中,两个相之间存在界面。界面有多种多样的形状,但一般来说,表面张力的作用有助于产生弯曲的界面,形成球形。在连续相中夹带的不连续相愈大,则与球形相差愈远。两相流型就是气(汽)液两相流动中两相介质的分布状况。长期以来,人们在生活中已经体验和发现,气液两相介质共存时可以有各种不同的存在情况,有气体以细微的气泡形式均匀充满液体中的沫状情况,有以巨大气泡形式存在于液体中的情况,还有液体以细小液滴分散在气体中的雾状情况,等等。这些都属于不同的流型。在这些不同的流型情况下,两相流的流体力学特性是不同的。所以,为了研究两相流体的运动规律,必须要弄清楚两相混合物是怎样运动的,即弄清其流型。影响两相流型的因素很多,例如压力、速度、含气率、运动方向、流道几何形状等。流型的研究是两相流研究的基础。

从工程应用的角度看,研究流型的意义在于确定流体的换热特性和压降特性。因为两相流的换热特性和压降特性与其流型密切相关。流型的变化对换热机理有明显的影响。当液体湿润加热表面,并且壁温稍超过液体的饱和温度时,壁面下就会产生泡核沸腾,泡核沸腾的放热系数高。当从泡核沸腾过渡到膜态沸腾时,放热系数急剧下降,这个过程中流型发生了变化,从而使换热机理发生了变化。

两相流的压降及两相流不稳定性的研究,更是与流型密不可分。流型取决于气泡份额和相分布,流型的不同,对压降起主要作用的因素是不同的,因而计算压降的公式也有差别。流型的转变还会引起流动的不稳定性。

综上所述,两相流型的研究是十分重要的,它相当于单相流体力学中确定层流和湍流一样。对流型的透彻了解有助于揭示两相流的流动机理,解释两相流系统中复杂的特性。

由于流动参数的不同,界面的分布是不一样的,通过对界面分布的分类就出现了各种流型。因为两相界面的分布很复杂,所以流型的描绘是一个高度定性的过程。

第二节 竖直上升管中的流型

一、竖直上升不加热管中的流型

在竖直不加热管道中,如果流道的截面积不变,含气率不变,则流型沿管长不发生变化。流型大致可分为下列几种(见图 2 – 1)。

1. 泡状流

这种流型的主要特征是气相不连续,即气相以小气泡形式不连续地分布在连续的液体流中。泡状流的气泡大多数是圆球形的,在管子中部气泡的密度较大。在泡状流刚形成时,

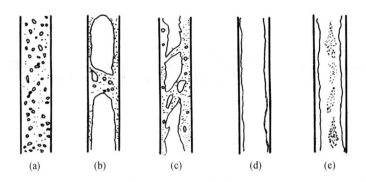

图 2 - 1　竖直上升不加热管中的流型
(a)泡状流;(b)弹状流;(c)乳沫状流;(d)环状流;(e)细束环状流

气泡很小,而在泡状流的末端气泡可能较大,这种流型主要出现在低含气率区。

2. 弹状流

这种流型的特征是大的气泡和大的液体块相间出现。气泡与壁面被液膜隔开,气泡的长度变化相当大,而且在流动着的大气泡尾部常常出现许多小气泡。由于液体块和气泡互相尾随着出现,造成了流道内很大的密度差和流体的可压缩性,所以,在这种流型下容易出现流动不稳定性,即流量随时间发生变化。

弹状流的形成是由于小气泡的聚结长大而产生的,大气弹的直径接近管径。这种流型出现在中等截面含气率和相对低的流速情况下。也可以认为,这种流型出现在泡状流和环状流的过渡区。随着系统压力的升高,液体表面张力减小,不能形成大气泡,因而,弹状流存在的范围较小,当压力在 10 MPa 以上时,观察不到弹状流动。

3. 乳沫状流(也称搅混流)

当管道中气相介质比上述情况再增加时,弹状流型式遭到破坏,形成了乳沫状流。乳沫状流是由于大气泡破裂所形成的,破裂后的气泡形状很不规则,有许多小气泡掺杂在液流中。这种流动的特征是振荡型的,液相在通道中交替地上下运动,像煮沸的乳液一样。一般来说,这也是一种过渡流型,在有些情况下,可能观察不到这种流型。

4. 环状流

当气相含量比乳沫状流还高时,搅混现象逐渐消失,块状液流被击碎,形成气相轴心,从而产生了环状流。环状流的特征是液相沿管壁周围连续流动,中心则是连续的气体流。在液膜和气相核心流之间,存在着一个波动的交界面。由于波的作用可能造成液膜的破裂,使液滴进入气相核心流中;气相核心流中的液滴在一定条件下也能返回到壁面的液膜中来。

这种流型在两相流中所占的范围最大,是一种最典型的流型。解决这种流型的一些问题,可以通过理论分析建立数学模型求解。

5. 细束环状流

这种流型和环状流很接近,只是在气芯中液体弥散相的浓度足以使小液滴连成串向上流动,犹如细束。

二、竖直上升加热管中的流型

两相流体在竖直上升加热管中的流型与混合物的产生方式有关。加热与不加热管道沿管子截面径向流体的温度分布不同,这两种情况下两相流体之间的热力平衡和流体动力平衡各不相同,因此两者的流型是有差别的。

当欠热水在均匀加热的竖直管中向上流动时,流型如图2-2所示。从图中可以看出,进入管道的欠热水在向上流动过程中不断被加热,当接近饱和温度时,虽然水的主流部分尚未达到饱和温度,但是,由于存在着径向温度分布,当管壁温度超过饱和温度时,在壁面上会产生气泡,这种现象称为欠热沸腾,欠热沸腾的程度与表面热流密度 q'' 有很大关系。水继续向上流动,当主流达到相应压力下的饱和温度时,就会产生容积沸腾或称饱和沸腾。起初的含气量较少($\beta < 20\%$),只会形成小气泡,此时属于泡状流。这种汽水混合物在向上流动的过程中继续被加热,含气量不断增加,小气泡合并成大气弹,占据管道中心部分,即呈弹状流动。当两相继续向上流动,含气量进一步增加,大气弹连在一起形成一个气柱。这时仅仅在管壁四周有一层环状水膜流动,这种情况就是环状流。当中心的气流速度较高时,会从四周的水膜表面携出许多细小的水滴随气体一起流动,这种流动称为有携带的环状流。在环状流动的大部分范围内,管壁热量通过水膜传递到汽水交界面上,在该界面上水不断蒸发,这时壁面不再生成气泡,这种现象称为核化受到抑制。与之相应的换热方式称为两相强制对流换热。由于水膜不断蒸发以及携带的结果,沿着流动方向水膜越来越薄,最后壁面上的水膜完全消失,出现干涸现象。此时,水全部变为小水滴弥散在蒸汽中,这种情况称为雾状流。在这种情况下壁面同蒸汽直接接触,换热大大恶化,壁面温度急剧上升,放热系数大幅度下降。在此区中未蒸发完的水滴受到加热继续蒸发,而此时蒸汽开始过热,这一区称为欠液区。最后蒸汽中的水滴全部蒸发,流动进入了气体单相流区。

在判断竖直上升管的流型中,图2-3所示的流型图得到了比较广泛的应用。此图适用

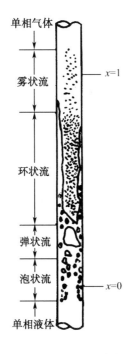

图2-2　竖直上升加热管中的流型

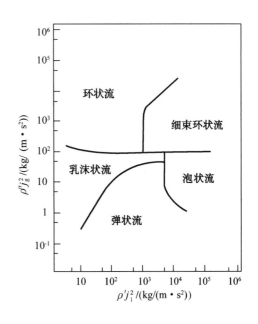

图2-3　竖直上升管流型图

于空气－水和汽－水两相流。得出此图的实验条件是,管子内径为31.2 mm,压力为0.14～0.54 MPa 的空气－水两相流。此图经实验验证可用于汽水混合物在管内流动的情况。

图中横坐标为 $\rho' j_l^2$,纵坐标为 $\rho'' j_g^2$,可分别按下列两式计算,即

$$\rho' j_l^2 = \frac{G^2(1-x)^2}{\rho'} \tag{2-1}$$

$$\rho'' j_g^2 = \frac{G^2 x^2}{\rho''} \tag{2-2}$$

第三节　竖直下降管中的气液两相流流型及其流型图

在竖直管中气液两相流一起向下流动时的流型如图2－4所示,这些流型是从空气－水混合物的试验中得出的[1]。气液相做下降流动时的泡状流型与做上升流动时的泡状流型不同。前者的气泡集中在管子核心部分,而后者则散布在整个管子截面上。

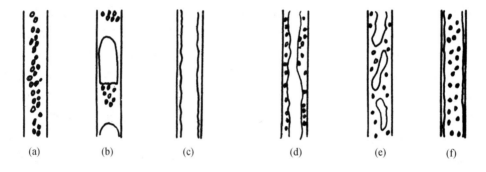

图2－4　竖直下降管中的气液两相流流型
(a)泡状流;(b)弹状流;(c)下降液膜流;(d)带气泡的下降液膜流;(e)块状流;(f)雾式环状流

如果液相流量不变而使气相流量增大,则气泡将聚集成气弹。下降流动时的弹状流型比上升流动时稳定。

下降流动时的环状流动有几种流型,在气相及液相流量小时,有一层液膜沿管壁下流,核心部分为气相,这称为下降液膜流型;当液相流量增大,气相将进入液膜,这称为带气泡的下降液膜流型;当气液两相流量都增大时,会出现块状流型;在气相流量较高时,能发展为核心部分为雾状流动,壁面有液膜的雾式环状流型。

图2－5表示了下降流动的气液两相流流型图[1]。图2－5中的1,2,3,4,5,6分别代表图2－4中各相应的流型。该图是以空气和多种液体混合物做试验得出的,试验管径为25.4 mm,试验压力为0.17 MPa。

图2－5选用 $Fr/\sqrt{y}$ 为横坐标, $\sqrt{\beta/(1-\beta)}$ 为纵坐标。Fr 数可用下式计算,即

$$Fr = \frac{(j_g + j_l)^2}{gD} \tag{2-3}$$

式中　g——重力加速度,m/s^2;

　　　D——管子内径,m。

y 为液相物性系数,按下式计算,即

$$y = \left(\frac{\mu'}{\mu_w}\right)\left[\left(\frac{\rho'}{\rho_w}\right)\left(\frac{\sigma}{\sigma_w}\right)^3\right]^{-\frac{1}{4}} \quad (2-4)$$

式中　μ'——液相动力黏度，Pa·s；

　　　μ_w——20 ℃，0.1 MPa 时水的动力黏度，Pa·s；

　　　σ——液相表面张力，N/m；

　　　σ_w——20 ℃，0.1 MPa 时水的表面张力，N/m；

　　　ρ_w——20 ℃，0.1 MPa 时水的密度，kg/m³。

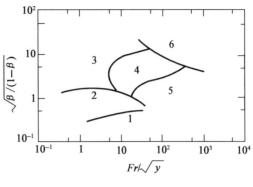

图 2-5　竖直下降管流型图

第四节　水平管中的流型

一、水平不加热管中的流型

水平流动与竖直流动的流型是不一样的。这主要是由于重力的影响使液体趋向管道底部流动，而气体则由于浮力的作用趋向于在管子的顶部流动，这样就造成了流动的不对称性，使流型复杂化了。下面先介绍一下水平不加热情况的流型（图 2-6）。

1. 泡状流

这种流型与竖直流动的泡状流相似，只是气泡趋向于在管道上部流动，而在通道的下部液体多气体少。气泡的分布与流体的流动速度有很大关系，流速越低，气泡的分布越不均匀。

2. 塞状流

当泡状流中的气泡进一步增加，气泡聚结长大而形成大气塞。这种塞状气泡一般都比较长，有点类似于竖直流动中的弹状流，在大气塞的后面，还会出现一些小气泡。

3. 分层流

这种流型出现在液相和气相的流速都比较低的情况下，是重力分离效应的极端情况。这时气相在通道的上部流动，液相在通道的下部流动，两者之间有一个比较光滑的交界面。

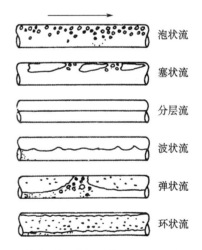

图 2-6　水平不加热管的流型

4. 波状流

当分层流动中气体的流速增加到足够高时，在气相和液相的交界面上产生了一个扰动波。这个扰动波沿着流动方向传播，像波浪一样，所以称为波状流。

5. 弹状流

如果气相速度比波状流的速度更高，这些波最终会碰到流道的顶部表面而形成气弹，所以称为弹状流。此时，许多大的气弹在通道上部高速度运动，而底部则是波状液流的底层。

6. 环状流

这种流型与竖直流动的环状流很相似,气相在通道中心流动,而液相贴在通道的四壁上流动。然而,由于重力的影响,周向液膜厚度不均匀,管道底部的液膜比顶部厚。这种流型出现在气相流速比较高的区域里,当壁面较粗糙时,液膜还可能不连续。

二、水平加热管中的流型

与竖直加热管一样,在加热的水平管中,也受到热动态平衡和流体动态平衡变化的影响,只是在水平管中由于不对称性和分层使流型的变化更复杂了。

图2-7所示为低热流密度下,均匀加热,入口为欠热水的水平蒸发管的流型。图中的各流型对应于入口速度较低($W_0 < 1$ m/s)的情况,当入口水速较高时,两相分布接近对称,流型接近于竖直管的流型。

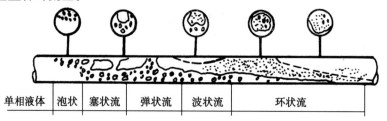

| 单相液体 | 泡状 | 塞状流 | 弹状流 | 波状流 | 环状流 |

图2-7 水平加热蒸发管中的流型

在水平加热管中,波状流动区域里可能在通道上部壁面出现相间的干涸现象,这种干涸是不稳定的。当达到环状流动区域时,壁面上就会出现真正的干涸,此时不仅管道的上部出现干涸,管道四周的壁面都会出现干涸。

应当指出,图2-7所示的是典型的流动工况,流动工况受流速、热通量、含气量等条件的影响,当这些条件改变时,可能造成过程的不完全,即仅出现几种流动区域。当通道进口流速比较高时,重力对相分布的影响就减小了。水平管中的气液两相流流型也可按相应的流型图确定。水平流动的两相流流型判别的经典图形是贝克(Baker)流型图[2]。此图是综合了空气-水两相流在常压下,水平管内流动的实验数据得出的。后来作了修改,修改后的贝克流型图[3]广泛地用于石油工业和冷凝工程设计中。修改后的贝克图如图2-8所示,该图的横坐标是$\rho' j_1 \psi$,其纵坐标是$\rho'' j_g / \lambda$。其中λ和ψ为修正系数,可分别按下列两式计算,即

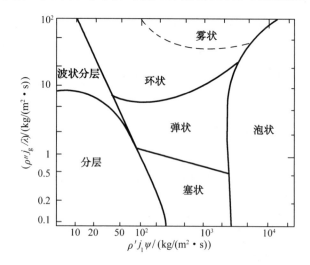

图2-8 贝克流型图

$$\lambda = \left[\left(\frac{\rho''}{\rho_a}\right)\left(\frac{\rho'}{\rho_w}\right)\right]^{\frac{1}{2}} \tag{2-5}$$

$$\psi = \left(\frac{\sigma_w}{\sigma}\right)\left[\left(\frac{\mu'}{\mu_w}\right)\left(\frac{\rho_w}{\rho'}\right)^2\right]^{\frac{1}{3}} \tag{2-6}$$

式中　σ_w——大气压下 20 ℃水的表面张力，N/m；

　　　μ_w——大气压下 20 ℃水的动力黏度，Pa·s；

　　　ρ_w——大气压下 20 ℃水的密度，kg/m³；

　　　ρ_a——大气压下 20 ℃空气的密度，kg/m³。

以上的修正系数 λ 和 ψ，在一个大气压、20 ℃空气 – 水的情况下是 1。汽 – 水混合物的 λ 及 ψ 值可根据饱和压力由图 2 – 9 中查得。

后来，曼德汉（Mandhane）根据近 6 000 个试验数据归纳出另一幅适用于判别水平管中气液两相的流型图。图 2 – 10 所示即为曼德汉流型图[5]。此图以按管内压力及温度算得的气相折算速度 j_g 和液相折算速度 j_1 为坐标。曼德汉流型图的适用范围，见表 2 – 1。

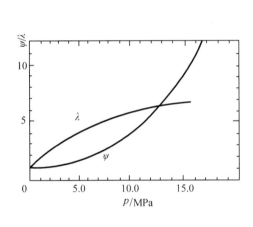

图 2 – 9　汽 – 水两相流的 λ 值及 ψ 值

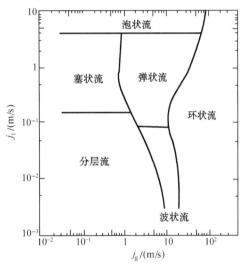

图 2 – 10　曼德汉流型图

表 2 – 1　曼德汉流型图的适用范围

名　称	数　据
管子内径/mm	12.7 ~ 165.1
液相密度/(kg/m³)	705 ~ 1 009
气相密度/(kg/m³)	0.8 ~ 50.5
气相动力黏度/(Pa·s)	10^{-5} ~ 2.2×10^{-5}
液相动力黏度/(Pa·s)	3×10^{-4} ~ 9×10^{-2}
表面张力/(N/m)	24×10^{-3} ~ 103×10^{-3}
气相折算速度/(m/s)	0.04 ~ 171
液相折算速度/(cm/s)	0.09 ~ 731

第五节　倾斜管中的气液两相流流型及其流型图

现有的有关气液两相流流型的试验资料大多是对竖直管和水平管的。而实际换热设备中和管路中不一定都是严格的水平管和竖直管,在实际工业设备中倾斜布置的管子为数不少,例如,空气冷却凝结器的大倾角管子、铺设在海底的小倾角管道以及锅炉中的各种倾斜管等,但至今相关的试验资料很少。

近年来巴尼亚试验了倾角为 $-10°$ 到 $+10°$ 的倾斜管中的气液两相流流型。试验是在常压下用空气 – 水混合物在内径为 19.5 mm 及 25.5 mm 的管子中进行的,试验结果如图 2 – 11所示。在图 2 – 11(b)中还有曼德汉流型图的流型转换界限(有剖面线的界限),以资比较。

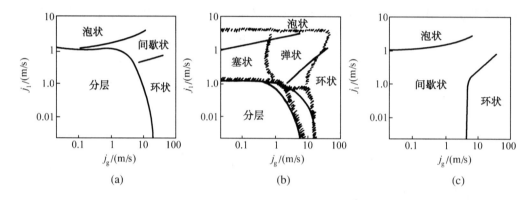

图 2 – 11　倾角为 $-10°$ 和 $10°$ 的倾斜管中的流型
(a)向下倾斜 $10°$;(b)水平;(c)向上倾斜 $10°$

图 2 – 12 为古尔德(Gould)用空气 – 水混合物在倾角为 $45°$ 倾斜上升管中得出的流型图。图中横坐标为无因次气相速度值 N_G,纵坐标为无因次液相速度值 N_L。N_G 及 N_L 值可按下式计算,即

$$N_G = j_g \left(\frac{\rho'}{g\sigma} \right)^{\frac{1}{4}} \tag{2-7}$$

$$N_L = j_l \left(\frac{\rho'}{g\sigma} \right)^{\frac{1}{4}} \tag{2-8}$$

倾斜管的倾角对流型影响颇大。由图 2 – 11 可见,如折算速度 j_g 和 j_l 相同,倾斜向下流动时大多为分层流型,但当倾斜往上流动时则转变为间歇状流型。

图 2 – 13 中的分层流型和间歇状流型的转换界限是根据不同倾角画出的,界限以上的部分为间歇状流型,界限以下的为分层流型。由图可见,当倾角只有 $0.25°$ 时,间歇状流型区域就大为增加。因此,倾角对于分层流型和间歇状流型的转换界限影响较大。

图 2 – 14 表示倾角对间歇状流型、泡状流型和环状流型之间的转换界限的影响。由图可见,倾角对间歇状流型和泡状流型以及间歇状流型和环状流型之间的转换界限影响不大。

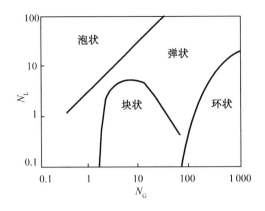

图 2-12 倾角 45°、管径 25 mm 上升倾斜管流型图

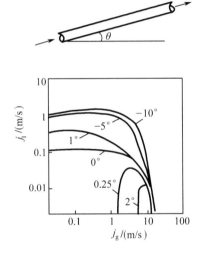

图 2-13 倾角对分层流和间歇
状流型界限的影响

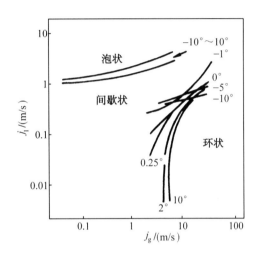

图 2-14 倾角对泡状流、环状流和间歇状流
流型之间转换界限的影响

第六节 U形管中的气液两相流流型及其流型图

U形管由两根直管和一个 180°弯头构成。这种形式的管子广泛用于各种工业部门的换热设备中,例如,在废热锅炉、直流锅炉、气冷反应堆、制冷蒸发器、电站加热器及其他换热器中都经常采用 U 形管。

西安交通大学对于各种布置方式的 U 形管进行过一系列试验研究工作。图 2-15 和图 2-16 给出空气-水混合物流过弯头竖直向下和弯头竖直向上 U 形管时的流型[9]。在这些 U 形管的直管段中,根据流动方向的不同,流型和竖直上升或竖直下降直管中的流型相同。在弯管段中,由于流体转弯时受到离心力和重力的合成作用,形成各种不对称的流型。例如,在图 2-15 中的塞状流型,在开始转弯时就由竖直上升管中的轴对称流动过渡到不对称流动。在这种布置方式中,离心力和重力的作用方向是相反的。在液体速度较低时,离心力对液体的作用小于重力的作用,因而气泡偏向弯头外侧;当液体速度增大时,离心力对液体的作用大于重力的作用,因而气泡偏向弯头内侧。其他流型也存在类似的不对称现象。在弯头竖直向上的U形管布置方式中,离心力和重力的作用方向是相同的,所以,较轻的一相总偏向弯头内侧。但是,无论是弯头向上或是弯头向下的竖直布置,U形管中都不出现平滑的分层流型。

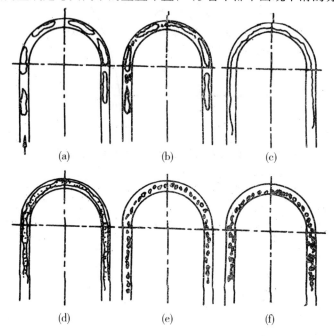

图2-15 弯头竖直向下的U形管中的气液两相流流型
(a)塞状流;(b)块状流;(c)波状分层流;(d)环状流;(e)泡状流;(f)分散泡状流

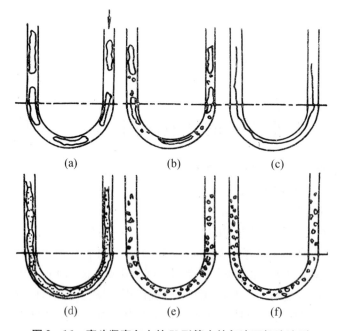

图2-16 弯头竖直向上的U形管中的气液两相流流型
(a)塞状流;(b)块状流;(c)波状分层流;(d)环状流;(e)泡状流;(f)分散泡状流

图 2-17 及图 2-18 中示有弯头竖直向下及弯头竖直向上两种 U 形管中的流型图。图中横坐标为空气的折算速度,纵坐标为水的折算速度。由图可见,在弯头竖直向下的 U 形管流型图中,波状分层区域要比弯头竖直向上的 U 形管的流型图中的小得多,而且在前一流型图中还存一个流动不稳定区域,这主要是由于在弯头竖直向下的 U 形管中离心力和重力作用方向相反引起的。流动不稳定工况在气速和水速均较低时发生,此时液体只能间歇性地流过管子。在有热量输入的加热 U 形管中,这种间歇式流动会造成局部干涸,从而使传热恶化。

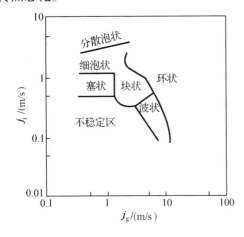

图 2-17　弯头竖直向下的 U 形管的流型图(弯头半径为 0.318 m)

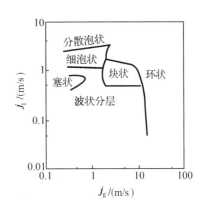

图 2-18　弯头竖直向上的 U 形管的流型图(弯头半径为 0.5 m)

第七节　棒束及管束中的流型

一、两相流纵向冲刷棒束时的流型

沸水反应堆和压水反应堆的燃料组件通常制成棒束形状。水沿着棒束轴线方向流动并吸收燃料棒发出的热量而蒸发。对于棒束的几何形状已进行过一系列的研究,但是,对于纵向冲刷棒束的气液两相流流型的研究不多。这主要是由于棒束中的棒与棒之间距离小,较难测量之故。

伯克莱斯(Bergles)曾进行过这方面的研究工作。他应用电阻式探针测定图 2-19 所示棒束中不同点的气液两相流流型。在图 2-19 所示的棒束中,每棒由 46 cm 长的不加热段和 61 cm 长的加热段构成。定位件位于加热段上游 76 cm 处及下游 25 cm 处。三个电阻式探针分别布置在棒束中间和棒束组件的角上。探针装在离加热段终端(上游方向)1.25 cm 处,分别对棒束在加热及不加热两种工况下对压力为 6.9 MPa 的汽-水混合物流型进行了测定。图 2-20 至图 2-22 的试验值都是在棒束不加热情况下测得的。

图 2-20 所示为探针 1 及探针 3 测得的流型。图上横坐标为质量含气率或干度 x,纵坐标为质量流速 G,这两个参数都按全棒束的平均值计算。与用探针 1 测得的两棒之间间隙中的流型相比,用探针 3 测得的棒束轴心上的流型在较低干度时发生流型转换。这表明在间隙中液相储量多于轴心处。

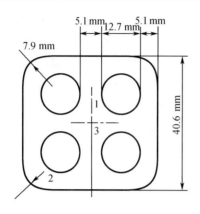

图2-19　棒束的尺寸及测点的布置

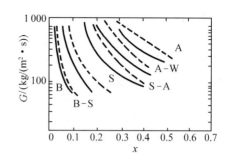

图2-20　棒束中不同测点的流型

B—泡状流；B-S—泡状-弹状；S—弹状；

S-A—弹状-环状；A-W—环状-波状；A—环状；

虚线—探针1测得的流型转换界限；

实线—探针3测得的流型转换界限

图2-21将棒束内部流道(由四棒的外表面积和连接四轴线的平面组成)的流型转换界限和直径相近圆管中的流型转换界限进行了比较。棒束内部流道的当量直径为12.6 mm，圆管直径为10.2 mm。圆管中的压力和棒束中的相同。比较结果表明，两者的转换界限近乎重合。

图2-22比较了棒束内部流道(探针3)和角上流道(探针2)中的流型转换界限。比较表明，和内部流道相比，角上流道中的流型转换在较高干度x时发生。这表明角上流道中的液相储量多于轴心处。

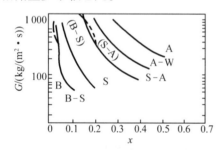

图2-21　棒束与圆管流型转换界限的比较

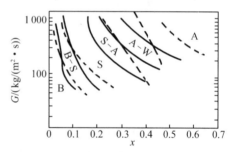

图2-22　棒束内与边角上流道流型转换界限的比较

图2-20和图2-22表明，在棒束横截面上会同时存在不同的流型。加热棒束中流型变化的实测资料很少，但现有资料表明也存在上述不加热棒束中的现象。

二、两相流横向冲刷管束时的流型

在很多换热设备中，存在气液两相流横向流过管束的情况。当气液两相流横向冲刷水平布置的叉列管束时，其流型可有四种，即泡状流型、分层流型、雾状分层流型和雾状流型。

泡状流型一般在截面含气率小于0.75且流速较高时发生，此时气体以小气泡形式较均匀地散布在液体中一起流动。

分层流型发生于低流速时，此时气液完全分开，液体在管束下部流动，气体在管束上部流动。

雾状分层流型和分层流型相似,但此时一部分液体以液滴形式散布在气体中一起流动。

雾状流型发生于气速较高时,此时除一小部分液体在管壁上湿润金属外,大部分液体都以液滴方式随气流一起流动。图 2-23 所示为对两种水平管束进行试验后得出的有关气液两相流流型图。试验所用工质为接近常压的空气-水混合物,试验管子的外直径为19 mm。第一种试验管束为四流程的,管束由三块隔板隔成四段,气流在管束中来回冲刷两次,管束由169根管子组成。管束中的管子均作等边三角形布置,节距和管子外直径之比为1.25。

当气液两相流体沿竖直方向横向冲刷水平管束时,其流型共有三种,即泡状流型、弹状流型、换热器壁及管子外壁上有液膜的雾状流动。

图 2-24 示有以接近大气压的空气-水混合物为工质,沿竖直方向横向冲刷水平管束时得出的流型图,图上坐标和图 2-23 相同。

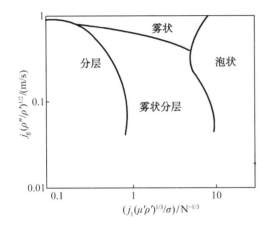

图 2-23　水平横向冲刷
水平管束时的流型图

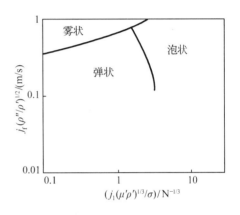

图 2-24　竖直向上横向冲刷
水平管束时的流型图

第八节　气液两相流在装有孔板和
文丘里管的管道中的流型

孔板和文丘里管是测量气液两相流流量和干度的重要测量设备。此外,文丘里管还用于气液两相流体喷射泵以及磁流体发电等设备中,在应用时,孔板和文丘里管一般均和直管段相连。

由于对气液两相流体在孔板和文丘里管中的流型研究不够,所以在推导气液两相流体流过孔板或文丘里管的流量计算式时一般只能采用两种假想的流动模型,即分相流动模型和均相流动模型。分相流动模型假定气液两相完全分开地流过孔板和文丘里管,均相流动模型假定气液两相混合均匀地流过孔板和文丘里管。根据这些模型得出的计算式往往和实际试验值差别较大,因而对气液两相流体流过孔板及文丘里管时的流型研究很有必要。

图 2-25 至图 2-29 分别表示了在孔板和文丘里管中的两相流流型。由图2-25可见,当来流为气泡状流型时,在文丘里管中,气泡随液体一起加速流动,流出喉口后,气泡在扩散段中破碎成尺寸更小的气泡,较均匀地散布在液体中向下游流去。两相流流过孔板速度较

高,气液两相变成均匀的泡沫状流体,由孔口喷出,然后在孔板下游与孔板相距为管道直径30倍的距离处恢复成来流的流型。

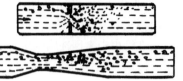

图 2-25　来流为泡状流型时孔板和
文丘里管中的流型

图 2-26　来流为塞状流型时孔板和
文丘里管中的流型

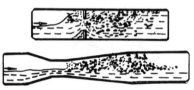

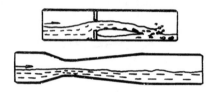

图 2-27　来流为弹状流型时孔板和
文丘里管中的流型

图 2-28　来流为分层流型时孔板和
文丘里管中的流型

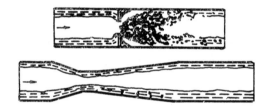

图 2-29　来流为环状流型时孔板和文丘里管中的流型

在图 2-26 中,来流为塞状流型。当来流通过文丘里管时,小气泡增多,总的流动为气塞状流型。当来流通过孔板时,在孔口处液体形成一股圆形射流,当气塞流过时,此液体射流变扁且射程缩短,气塞通过后,射流恢复原状。在孔板下游管道中有泡沫流动,在孔板下游与孔板相距为管道直径 50 倍的距离处,流体恢复成来流的气塞状流型。

图 2-27 表示弹状流型的来流流过文丘里管及孔板时的情况。当流型为弹状时,水平直管中的气液两相近似呈波状分层流型,但波动分界面的液沫波峰可触及管子顶部壁面。分界面上泡沫状流体周期性地以远高于下部液体流动的速度扫过两相分界面。在文丘里管中,当泡沫状流体未流来时,在喉口和下游气液两相呈分层流型;当泡沫流体流过时,在文丘里管扩散段上部形成泡沫状流动,下部为低速液体流动。当泡沫流体流过孔板时,在孔口处喷出均匀混合的气液两相流射流,然后在孔板下游与孔板相距为管道直径 30 倍的距离处再恢复成来流的流型。当泡沫流体未流来时,在孔板及其下游均为分层流。

在图 2-28 中,来流为分层流型。此时,流过文丘里管的气液两相流仍呈分层流型,但分界面略有波动。当分层流的两相流体流过孔板时,在孔口处形成一股液体射流。当来流呈波状分层流型时,在文丘里管与孔板中的气液两相流流型和来流为分层流型时相近。

在图 2-29 中,来流为环状流型。此时,流过文丘里管的两相流也呈环状流型,但流过孔板时的气液两相流则为混合均匀的射流,在孔板下游与孔板相距为管道直径 10 倍的距离处气液两相流再恢复成来流流型。

以上研究表明,来流对孔板和文丘里管中的流型有较大影响,因而如将孔板或文丘里管中的流型都简单地看作是均匀混合的流型或分层流型是不符合实际情况的,其结果也必然不符合实验值。

第九节　管内淹没和流向反转过程的流型

一、淹没和流向反转的定义

以上讨论的都是气液两相在同一方向流动时的流型。在实际工程中还存在很多气液两相逆向流动的工况。例如,在冷却塔、降膜式化学反应器以及核反应堆事故注水过程中,都存在气液两相逆向流动现象。

在气液两相逆向流动中,最常见的流型为环状流,此外,还存在弹状流和泡状流。在这种两相逆流过程中存在两种极限,一种称为淹没(Flooding),另一种称为流向反转(Flow reversal)。这两种极限现象在工程实际中有重要的应用价值,对判别流型的转变也有重要意义。下面分别介绍其具体的定义。

哈尔滨工程大学做了有关淹没和流向反转的试验研究[7-9]。试验段如图 2-30 所示,液体由竖直管上部的注水器加入,在注水器处的管壁上开有很多小孔,保证液体呈膜状向下流动。试验中的气体由管子底部加入向上流动。试验主要分以下两部分。

1. 气体流量逐渐增加

试验开始时气相流量为零。液体以一定流量注入后,在管壁上形成一层较均匀的液膜,液膜以恒定的流量稳定向下流动。然后让气相以低流量自下向上流入试验段,这时在管内是气液两相逆向流动工况。随后,气相流量不断增加,在气相流量增大到一定程度前,液膜厚度基本不变,这时管内是两相逆向流动的环状流动流型。

当气相流量进一步增加达到某一点,在此点处环状液面出现较大波浪,管段的压差突然升高,注水器上部有水带出。此点就是所谓的淹没开始点,在此点后进一步增加气体流量,则带上试验段的水流量会越来越多,压差降低。这一过程中试验段压差注入水量的变化如图 2-31 所示。淹没开始点的确定,在实际工程中有很重要的意义。在核反应堆事故情况下的注水过程中,如果喷出的气流量过大,则会出现淹没现象,使水不能注入堆芯。

当继续增加气体流量,最终会达到一点,气体将全部液体带出试验段,此点称为液体被全部携带点(Completed carry up),此点后注入的水全部随气体向上做环状流动。

2. 气体流量逐渐减少

开始试验时,气体流量要足以把注水器注入的全部液体带出试验段,然后逐渐减少气体流量,至某一值时,液体膜开始回落到注水器以下,此点称为流向反转点。哈尔滨工程大学的试验发现,流向反转点与前面的液体被全部携带点所对应的气流量有较大的差别。这一发现对研究流型的转变有一定的意义。在流向反转点后继续减少气流量,则向下流出的水量越来越多。这时,注水器的下部是两相逆流的环状流,注水器的上部是两相顺流的环状流。当气流量减少至一定程度,则全部液体恢复向下流动,这点称为淹没消失点。试验发

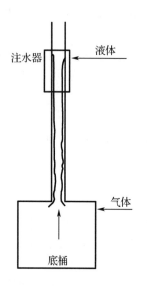

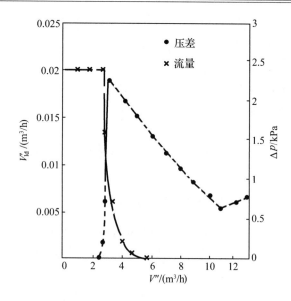

图 2－30　淹没过程研究的试验段　　　**图 2－31　淹没过程的压降和流量的变化**

现,在一定条件下,淹没消失点与淹没开始点所对应的气体流量也不相同。淹没消失点所对应的气体流量往往比淹没开始点对应的气体流量小,这种现象称为淹没消失的滞后。

对于气液两相逆向流动时的流型图研究很少。近年来,泰特尔(Taitel)等[10]试图应用 $j_g^{*\frac{1}{2}} + mj_l^{*\frac{1}{2}} = C$ 等计算式用解析方法确定环状流型、气弹状流型和细泡状流型之间的转换界限。研究表明,和气液两相同向上升或同向下降流动时的流型图不同,在气液两相逆向流动的流型图中,在同一区域中可以发生多种流型。在图 2－32 中示有温度为25 ℃、压力为 0.1 MPa 时,在内直径为 50 mm 的竖直管子中空气－水做逆向流动时的流型转换界限。图中横坐标为气相折算速度,纵坐标为液相折算速度,图中 a 线为发生淹没时的界限线,在此线以上为无解区,在 a 线以下为环状流型区。由图可见,环状流型在 a 线以下各区域中均

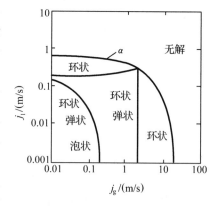

图 2－32　空气－水在 50 mm 直径的竖直管中逆向流动的流型图

可存在。此外,还存在环状流型和气弹状流型共存区以及环状流型、气弹状流型和细泡状流型共存区。

在几种流型共存的区域中,可以用下法判断实际运行工况时的流型。由于发生环状流型时的压力损失要比气弹状流型或泡状流型时小得多,所以当管道出口阻力小时,流型为环状。当管道出口阻力大时,若满足以下两式,流动为泡状流型,否则为弹状流型。此两式为

$$0.35(gD)^{\frac{1}{2}} > 1.53\left[\frac{g(\rho'-\rho'')\sigma}{\rho'^2}\right]^{\frac{1}{4}} \tag{2-9}$$

$$d_b < \left[\frac{0.46}{(\rho'-\rho'')g}\right]^{\frac{1}{2}} \tag{2-10}$$

式中　d_b——气泡直径,m;

D——管子直径, m;

σ——表面张力, N/m。

第十节　流型之间的过渡

流型之间的过渡是确定流型的基础,严格地讲,不同流型之间的过渡不是突变的,而是比较模糊的一个过程。这方面的研究工作还很不完善,有些定义还不太严格,因此,有必要对流型的过渡有一个基本的了解,以弥补流型图的不足。

一、泡状流向弹状流过渡

这一转变是由于气泡的聚结引起的,气泡的碰撞聚结过程引起气泡的长大,并最终使泡状流过渡到弹状流。因此,确定这种过渡的关键是气泡碰撞聚结的频率。气泡的碰撞频率是气泡直径和截面含气率的函数,它们之间的关系为

$$f \propto \frac{\bar{c}}{d_b \left[(0.74/\alpha)^{\frac{1}{3}} - 1 \right]^5} \qquad (2-11)$$

式中, $\bar{c}$ 为气泡平均相对速度。

气泡碰撞的频率主要取决于气泡的数量,还与过渡时间和其他一些因素有关。这个过程是比较难确定的,初步的实验结论是 $\alpha > 0.3$ 时,基本上过渡到了弹状流。

随着压力升高,泡状流动范围扩大,而弹状流范围缩小。高压下由于表面张力减小,就不存在弹状流了,当压力为 3 MPa 时典型的弹状流几乎不存在,而在 α 较大时仍为泡状流。当压力达到 10 MPa 时,弹状流动完全消失,泡状流直接过渡为环状流。

二、水平管中分层流动的出现范围

当汽水混合物的速度很低时,由于重力分离作用,将产生分层流动。随着气相速度的提高,则分界面出现波浪和撕碎的现象,速度再高则转入弹状流动。为了消除分层流动,所需要的蒸汽速度称为界限蒸汽速度。

根据实验数据,界限蒸汽流速的计算公式为

$$W_j'' = 0.38 \frac{d^{0.5}}{\sqrt[4]{\frac{\sigma}{(\rho' - \rho'')}}} \left(\frac{\rho'}{\rho''} \right)^{0.5} \left(\frac{x}{1-x} \right)^{0.75} \qquad (2-12)$$

式中　W_j''——界限蒸汽速度, m/s;

σ——液相表面张力, N/m。

沃利斯(Wallis)与导伯森(Dobson)[11]认为,流型从分层流到弹状流的转变是由于液体表面形成了一些波,而这些波随液体流量的增加而加大,直到冲击到水平通道的顶部。他们认为弹状流的起始是由于有助于产生波的气相惯性力超过了有助于波消失的静压力。他们定义了无因次速度 j_g^* 来表征这一效应。根据他们的实验数据给出了弹状流起始的条件为

$$j_g^* = \frac{1}{2} \alpha^{\frac{3}{2}} \qquad (2-13)$$

三、弹状流向乳沫状流过渡

这个过渡可以与淹没过程建立联系。在淹没所对应的流动工况下,上升的气流破坏了液膜,使平稳的气液交界面遭到破坏,从而破坏了稳定的弹状流型。因此,尼科林(Nicklin)等[12]认为可用淹没的表达式说明这一过渡。考虑一个如图 2－33 所示的弹状流气泡,它流过管子的横截面 $A-A$。这里气体流速 W'' 必须与弹状流气泡速度 W_b 相等,而且在任一截面上,总的容积流量为两个相的容积流量之和($V'' + V'$)。通过横截面 $A-A$ 的气体容积流量 V''_{AA} 为 $W_b \alpha_{AA} A$,其中,α_{AA} 是 $A-A$ 截面上气相占据的横截面积份额。通过 $A-A$ 截面的液体流量是

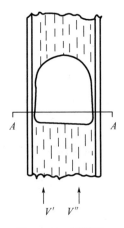

图 2－33　弹状流

$$V'_{AA} = (V'' + V') - W_b \alpha_{AA} A \qquad (2-14)$$

若各相的流量及弹状流的气泡速度都已知,且 α_{AA} 也已知,则 V''_{AA} 及 V'_{AA} 值就可以确定。当 V'' 与 V' 满足淹没条件时,弹状流分裂成乳沫状流。

四、乳沫状流向环状流过渡

乳沫状流向环状流的过渡可以用流向反转(Flow reversal)来表示。流向反转只与气相的流量有关,而与液相的流量无关。

因为环状流型是液相在壁面,气相在中心,且两者同时向上流动。当 j_g^* 大于流向反转所对应的值时,就会形成两相在同一方向的环状流动,否则形成不了气携带水同时向上的流动工况,就达不到环状流。所以用流向反转来表示乳沫状流的过渡是比较恰当的。

五、环状流向细束环状流过渡

这个过渡不太容易分辨,沃利斯(Wallis)经过实验提出了一个近似表达式,即

$$j_g = \left(7 + 0.06 \frac{\rho'}{\rho''}\right) j_1 \qquad (2-15)$$

当满足这个公式时,就是这个过渡的开始。

有关流型之间过渡的问题,目前的研究工作还不完善,有些界限还没有真正弄清,因此各研究者提出的判别方法也不相同。下面介绍一种通过关系式和流型图确定流型及流型过渡的方法。

六、威斯曼的判别方法

威斯曼(Weisman)[13-14]利用较广泛的试验数据,提出了两幅适用于水平及竖直上升管的通用流型图,如图 2－34 及图 2－35 所示。由于从一种流型转变为另一种流型要有一个演变过程,故在流型图上不用线条来表示分界,而是用一个条带来表示不同流型的过渡区。威斯曼的这种观点被一些研究者所认同,在有些文献中被引用。

图 2－34 和图 2－35 中以标准状态下空气－水混合物流过内径为 25.4 mm 的管子作为基准,然后用参数 φ_1 和 φ_2 对不同工质和管径进行修正。φ_1 和 φ_2 的计算式列在表 2－2 中。

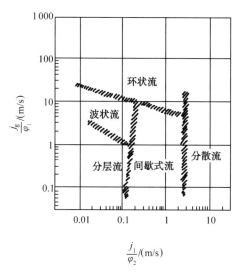

图 2 - 34 水平管流型图

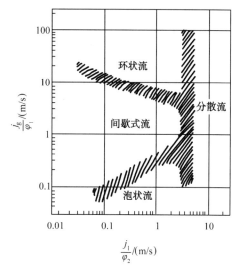

图 2 - 35 竖直上升管流型图

表 2 - 2 流型图的修正系数

流 向	流型分界	φ_1	φ_2
水平管,竖直上升管和倾斜管	过渡到分散状流	1	$\left(\dfrac{\rho'}{\rho'_s}\right)^{-0.33}\left(\dfrac{d}{d_s}\right)^{0.16}\left(\dfrac{\mu'_s}{\mu'}\right)^{0.09}\left(\dfrac{\sigma}{\sigma_s}\right)^{0.24}$
	过渡到环状流	$\left(\dfrac{\rho''_s}{\rho''}\right)^{0.23}\left(\dfrac{\Delta\rho}{\Delta\rho_s}\right)^{0.11}\left(\dfrac{\sigma}{\sigma_s}\right)^{0.11}\left(\dfrac{d}{d_s}\right)^{0.415}$	1
水平管	间歇式流与分层流、波状流的分界	1	$\left(\dfrac{d}{d_s}\right)^{0.45}$
水平管	波状流与光滑分层流的分界	$\left(\dfrac{d_s}{d}\right)^{0.17}\left(\dfrac{\mu''}{\mu''_s}\right)^{1.55}\left(\dfrac{\rho''_s}{\rho''}\right)^{1.55}$ $\left(\dfrac{\Delta\rho}{\Delta\rho_s}\right)^{0.69}\left(\dfrac{\sigma_s}{\sigma}\right)^{0.69}$	1
竖直上升管和倾斜管	泡状流与间歇式流的分界	$\left(\dfrac{d}{d_s}\right)^{n}(1-0.65\cos\theta)$ $n = 0.26\mathrm{e}^{-0.17(j_f/j_{fs})}$	1

表 2 -2 中参数的下标 s 表示标准态。各量在标准状态下的数值:管子内径 $d_s = 25.4$ mm,动力黏度系数 $\mu'_s = 0.001$ N·s/m²,$\mu''_s = 17.5 \times 10^{-6}$ N·s/m²,气体密度 $\rho''_s = 1.3$ kg/m³,水的密度 $\rho'_s = 1\,000$ kg/m³,表面张力系数 $\sigma_s = 0.07$ N/m,折算水速 $j_{ls} = 0.305$ m/s,θ 表示管道与水平方向夹角,单位为 rad。

威斯曼的方法不但能确定水平管及竖直上升管的流型,还可以确定倾斜管的流型。在这一点上与其他的方法不同。

例 2 - 1 一个内径为 150 mm 的竖直管从油井中引出油气混合物,气体容积流量 $V'' = 0.036$ m^3/s,油的容积流量 $V' = 0.03$ m^3/s。已知油和气的物性参数:

$$\mu' = 0.1 \text{ N} \cdot \text{s/m}^2 ; \sigma = 25 \times 10^{-3} \text{ N/m}$$

$$\rho' = 0.85 \text{ g/cm}^3 ; \rho'' = 0.002\ 5 \text{ g/cm}^3$$

试确定流型。

解 (1)求 j_g 及 j_l

$$j_l = \frac{V'}{A} = \frac{0.03}{0.785 \times 0.15^2} = \frac{0.03}{0.018} = 1.67 \text{ m/s}$$

$$j_g = \frac{V''}{A} = \frac{0.036}{0.018} = 2 \text{ m/s}$$

(2)令 $\varphi_1 = \varphi_2 = 1$,初判为间歇式流。

(3)流型分界计算:

①与环状流分界,查表 2 - 2 得

$$\varphi_2 = 1$$

$$\varphi_1 = \left(\frac{\rho''_s}{\rho''}\right)^{0.23} \left(\frac{\Delta\rho}{\Delta\rho_s}\right)^{0.11} \left(\frac{\sigma}{\sigma_s}\right)^{0.11} \left(\frac{d}{d_s}\right)^{0.415}$$

$$= \left(\frac{1.3}{2.5}\right)^{0.23} \left(\frac{850 - 2.5}{1\ 000 - 1.3}\right)^{0.11} \left(\frac{25 \times 10^{-3}}{0.07}\right)^{0.11} \left(\frac{150}{25.4}\right)^{0.415}$$

$$= 1.58$$

则

$$\frac{j_l}{\varphi_2} = 1.67 \text{ m/s}$$

$$\frac{j_g}{\varphi_1} = \frac{2}{1.58} = 1.27 \text{ m/s}$$

查图 2 - 35 可知为间歇式流。

②与分散状流分界,查表 2 - 2 得

$$\varphi_1 = 1$$

$$\varphi_2 = \left(\frac{\rho'}{\rho'_s}\right)^{-0.33} \left(\frac{d}{d_s}\right)^{0.16} \left(\frac{\mu'_s}{\mu'}\right)^{0.09} \left(\frac{\sigma}{\sigma_s}\right)^{0.24}$$

$$= \left(\frac{850}{1\ 000}\right)^{-0.33} \left(\frac{150}{15.4}\right)^{0.16} \left(\frac{0.001}{0.1}\right)^{0.09} \left(\frac{25 \times 10^{-3}}{0.07}\right)^{0.24}$$

$$= 0.724$$

则

$$\frac{j_g}{\varphi_1} = 2 \text{ m/s}$$

$$\frac{j_l}{\varphi_2} = \frac{1.67}{0.724} = 2.31 \text{ m/s}$$

查图 2 - 35 可知为间歇式流。

③与泡状流分界,查表 2 - 2 得

$$\varphi_2 = 1$$

$$\varphi_1 = \left(\frac{d}{d_s}\right)^n (1 - 0.65 \cos\theta)$$

由已知条件 $\theta = 90°$,而

$$n = 0.26 e^{-0.17(j_1/j_{1s})} = 0.26 e^{-0.17(1.67/0.305)} = 0.103$$

故

$$\varphi_1 = \left(\frac{150}{25.4}\right)^{0.103} (1 - 0.65 \cos 90°) = 1.20$$

则

$$\frac{j_g}{\varphi_1} = \frac{2}{1.20} = 1.67 \text{ m/s}$$

$$\frac{j_1}{\varphi_2} = 1.67 \text{ m/s}$$

查图 2 - 35 为间歇式流。

由以上判别可知,油气混合物在管内流动的流型为间歇式流。

习　题

2 - 1　空气 - 水混合物在内径为 25 mm 的竖直上升管内流动,气相和液相的折算流速分别为 $j_g = 0.15$ m/s,$j_1 = 2$ m/s,试确定其流型。

2 - 2　一内径为 160 mm 的竖直管从油井中引出油气混合物,气容积流量 $V'' = 0.005$ m^3/s,油容积流量 $V' = 0.02$ m^3/s。已知油和气的物性参数为 $\mu' = 0.1$ N·s/m^2,$\sigma = 25 \times 10^{-3}$ N/m,$\rho' = 0.85$ g/cm^3,$\rho'' = 0.0025$ g/cm^3,$\mu'' = 11.86 \times 10^{-6}$ N·s/m^2,试确定流型。

2 - 3　饱和温度为 8.9 ℃的制冷剂 R22 气液混合物在内径为 11.7 mm 的水平管内流动,并测得气体流量 $V'' = 3$ m^3/h,液体流量 $V' = 0.02$ m^3/h,已知 R22 在这种工况下的物性参数为 $\rho'' = 27.87$ kg/m^3,$\rho' = 1253$ kg/m^3,$\sigma = 10.18 \times 10^{-3}$ N/m,$\mu' = 0.252 \times 10^{-3}$ N·s/m^2,$\mu'' = 11.86 \times 10^{-6}$ N·s/m^2 试确定流型。

2 - 4　一个竖直流动的饱和蒸汽 - 水管道,管道内径 2.54 cm,含气量 $x = 10\%$,质量流速 $G = 500$ kg/(m^2·s)。试判断压力在 3 MPa 和 7 MPa 情况下的流型。

2 - 5　试判断 2 - 4 题参数下水平管道的流型。

2 - 6　一个水平管道内径 3 cm,内流 17 MPa 压力下的饱和水及蒸汽。已知质量含气率 $x = 50\%$,质量流速 $G = 2000$ kg/(m^2·s)。试确定管内的流型。

第三章　两相流的基本方程

第一节　概　　述

在单相流体流动中,描述流场特征的主要参数有速度、流体密度、温度(或焓)以及系统压力等变量。运用基本守恒定律建立质量、动量和能量等方程,结合状态方程构成基本方程组。确定适当的初始条件和边界条件后,便可求解。

与单相流相比,两相流不仅变量多,而且变量之间的关系复杂。在两相流场内,任一指定位置上,在不同的时刻可能为液相,可能为气相,也可能为两相的交界面。也就是说,在某时间域内,空间任一位置上表现出不均匀性、不连续性及不确定性。由于气体的易塑性,气液两相可以构成无数的混合形式。这使得在两个几何形状相同的体系中,即使具有相同的气相质量流速和液相质量流速,但若两个体系内的两相相对分布不同,相交界面形状和总面积就不一样,导致不同的流动特征。尽管如此,原则上仍可以运用流体力学的基本分析方法建立分析两相流动的计算关系。从现有的两相流计算方法看,大致可以分为两大类,一类为简化模型分析法,另一类为数学解析模型分析法。

简化模型分析法是一种工程实用模型分析法,与实验或经验值有密切关系,根据实验观察或实验结果分析,提出两相流动体系的简化假设,即简化的物理模型,建立简化的基本守恒方程和求解方程组所必需的经验公式。每一种工程计算模型都含有一定的物理假设,一些经验式和经验数据。当使用不同的计算模型去分析同一个问题时,常常会发生差异,有时差别还很大。

两相流的数学解析模型的理论基础是热流体动力学,它由流场的基本守恒方程、流体的结构方程构成描述体系的微分数学模型。结构方程是由具体流体的特征以及与模型有关的经验式组成。两相流体流动形式的复杂性,导致无法解析求解其微分方程组,必须作出若干简化假设,并借助计算机才能求解。由于计算的复杂性并带有非理论因素,这种模型大多仅适用于分析研究系统特性。

本章从流体力学的基本分析方法入手,主要讨论简化模型分析法,即重点放在广泛应用于工程计算中的模型。

第二节　单相流体一元流动的基本方程

由于两相流动的基本方程是以单相流方程作为基础,为了便于对比,在讲述两相流的基本方程之前,先对单相流体一元流动的基本方程作简要介绍。

一、连续方程

在管流中取一控制体(见图 3 - 1),它的水平倾角为 θ,假设无质量通过管壁引出和引

入,则按质量守恒得连续方程为

$$\frac{\partial(\rho A)}{\partial t} + \frac{\partial(\rho A W)}{\partial z} = 0 \qquad (3-1)$$

因管子截面 A 与时间 t 无关,故式(3-1)可改写成

$$\frac{\partial \rho}{\partial t} + W\frac{\partial \rho}{\partial z} + \rho\frac{\partial W}{\partial z} + \rho W\frac{1}{A}\frac{dA}{dz} = 0 \qquad (3-2)$$

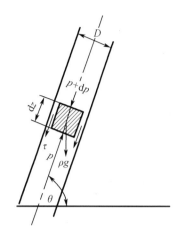

二、动量方程

作用于控制体的外力应等于动量的变化率,即

$$\sum F_z = \frac{\partial(mW)}{\partial t} + \frac{\partial(\rho A W^2)}{\partial z}dz \qquad (3-3)$$

式中,m 为控制体的质量,$m = \rho A dz$。

图3-1　作用于微元流体上的力

作用于控制体的力包括压力、重力和管壁阻力,则动量方程可表示成

$$A\frac{\partial p}{\partial z} + \tau_o P_h + \rho g A\sin\theta + \frac{\partial(\rho A W)}{\partial t} + \frac{\partial(\rho A W^2)}{\partial z} = 0 \qquad (3-4)$$

式中　τ_o——剪应力;

P_h——控制体周界长。

三、能量方程

按热力学第一定律

$$dQ = dE + dL \qquad (3-5a)$$

式中　dQ——单位时间进入控制体的热量;

dL——单位时间控制体对外输出的功;

dE——一般由控制体进、出口的能量之差和控制体中积存能量的增量两部分组成。

因此,式(3-5a)表示成

$$dQ = \frac{\partial(\rho A W e)}{\partial z}dz + \frac{\partial(\rho A e)}{\partial t}dz + dL \qquad (3-5b)$$

$$e = U + \frac{W^2}{2} + gz\sin\theta + pv \qquad (3-6)$$

式中　e——单位质量的工质能量;

U——内能;

pv——比流动功(对于控制体,无 pv 项)。

若系统对外不做功,$dL = 0$。把式(3-6)代入式(3-5b),整理得

$$dQ = \frac{\partial\left[\rho A\left(U + \frac{W^2}{2}\right)\right]}{\partial t}dz + \frac{\partial\left[\rho A W\left(U + \frac{W^2}{2}\right)\right]}{\partial z}dz +$$
$$\frac{\partial(\rho A W \cdot pv)}{\partial z}dz + \rho A W g\sin\theta\, dz \qquad (3-7)$$

稳定流动且不做外功时,以上三个基本方程可简化成:

连续方程

$$M = \rho W A = 常数 \qquad (3-8)$$

动量方程

$$\frac{\mathrm{d}p}{\mathrm{d}z} + \rho g\sin\theta + \rho W\frac{\mathrm{d}W}{\mathrm{d}z} + \frac{\tau_{\mathrm{o}}P_{\mathrm{h}}}{A} = 0 \qquad (3-9)$$

能量方程

$$\mathrm{d}q_0 = \mathrm{d}U + \mathrm{d}\left(\frac{W^2}{2}\right) + \mathrm{d}(pv) + g\sin\theta\mathrm{d}z \qquad (3-10)$$

式中,$\mathrm{d}q_0$ 为单位质量的工质从外部的吸热量。

由热力学可知,内能增量 $\mathrm{d}U = \mathrm{d}q - p\mathrm{d}v$,其中 $\mathrm{d}q$ 由加入的热量 $\mathrm{d}q_0$ 和从摩阻转化成的内能增量 $\mathrm{d}F$ 组成,故式(3-10)可改写成

$$\frac{\mathrm{d}p}{\mathrm{d}z} + \rho g\sin\theta + \rho W\frac{\mathrm{d}W}{\mathrm{d}z} + \rho\frac{\mathrm{d}F}{\mathrm{d}z} = 0 \qquad (3-11)$$

将动量方程式(3-9)与能量方程式(3-11)对比后可以看出

$$\rho\frac{\mathrm{d}F}{\mathrm{d}z} = \frac{\tau_{\mathrm{o}}P_{\mathrm{h}}}{A} \qquad (3-12)$$

因此,在单相流体的流动中,在确定各部分压降时动量方程和能量方程是一样的。

第三节　两相流分相流模型一元流动的基本方程

分相流模型是把两相流看成是分开的两股流体流动,把两相分别按单相流处理并计入相间作用,然后将各相的方程加以合并。这种处理两相流的方法通常称为分相流动模型。这种模型适用于层状流型、波状流型和环状流型等。

一、连续方程

根据图3-2,对各相列出连续方程:

气相

$$\frac{\partial(\rho''\alpha A)}{\partial t} + \frac{\partial(\rho''W''\alpha A)}{\partial z} = \delta m \qquad (3-13)$$

液相

$$\frac{\partial[\rho'(1-\alpha)A]}{\partial t} + \frac{\partial[\rho'W'(1-\alpha)A]}{\partial z} = -\delta m \qquad (3-14)$$

将式(3-13)和式(3-14)同单相流的连续方程式(3-1)对比后可看出,两相流中各相的连续方程中多了一项 δm。δm 表示在控制体内单位长度的相间质量交换率。若两相流中无相变,则 $\delta m = 0$。

将式(3-13)和式(3-14)相加,即得两相混合物的连续方程

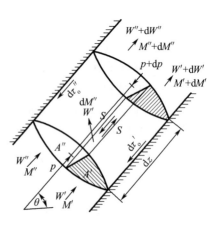

图 3-2　微元管段的两相流简化模型

$$\frac{\partial(\rho_o A)}{\partial t} + \frac{\partial(GA)}{\partial z} = 0 \tag{3-15}$$

其中混合物密度为

$$\rho_o = \rho''\alpha + \rho'(1-\alpha) \tag{3-16}$$

混合物质量流速为

$$G = \frac{M}{A} = \rho''W''\alpha + \rho'W'(1-\alpha) \tag{3-17}$$

稳定流动时

$$M = M' + M'' = \rho''W''\alpha A + \rho'W'(1-\alpha)A = 常数 \tag{3-18}$$

二、动量方程

液相的动量方程为

$$A(1-\alpha)\frac{\partial p}{\partial z} + \tau_o' P_h' - \tau_i P_{hi} + \rho'g(1-\alpha)A\sin\theta +$$

$$\frac{\partial}{\partial t}[\rho'A(1-\alpha)W'] + \frac{\partial}{\partial z}[\rho'A(1-\alpha)W'^2] + \delta m W_i = 0 \tag{3-19}$$

同单相流动量方程式(3-4)相比,式(3-19)多了两项,其中一项 $\tau_i P_{hi}$ 表示气液间的剪切力,另一项 $\delta m W_i$ 为两相间的动量交换率。W_i 表示气液界面上的流速。

用管子截面积 A 除全式,即得

$$(1-\alpha)\frac{\partial p}{\partial z} + \frac{\tau_o' P_h'}{A} - \frac{\tau_i P_{hi}}{A} + \rho'g(1-\alpha)\sin\theta +$$

$$\frac{\partial}{\partial t}[\rho'(1-\alpha)W'] + \frac{1}{A}\frac{\partial}{\partial z}[\rho'A(1-\alpha)W'^2] + \frac{\delta m}{A}W_i = 0 \tag{3-20}$$

同理,可得气相的动量方程

$$\alpha\frac{\partial p}{\partial z} + \frac{\tau_o'' P_h''}{A} + \frac{\tau_i P_{hi}}{A} + \rho''g\alpha\sin\theta + \frac{\partial}{\partial t}(\rho''\alpha W'') +$$

$$\frac{1}{A}\frac{\partial}{\partial z}(\rho''A\alpha W''^2) - \frac{\delta m}{A}W_i = 0 \tag{3-21}$$

管壁对气液两相的阻力可定义为

$$\tau_o P_h = \tau_o' P_h' + \tau_o'' P_h'' \tag{3-22}$$

合并式(3-20)和式(3-21)即得两相混合物的动量方程为

$$\frac{\partial p}{\partial z} + \frac{\tau_o P_h}{A} + \rho_o g\sin\theta + \frac{\partial}{\partial t}[\rho'(1-\alpha)W' + \rho''\alpha W''] +$$

$$\frac{1}{A}\frac{\partial}{\partial z}\{A[\rho'W'^2(1-\alpha) + \rho''W''^2\alpha]\} = 0 \tag{3-23}$$

因为

$$\rho'(1-\alpha)W' = \frac{M'}{A} = \frac{(1-x)M}{A} = (1-x)G \tag{3-24}$$

$$\rho''\alpha W'' = \frac{M''}{A} = \frac{xM}{A} = xG \tag{3-25}$$

把式(3-24)和式(3-25)代入式(3-23),即得分相流动模型的两相混合物动量方程的另

一表达式为

$$-\frac{\partial p}{\partial z} = \frac{\tau_{\mathrm{o}} P_{\mathrm{h}}}{A} + \rho_{\mathrm{o}} g\sin\theta + \frac{\partial G}{\partial t} + \frac{1}{A}\frac{\partial}{\partial z}\left\{ AG^2\left[\frac{(1-x)^2}{\rho'(1-\alpha)} + \frac{x^2}{\rho''\alpha}\right]\right\} \quad (3-26)$$

当两相混合物在等直径直圆管中稳定流动时,$\frac{\partial G}{\partial t} = 0$,$A$ 为常数,则动量方程成为

$$-\frac{\mathrm{d}p}{\mathrm{d}z} = \frac{\tau_{\mathrm{o}} P_{\mathrm{h}}}{A} + \rho_{\mathrm{o}} g\sin\theta + G^2\frac{\mathrm{d}}{\mathrm{d}z}\left[\frac{(1-x)^2}{\rho'(1-\alpha)} + \frac{x^2}{\rho''\alpha}\right] \quad (3-27)$$

从式(3-27)可看出,压降梯度由摩阻、重位和加速压降梯度三部分组成,即

$$-\frac{\mathrm{d}p}{\mathrm{d}z} = \frac{\mathrm{d}p_{\mathrm{f}}}{\mathrm{d}z} + \frac{\mathrm{d}p_{\mathrm{g}}}{\mathrm{d}z} + \frac{\mathrm{d}p_{\mathrm{a}}}{\mathrm{d}z} \quad (3-28)$$

例 3-1 气液两相在管内分相流动,如果液体有一部分以雾状转入气相中,并以气相相等的速度流动。设这部分液体占液相总质量流量的份额为 E,其所占的截面含液率为 $(1-\alpha-\gamma)$,α 为截面含气率,γ 是仍保持在液相流动的截面含液率。试推导在等截面直管内稳定流动时动量方程中的加速度压力梯度的表达式。

解 在雾环状流情况下,壁面上的液相质量流量为 $(M'-EM')$,速度为 W';气芯中流体的总质量流量为 $(M''+EM')$,速度为 W''。这种情况下加速度压力梯度可表示为

$$\frac{\mathrm{d}p_{\mathrm{a}}}{\mathrm{d}z} = \frac{1}{A}\frac{\mathrm{d}}{\mathrm{d}z}\left[(M'-EM')W' + (M''+EM')W''\right]$$

由连续性方程

$$(M'-EM') = W'A_{\mathrm{o}}'\rho'$$

A_{o}' 为壁面上速度为 W' 的液体所占的管道横截面积,$A_{\mathrm{o}}' = \gamma A$。这样有

$$W' = \frac{(M'-EM')}{A_{\mathrm{o}}'\rho'} = \frac{(M'-EM')}{\gamma A\rho'} \quad (3-29)$$

气相的质量流量

$$M'' = W''\rho''A'' = W''\rho''\alpha A$$

$$W'' = \frac{M''}{\rho''\alpha A} \quad (3-30)$$

携带相的质量流量

$$EM' = W''\rho'(A-A''-A_{\mathrm{o}}') = W''\rho'A(1-\alpha-\gamma)$$

$$W'' = \frac{EM'}{\rho'(1-\alpha-\gamma)A} \quad (3-31)$$

把式(3-29)、式(3-30)、式(3-31)代入加速度压力梯度的表达式内,得到

$$\frac{\mathrm{d}p_{\mathrm{a}}}{\mathrm{d}z} = \frac{1}{A}\frac{\mathrm{d}}{\mathrm{d}z}\left[(M'-EM')\frac{(M'-EM')}{\gamma A\rho'} + M''\frac{M''}{A\alpha\rho''} + EM'\frac{EM'}{A(1-\alpha-\gamma)\rho'}\right] \quad (3-32)$$

式中,$M' = (1-x)M$,$M'' = xM$,代入式(3-32)经整理后有

$$\frac{\mathrm{d}p_{\mathrm{a}}}{\mathrm{d}z} = \left(\frac{M}{A}\right)^2\frac{\mathrm{d}}{\mathrm{d}z}\left\{\frac{(1-x)^2(1-E)^2}{\gamma}v' + \frac{x^2v''}{\alpha} + \frac{[E(1-x)]^2}{(1-\alpha-\gamma)}v'\right\}$$

三、能量方程

依照单相流的能量方程,并考虑到两相间的作用,当控制体对外不做功时,两相流中的

液相能量方程为

$$dQ' = \frac{\partial}{\partial t}\left[\rho'A(1-\alpha)\left(U' + \frac{W'^2}{2}\right)\right]dz + \frac{\partial}{\partial z}\left[\rho'A(1-\alpha)W'\left(U' + \frac{W'^2}{2}\right)\right]dz +$$

$$\frac{\partial}{\partial z}[pA(1-\alpha)W']dz + \rho'A(1-\alpha)W'g\sin\theta dz - \tau_i P_{hi}W_i dz + \frac{W_i^2}{2}\delta m dz - q_i P_{hi}dz \quad (3-33)$$

将式(3-33)同单相流能量方程式(3-7)加以对比后可看出,式(3-33)中多了三项,等式右边第五项表示两相间摩阻所耗的功,第六项为由于相变引起的能量传递,最后一项为通过两相界面的热量。

同理,气相的能量方程为

$$dQ'' = \frac{\partial}{\partial t}\left[\rho''A\alpha\left(U'' + \frac{W''^2}{2}\right)\right]dz + \frac{\partial}{\partial z}\left[\rho''A\alpha W''\left(U'' + \frac{W''^2}{2}\right)\right]dz +$$

$$\frac{\partial}{\partial z}(pA\alpha W'')dz + \rho''A\alpha W''g\sin\theta dz + \tau_i P_{hi}W_i dz - \frac{W_i^2}{2}\delta m dz + q_i P_{hi}dz \quad (3-34)$$

式(3-33)和式(3-34)相加即得两相混合物的能量方程

$$dQ = dQ' + dQ'' = \frac{\partial}{\partial t}\left[\rho'A(1-\alpha)\left(U' + \frac{W'^2}{2}\right) + \rho''A\alpha\left(U'' + \frac{W''^2}{2}\right)\right]dz +$$

$$\frac{\partial}{\partial z}\left[\rho'A(1-\alpha)W'\left(U' + \frac{W'^2}{2}\right) + \rho''A\alpha W''\left(U'' + \frac{W''^2}{2}\right)\right]dz +$$

$$\frac{\partial}{\partial z}[pA(1-\alpha)W' + pA\alpha W'']dz + g\sin\theta[\rho'(1-\alpha)AW' + \rho''\alpha AW'']dz$$

$$(3-35)$$

考虑到关系式(3-24)和关系式(3-25),以及 $v_m = v'(1-x) + v''x$,式(3-35)可改写成

$$dQ = \frac{\partial}{\partial t}\left[\rho'A(1-\alpha)\left(U' + \frac{W'^2}{2}\right) + \rho''A\alpha\left(U'' + \frac{W''^2}{2}\right)\right]dz +$$

$$\frac{\partial}{\partial z}\left\{GA\left[(1-x)\left(U' + \frac{W'^2}{2}\right) + x\left(U'' + \frac{W''^2}{2}\right)\right]\right\}dz +$$

$$GA\frac{\partial(pv_m)}{\partial z}dz + GAg\sin\theta dz \quad (3-36)$$

稳定流动时,能量方程为

$$dq_0 = d\left[(1-x)\left(U' + \frac{W'^2}{2}\right) + x\left(U'' + \frac{W''^2}{2}\right)\right] + d(pv_m) + g\sin\theta dz \quad (3-37)$$

或

$$dq_0 = d[(1-x)U' + xU''] + d\left[(1-x)\frac{W'^2}{2} + x\frac{W''^2}{2}\right] + d(pv_m) + g\sin\theta dz \quad (3-38)$$

已知内能的增量可表示成

$$dU = dq - pdv_m = dq_0 + dF - pdv_m$$

式(3-38)右边第一项可表示成 dU,则式(3-38)成为

$$dq_0 = dq_0 + dF - pdv_m + d(pv_m) + g\sin\theta dz + d\left[(1-x)\frac{W'^2}{2} + x\frac{W''^2}{2}\right]$$

即

$$-\frac{\mathrm{d}p}{\mathrm{d}z} = \rho_\mathrm{m}\frac{\mathrm{d}F}{\mathrm{d}z} + \rho_\mathrm{m}g\sin\theta + \rho_\mathrm{m}\frac{\mathrm{d}}{\mathrm{d}z}\left[\frac{1}{2}xW''^2 + \frac{1}{2}(1-x)W'^2\right] \tag{3-39}$$

为了应用方便,现将上式中的加速压降梯度变换成另一种形式。因为

$$W'' = \frac{M''}{\rho''A\alpha} = \frac{xM}{\rho''A\alpha} = G\frac{x}{\rho''\alpha}$$

$$W' = \frac{G(1-x)}{\rho'(1-\alpha)}$$

代入式(3-39)后得

$$-\frac{\mathrm{d}p}{\mathrm{d}z} = \rho_\mathrm{m}\frac{\mathrm{d}F}{\mathrm{d}z} + \rho_\mathrm{m}g\sin\theta + \frac{\rho_\mathrm{m}G^2}{2}\frac{\mathrm{d}}{\mathrm{d}z}\left[\frac{(1-x)^3}{\rho'^2(1-\alpha)^2} + \frac{x^3}{\rho''^2\alpha^2}\right] \tag{3-40}$$

在以上的能量方程中,静压降梯度也由摩阻、重位和加速压降梯度三部分组成,但比较式(3-27)和式(3-40)可看出,在两个方程中各个对应项是不相同的。

应当特别指出,以上各节所讨论的各方程中的参数,如速度 W'、速度 W''、截面含气率 α 等都不是局部值,而是同一截面上的平均值。

第四节　均相流模型的基本方程

一、均相流模型的基本假设

均相流模型是一种最简单的模型分析方法,其基本思想是通过合理地定义两相混合物的平均值,把两相流当作具有这种平均特性,遵守单相流体基本方程的均匀介质。这样,一旦确定了两相混合物的平均特性,便可应用所有的经典流体力学方法进行研究。实际上是单相流体力学的拓延。这种模型的基本假设如下:

(1)两相具有相等的速度,即 $W' = W'' = j, \alpha = \beta$;

(2)两相之间处于热力平衡状态;

(3)可使用合理确定的单相摩阻系数表征两相流动。

二、连续方程

由质量守恒关系式(3-18)得

$$\rho''W''\alpha + \rho'W'(1-\alpha) = \frac{M}{A} = G \tag{3-41}$$

已知

$$\rho_\mathrm{o} = \alpha\rho'' + (1-\alpha)\rho' \tag{3-42}$$

在均匀流模型中,滑速比 $S = 1$,则 $\alpha = \beta$,从而得到

$$\rho_\mathrm{o} = \beta\rho'' + (1-\beta)\rho' = \rho_\mathrm{m} \tag{3-43}$$

由式(1-7)可得

$$x = \frac{\beta\rho''}{\beta\rho'' + (1-\beta)\rho'} = \frac{\beta\rho''}{\rho_\mathrm{m}} \tag{3-44}$$

于是

$$x\rho_{\mathrm{m}} = \beta\rho'' \tag{3-45}$$

同理可得

$$(1-x)\rho_{\mathrm{m}} = (1-\beta)\rho' \tag{3-46}$$

将式(3-45)、式(3-46)整理后得到

$$\frac{x}{\rho''} + \frac{1-x}{\rho'} = \frac{1}{\rho_{\mathrm{m}}} = v_{\mathrm{m}} \tag{3-47}$$

$$v_{\mathrm{m}} = xv'' + (1-x)v' \tag{3-48}$$

用每一项的质量份额作为权重函数去计算混合物的物性,从而获得计算均匀混合物性的公式。例如,均相混合物的焓可写成 $i = xi'' + (1-x)i'$ 等。

三、动量方程

均相流的动量方程可写成三个压降梯度的形式,即

$$-\frac{\mathrm{d}p}{\mathrm{d}z} = \left(\frac{\mathrm{d}p_{\mathrm{f}}}{\mathrm{d}z}\right) + \left(\frac{\mathrm{d}p_{\mathrm{a}}}{\mathrm{d}z}\right) + \left(\frac{\mathrm{d}p_{\mathrm{g}}}{\mathrm{d}z}\right) \tag{3-49}$$

其中加速度压力梯度为

$$\frac{\mathrm{d}p_{\mathrm{a}}}{\mathrm{d}z} = G^2 \frac{\mathrm{d}}{\mathrm{d}z}\left[\frac{(1-x)^2}{\rho'(1-\beta)} + \frac{x^2}{\rho''\beta}\right] \tag{3-50}$$

式(3-50)还可写成

$$\frac{\mathrm{d}p_{\mathrm{a}}}{\mathrm{d}z} = G^2 \frac{\mathrm{d}v_{\mathrm{m}}}{\mathrm{d}z} \tag{3-51}$$

均相流的重位压力梯度为

$$\frac{\mathrm{d}p_{\mathrm{g}}}{\mathrm{d}z} = \rho_{\mathrm{m}} g\sin\theta \tag{3-52}$$

经整理后,动量方程可表示为

$$-\frac{\mathrm{d}p}{\mathrm{d}z} = \frac{P_{\mathrm{h}}\tau_{\mathrm{o}}}{A} + \rho_{\mathrm{m}} g\sin\theta + G^2 \frac{\mathrm{d}v_{\mathrm{m}}}{\mathrm{d}z} \tag{3-53}$$

四、能量方程

在均相流模型中,式(3-40)可写成

$$-\frac{\mathrm{d}p}{\mathrm{d}z} = \rho_{\mathrm{m}} \frac{\mathrm{d}F}{\mathrm{d}z} + \rho_{\mathrm{m}} g\sin\theta + \frac{\rho_{\mathrm{m}} G^2}{2} \frac{\mathrm{d}}{\mathrm{d}z}\left[\frac{(1-x)^3}{\rho'^2(1-\beta)^2} + \frac{x^3}{\rho''^2\beta^2}\right] \tag{3-54}$$

其中,加速压力梯度为

$$\frac{\mathrm{d}p_{\mathrm{a}}}{\mathrm{d}z} = \frac{\rho_{\mathrm{m}} G^2}{2} \frac{\mathrm{d}}{\mathrm{d}z}\left[\frac{(1-x)^3}{\rho'^2(1-\beta)^2} + \frac{x^3}{\rho''^2\beta^2}\right] \tag{3-55}$$

将式(3-44)代入式(3-55),可写成

$$\frac{\mathrm{d}p_{\mathrm{a}}}{\mathrm{d}z} = \frac{\rho_{\mathrm{m}} G^2}{2} \frac{\mathrm{d}}{\mathrm{d}z}\left[\frac{\rho'(1-\beta)}{\rho_{\mathrm{m}}^3} + \frac{\rho''\beta}{\rho_{\mathrm{m}}^3}\right] \tag{3-56}$$

整理后得

$$\frac{\mathrm{d}p_{\mathrm{a}}}{\mathrm{d}z} = G^2 \frac{\mathrm{d}v_{\mathrm{m}}}{\mathrm{d}z} \tag{3-57}$$

最后可得到以下形式的均相流能量方程

$$-\frac{\mathrm{d}p}{\mathrm{d}z} = \rho_{\mathrm{m}} \frac{\mathrm{d}F}{\mathrm{d}z} + \rho_{\mathrm{m}} g\sin\theta + G^2 \frac{\mathrm{d}v_{\mathrm{m}}}{\mathrm{d}z} \tag{3-58}$$

比较式(3-53)和式(3-58)可见,与单相流一样,在均相模型中,动量方程和能量方程中各对应项是相同的。

第五节 动量方程的积分形式

在动量方程中的各项都表示成压降梯度,但在工程中往往要求计算在一给定长度 L 内的压降。因此,需要将动量方程加以积分。

一、分相流模型动量方程的积分

当采用分相流模型计算通道压降时,对式(3-28)积分,即

$$-\int_0^L \mathrm{d}p = \int_0^L \frac{\mathrm{d}p_{\mathrm{f}}}{\mathrm{d}z}\mathrm{d}z + g\sin\theta\int_0^L [\rho''\alpha + \rho'(1-\alpha)]\mathrm{d}z + G^2\int_0^L \mathrm{d}\left[\frac{x^2}{\rho''\alpha} + \frac{(1-x)^2}{\rho'(1-\alpha)}\right] \tag{3-59}$$

当沿管长输入的热流不变时,在两相流区,干度 x 和管长 z 存在线性关系。在这种条件下,从开始沸腾点 $(x=0)$ 算起的一段管长 z 内,工质吸收的热量为

$$Q_z = qz = i_{\mathrm{fg}}x \tag{3-60}$$

式中 i_{fg}——汽化潜热;

    q——在单位长度上单位质量工质所吸收的热量。

设两相流区的出口质量含气率为 x_{e},则整个两相流区的长度应为

$$L = \frac{i_{\mathrm{fg}}}{q}x_{\mathrm{e}} \tag{3-61}$$

由式(3-60)和式(3-61)可得

$$\frac{z}{L} = \frac{x}{x_{\mathrm{e}}} \tag{3-62}$$

则

$$\mathrm{d}z = \frac{L}{x_{\mathrm{e}}}\mathrm{d}x \tag{3-63}$$

把式(3-63)代入式(3-59)后积分得

$$\Delta p = \frac{L}{x_{\mathrm{e}}}\int_0^{x_{\mathrm{e}}} \frac{\mathrm{d}p_{\mathrm{f}}}{\mathrm{d}z}\mathrm{d}x + g\sin\theta\frac{L}{x_{\mathrm{e}}}\int_0^{x_{\mathrm{e}}} [\rho''\alpha + \rho'(1-\alpha)]\mathrm{d}x +$$
$$\frac{G^2}{\rho'}\left[\frac{x_{\mathrm{e}}^2}{\alpha_{\mathrm{e}}}\left(\frac{\rho'}{\rho''}\right) + \frac{(1-x_{\mathrm{e}})^2}{(1-\alpha_{\mathrm{e}})} - 1\right] \tag{3-64}$$

显然,式(3-64)不适用于沿管长非均匀加热的情况。

二、均相流模型动量方程的积分

当采用均相流模型计算通道压降时,对式(3-49)积分

$$- \int_0^L \mathrm{d}p = \int_0^L \frac{\mathrm{d}p_f}{\mathrm{d}z}\mathrm{d}z + g\sin\theta \int_0^L [\rho''\beta + \rho'(1 - \beta)]\mathrm{d}z +$$

$$G^2 \int_0^L \mathrm{d}\left[\frac{x^2}{\rho''\beta} + \frac{(1 - x)^2}{\rho'(1 - \beta)}\right] \tag{3-65}$$

当沿管长均匀加热,积分后可得以下表达式,即

$$\Delta p = \frac{L}{x_e} \int_0^{x_e} \frac{\mathrm{d}p_f}{\mathrm{d}z}\mathrm{d}x + g\sin\theta \frac{L}{x_e} \int_0^{x_e} [\rho''\beta + \rho'(1 - \beta)]\mathrm{d}x +$$

$$\frac{G^2}{\rho'}\left[\frac{x_e^2}{\beta_e}\left(\frac{\rho'}{\rho''}\right) + \frac{(1 - x_e)^2}{(1 - \beta_e)} - 1\right] \tag{3-66}$$

对于绝热流动的等截面通道,不存在加速度压降,总压降可表示为

$$\Delta p = \int_0^L \frac{\mathrm{d}p_f}{\mathrm{d}z}\mathrm{d}z + g\sin\theta\rho_m L \tag{3-67}$$

习　　题

3-1　设两相间无相对运动,试证明动量方程和能量方程中的加速压降项是相同的。

3-2　设有一等截面上升蒸发管,其水平倾角为 θ,进口工质为饱和水,沿管长均匀受热,经过管长 L 后汽-水混合物干度为 x,试按均相模型推导出在这管段 L 内稳定流动时的重位压降表达式。

第四章 截面含气率的计算

第一节 概　述

截面含气率 α（也称空泡份额）是气液两相流动的基本参数之一，在两相流的研究中处于重要的地位。它对于两相流动压降计算是必须预先求得的参数，同时也和沸腾传热有很大关系。在核动力装置中，存在很多计算截面含气率的问题。例如，蒸汽发生器的再循环倍率、反应堆冷却剂及慢化剂密度的计算、堆芯中子动力学和堆的稳定性都与截面含气率有关。现代压水堆为了改善堆芯的传热性能，允许堆芯存在欠热沸腾，在过渡工况和事故工况下，堆芯会出现饱和沸腾。因此，确定欠热沸腾情况下和饱和沸腾情况下的截面含气率，对压水堆设计同样有重要作用。

因为截面含气率与两相之间的相对速度有直接关系，具有热力不平衡特点，很难用连续方程和热力学平衡方程来计算。这使得截面含气率的计算很复杂。早在 20 世纪 40 年代，马蒂纳里（Martinelli）[15] 和洛克哈特（Lockhart）就对水平通道中等温空气－水两相流动进行了截面含气率和两相流动压降的研究。此后对截面含气率的研究逐渐增多，对圆管、矩形管、环形管、棒束等各种流动通道，以及向上流动、向下流动、气液逆向流动方式下的截面含气率均进行了广泛的研究。随着反应堆事故工况下特别是失水事故工况下安全研究的广泛展开，与此有关的截面含气率的实验研究也日益增长。但目前的方法大多是经过一些简化假设，建立模型得出计算关系式。下面分别介绍几种典型的计算方法。

第二节　滑速比模型计算法

截面含气率的定义为

$$\alpha = \frac{1}{1 + \left(\dfrac{1-x}{x}\right)\dfrac{\rho''}{\rho'}S} = \frac{1}{1 + \left(\dfrac{1-\beta}{\beta}\right)S} \tag{4-1}$$

式中的 x, β, ρ'' 及 ρ'，均可由流动工况和物性参数通过理论计算和查表得到，如果能确定出滑速比 S 值，就可以得到 α。滑速比模型的实质就是通过确定滑速比 S 来求得 α。因为影响两相滑速比的因素很多，所以很难用数学解析法来计算 S 值，只能用实验的方法来确定。下面分别介绍几种计算 S 的经验公式。

一、奥斯马奇金公式

苏联学者奥斯马奇金 1970 年提出以下计算式

$$S = 1 + \frac{0.6 + 1.5\beta^2}{(Fr')^{1/4}}\left(1 - \frac{p}{p_{cr}}\right) \tag{4-2}$$

式中，$Fr' = \dfrac{G^2}{gD\rho'^2}$；$p_{cr}$ 为临界压力，MPa；当 $S < 3$，$p \leqslant 12$ MPa 时与实验值的误差 $\Delta\alpha < \pm 0.05$。

二、米洛波尔斯基公式

苏联学者米洛波尔斯基等人分析了竖直上升管和倾斜管的实验数据，认为应以相似准则整理滑速比的计算公式，在绝热流动的上升管中，滑速比可按下式计算，即

$$S = 1 + \frac{13.5\left(1 - \dfrac{p}{p_{cr}}\right)}{(Fr')^{5/12}(Re')^{1/6}} \tag{4-3}$$

$$Re' = \frac{GD}{\mu'}$$

因为是绝热流动，所以水的运动黏性系数变化不大，经整理后式(4-3)可写为

$$S = 1 + \frac{2.54D^{1/4}\left(1 - \dfrac{p}{p_{cr}}\right)\rho'}{G} \tag{4-4}$$

对于水平倾角为 θ 的倾斜管，式(4-4)中的滑速比要乘以修正系数 K_θ

$$K_\theta = 1 + (1 - 5 \times 10^{-6}Re')\left(1 - \frac{\theta}{90°}\right) \tag{4-5}$$

当雷诺数大时，倾角的影响较小，因此当 $Re' > 2 \times 10^5$ 时，可不做倾斜角的修正。

式(4-5)适用的管径范围为

$$7\left[\frac{\sigma}{g(\rho' - \rho'')}\right]^{1/2} < D < 20\left[\frac{\sigma}{g(\rho' - \rho'')}\right]^{1/2}\left(\frac{\rho' - \rho''}{\rho'}\right)^{0.25} \tag{4-6}$$

如果管径超过式(4-6)的上限值，则在用式(4-4)时代入上限值；反之，如 D 小于下限值，则取

$$S = \left(\frac{p}{p_{cr}}\right)^{-0.38} \tag{4-7}$$

米洛波尔斯基还对棒束通道内的滑速比进行了实验研究，实验采用了 3～19 根棒束，当量直径 $D_e = 6.7 \sim 12.7$ mm，得到

$$S = 1 + \frac{2.27\rho'^{0.7}}{G^{0.7}}\left(1 - \frac{p}{p_{cr}}\right)^2 \tag{4-8}$$

第三节　混合相－单相并流模型

混合相－单相并流模型是1969年史密斯(Smith)[16]提出来的，它的基本思想是把两相流动看成在管壁上流动着的是单相液体，管道中间流动着的是均匀的气液混合物，如图4-1所示。这种模型的基本假设如下：

(1)混合相内气液两相之间没有滑动；

(2)两相之间处于热力学平衡态，因此可由能量平衡条件决定质量含气率；

(3)液相的动压和混合相的动压相等。

在以上假设的基础上，史密斯(Smith)从连续方程入手，导出了截面含气率 α 的计算公

式。由连续方程可知,气相在流动中所占的截面积为

$$A'' = \frac{M''}{\rho''W''} = \frac{xGA}{\rho''W''} \qquad (4-9)$$

由截面含气率的定义 $\alpha = \dfrac{A''}{A}$,得

$$\alpha = \frac{xG}{\rho''W''} \qquad (4-10)$$

假设液膜中液相所占截面和总截面之比为 α',则

$$\alpha' = \frac{A'_o}{A} \qquad (4-11)$$

液膜中液相所占截面积

$$A'_o = \frac{M'_o}{\rho'W'} = \frac{(1-x)(1-E)GA}{\rho'W'} \qquad (4-12)$$

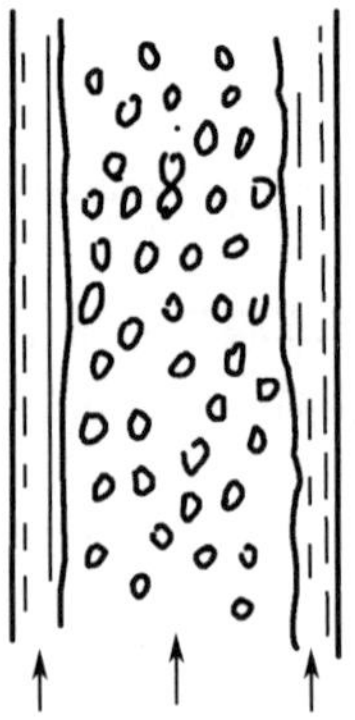

$$\alpha' = \frac{(1-x)(1-E)G}{\rho'W'} \qquad (4-13)$$

式中　E——均匀混合物中液相质量和总的液相质量之比;

　　　W'——液膜的速度。

　混合相核心流中液相所占面积为

$$A'_H = \frac{M'_H}{\rho'W'} \qquad (4-14)$$

式中,M'_H 为气流中所夹带水滴的质量流量。

　由于假设均匀流核心中液相速度和气相速度相等,所以式(4-14)可以写成

$$A'_H = \frac{M'_H}{\rho'W''} = \frac{(1-x)EGA}{\rho'W''} \qquad (4-15)$$

因此,混合相中液相所占截面和总截面之比为

$$\alpha'' = \frac{A'_H}{A} = \frac{(1-x)EG}{\rho'W''} \qquad (4-16)$$

　截面含气率 α 与 α',α''之间存在以下关系,即

$$\alpha + \alpha' + \alpha'' = 1 \qquad (4-17)$$

将 α' 和 α''的表达式代入式(4-17),经整理可得到

$$\alpha = \left[1 + \frac{\rho''}{\rho'}\left(\frac{1}{x} - 1\right)E + \frac{\rho''}{\rho'}\left(\frac{1}{x} - 1\right)(1-E)\frac{W''}{W'} \right]^{-1} \qquad (4-18)$$

式中,W''/W'可根据单相和混合相的速度压头相等的假设求得,即

$$\frac{W'^2}{2}\rho' = \frac{W''^2}{2}\rho_H \qquad (4-19)$$

$$\rho_H = \frac{\alpha\rho'' + \alpha''\rho'}{\alpha + \alpha''} \qquad (4-20)$$

式中,ρ_H 为均匀核心流中两相混合物的平均密度。

　把 α 及 α''的表达式代入式(4-20)得

$$\rho_H = \frac{1 + \left(\frac{1}{x} - 1\right)E}{\frac{1}{\rho''} + \frac{E}{\rho'}\left(\frac{1}{x} - 1\right)} \qquad (4-21)$$

图 4-1　混合相-单相并流模型

把 ρ_H 的表达式代入式(4-19)得

$$\frac{W''}{W'} = \left\{ \frac{\rho'}{\rho''} \frac{\left[1 + \left(\frac{1}{x} - 1 \right) E \frac{\rho''}{\rho'} \right]}{\left[1 + \left(\frac{1}{x} - 1 \right) E \right]} \right\}^{1/2} \qquad (4-22)$$

将式(4-22)代入式(4-18)中可以得到截面含气率 α 的计算公式为

$$\alpha = \left\{ 1 + \frac{\rho''}{\rho'} \left(\frac{1}{x} - 1 \right) E + \left(\frac{\rho''}{\rho'} \right)^{1/2} \left(\frac{1}{x} - 1 \right) (1 - E) \left[\frac{1 + \left(\frac{1}{x} - 1 \right) E \frac{\rho''}{\rho'}}{1 + \left(\frac{1}{x} - 1 \right) E} \right]^{1/2} \right\}^{-1} \qquad (4-23)$$

当 $E = 1$ 时

$$\alpha = \frac{1}{1 + \frac{\rho''}{\rho'} \left(\frac{1-x}{x} \right)} = \beta \qquad (4-24)$$

和均匀流模型的结果一样。当 $E = 0$ 时

$$\alpha = \frac{1}{1 + \left(\frac{1-x}{x} \right) \left(\frac{\rho''}{\rho'} \right)^{0.5}} \qquad (4-25)$$

混合相-单相并流模型的计算式(4-23)中 E 的选取对计算结果影响较大,当 $E = 0.4$ 时,和大多数实验结果符合较好。当 $p = 0.1 \sim 14.8$ MPa,$G = 650 \sim 2\,500$ kg/($m^2 \cdot s$),管径 $D = 6 \sim 38$ mm时,计算误差为 $\pm 10\%$。

第四节　变密度模型

变密度模型是由班可夫(Bankoff)[17]提出来的。这种模型认为,两相流既不是完全均匀混合的均匀流体,也不是完全分离的,而像液体中存在着悬浮气泡的流动。在两相流竖直向上的流动中,气泡受悬浮力的作用,有聚集到流道中心的趋势。因此,截面含气率在流通截面的径向上是不均匀的,在流道中心大,沿中心线向外减小(见图4-2),到流道的壁面上为零。另一方面,流道内流体的速度分布也是中心区高,向外递减,到壁面为零。班可夫假设在径向任一位置上气相和液相没有滑移,只是由于流道的中心区气体多,速度高一些。两相流体被认为是一种密度是径向位置函数的单相流体,因此称为变密度模型。

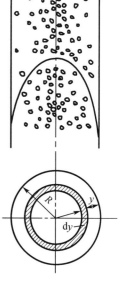

一、基本假设

该模型假设在圆管内两相流的速度和截面含气率按如下规律分布,即

$$\frac{W_i}{W_c} = W^* = \left(\frac{y}{R} \right)^{1/m} = R^{*1/m} \qquad (4-26)$$

图 4-2　变密度模型

$$\frac{\alpha_i}{\alpha_c} = \alpha^* = \left(\frac{y}{R}\right)^{1/n} = R^{*1/n} \tag{4-27}$$

式中　W_i——距离管壁 y 处流体的速度，m/s；

　　　α_i——距离管壁 y 处截面含气率；

　　　W_c——管道中心处的流体速度，m/s；

　　　α_c——管道中心处的截面含气率；

　　　R——管道的半径，m；

　　　y——管壁至某点的距离，m。

液体和气体的质量流量可分别表示为

$$M' = 2\int_0^R \rho' W(1 - \alpha_i)\pi(R - y)\mathrm{d}y$$

$$= 2\pi R^2 \rho' W_c\left[\frac{m^2}{(m+1)(2m+1)} - \alpha_c\frac{(mn)^2}{(mn+m+n)(2mn+m+n)}\right] \tag{4-28}$$

$$M'' = 2\int_0^R \rho'' W\alpha_i\pi(R - y)\mathrm{d}y$$

$$= 2\pi R^2 \rho'' W_c\alpha_c\frac{(mn)^2}{(mn+m+n)(2mn+m+n)} \tag{4-29}$$

二、截面含气率的计算式

通道横截面上的平均截面含气率可表示为

$$\alpha = \frac{2}{\pi R^2}\int_0^R \alpha_i\pi(R - y)\mathrm{d}y = 2\alpha_c\frac{n^2}{(n+1)(2n+1)} \tag{4-30}$$

由 $1/x = (M' + M'')/M''$，结合 M' 和 M'' 计算式得到

$$\frac{1}{x} = 1 - \frac{\rho'}{\rho''}\left(1 - \frac{K}{\alpha}\right) \tag{4-31}$$

$$\alpha = \frac{K}{\left[1 + \left(\frac{1-x}{x}\right)\frac{\rho''}{\rho'}\right]} = K\beta \tag{4-32}$$

式中，K 为班可夫流动参数，其值为

$$K = \frac{2(mn+m+n)(2mn+m+n)}{(n+1)(2n+1)(m+1)(2m+1)} \tag{4-33}$$

滑速比

$$S = \frac{W''}{W'} = \left(\frac{x}{1-x}\right)\left(\frac{1-\alpha}{\alpha}\right)\frac{\rho'}{\rho''} = \frac{1-\alpha}{K-\alpha} \tag{4-34}$$

对于各种流速及截面含气率分布情况，m 和 n 的变化范围是 $m = 2\sim7$，$n = 0.1\sim5$，对 K 进行计算，得到 $K = 0.5\sim1.0$。

班可夫将他的计算公式与其他关系式做了比较，得出在 $\alpha \leqslant 0.85$ 范围内，$K = 0.89$。与一些实验数据相比较后，认为对于蒸汽–水混合物，K 与压力 p 有如下关系：

$$K = 0.71 + 0.014\ 5p \tag{4-35}$$

式中，p 为系统压力，单位为 MPa。

第五节 最小熵增模型

最小熵增模型是齐维(Zivi)[18]提出来的。这一模型认为,当一种黏性流体在具有单值势位的常力作用下运动时,稳态速度分布产生最小的能量耗散,即熵增最小。这一模型主要适用于环状流流型。

一、不考虑壁面摩擦的情况

假定管内壁面摩擦力的能量耗散可以忽略不计,且两相流动是环状流,蒸汽相没有液滴夹带。对于这种理想情况,管道出口处的管道单位截面上的动能为

$$e = \frac{G}{2}\left[W''^2 x + W'^2 (1-x) \right] \qquad (4-36)$$

最小熵原理意味着截面含气率应该是这样的函数,它使得进管内流动的动能流在一定的含气率下为最小,即 $de/d\alpha = 0$。所以有

$$\frac{de}{d\alpha} = \frac{G}{2}\left[2W''x\frac{dW''}{d\alpha} + 2W'(1-x)\frac{dW'}{d\alpha} \right] = 0 \qquad (4-37)$$

令 $\dfrac{dW''}{d\alpha} = -\dfrac{Gx}{\rho''\alpha^2}$,$\dfrac{dW'}{d\alpha} = \dfrac{G(1-x)}{\rho'(1-\alpha)^2}$,代入式(4-37)后得

$$\alpha = \frac{1}{1 + \left(\dfrac{1-x}{x}\right)\left(\dfrac{\rho''}{\rho'}\right)^{2/3}} \qquad (4-38)$$

而滑速比

$$S = \frac{W''}{W'} = \frac{x\rho'(1-\alpha)}{\alpha\rho''(1-x)} = \left(\frac{\rho'}{\rho''}\right)^{1/3} \qquad (4-39)$$

用式(4-39)计算出的滑速比值比大多数的实验值高。

二、考虑壁面摩擦的情况

假定流动是绝热的,x 在整个管道长度上是常量。又假定壁面的剪应力可用常规的单相流方程表示,则单位流通截面上的摩擦能量耗散率为

$$e_F = \frac{1}{A}\tau_o L P_h W' = \left[\frac{L P_h f}{A(1-\alpha)}\right]\left[\frac{G}{2}W'^2(1-x)\right] \qquad (4-40)$$

式中 P_h——湿润周长;

f——单相摩阻系数。

如果令

$$N = \left[\frac{L P_h f}{A(1-\alpha)}\right]$$

则

$$e_F = N\frac{G}{2}W'^2(1-x)$$

计入壁面摩擦后的能量耗散率为

$$e + e_F = \frac{G}{2} \left[W''^2 x + (1 + N) W'^2 (1 - x) \right] \tag{4-41}$$

令 $d(e + e_F)/d\alpha = 0$，则

$$\frac{G}{2} \left[2W'' \frac{dW''}{d\alpha} x + 2(1 + N) W' \frac{dW'}{d\alpha} (1 - x) + W'^2 (1 - x) \frac{dN}{d\alpha} \right] = 0 \tag{4-42}$$

将

$$\frac{dW''}{d\alpha} = -\frac{Gx}{\rho'' \alpha^2}$$

$$\frac{dW'}{d\alpha} = \frac{G(1 - x)}{\rho'(1 - \alpha)^2}$$

$$\frac{dN}{d\alpha} = \frac{L P_h f}{A(1 - \alpha)^2} = \frac{N}{1 - \alpha}$$

代入式(4-42)后得到

$$\alpha = \left[1 + \left(1 + \frac{3}{2}N \right)^{1/3} \left(\frac{1 - x}{x} \right) \left(\frac{\rho''}{\rho'} \right)^{2/3} \right]^{-1} \tag{4-43}$$

而

$$S = \left[\left(1 + \frac{3}{2}N \right) \frac{\rho'}{\rho''} \right]^{1/3} \tag{4-44}$$

从式(4-43)、式(4-44)中可以看出，壁面摩擦的影响使截面含气率减小，滑速比增大。

三、气相有夹带的情况

如果环状流有夹带，气相夹带的水量为 E，水滴以蒸汽速度 W'' 运动，液膜上水的速度为 W'。如果不考虑壁面的摩擦，则

$$e = \frac{G}{2} \left[x W''^2 + (1 - x) E W''^2 + (1 - x)(1 - E) W'^2 \right] \tag{4-45}$$

让 $de/d\alpha = 0$，得

$$\frac{G}{2} \left[2x W'' \frac{dW''}{d\alpha} + 2(1 - x) E W'' \frac{dW''}{d\alpha} + 2(1 - x)(1 - E) W' \frac{dW'}{d\alpha} \right] = 0 \tag{4-46}$$

管道中水占据的面积应该是被夹带的水占的面积和环状水膜所占截面之和，所以

$$(1 - \alpha) = \frac{G(1 - x)}{\rho'} \left(\frac{E}{W''} + \frac{1 - E}{W'} \right) = \frac{G(1 - x)}{\rho'} \left(\frac{E \rho'' \alpha}{Gx} + \frac{1 - E}{W'} \right) \tag{4-47}$$

$$W' = \frac{G(1 - E)(1 - x)}{(1 - \alpha)\rho' - E \rho'' \alpha \left(\frac{1 - x}{x} \right)} \tag{4-48}$$

于是

$$\frac{dW'}{d\alpha} = \frac{G(1 - E)(1 - x)}{\rho'} \left\{ \frac{1 + E \frac{\rho''}{\rho'} \left(\frac{1 - x}{x} \right)}{1 - \alpha - E \frac{\rho''}{\rho'} \alpha \left(\frac{1 - x}{x} \right)^2} \right\} \tag{4-49}$$

将 $dW''/d\alpha = -Gx/\rho'' \alpha^2$ 及式(4-49)代入式(4-46)整理后可得

$$\alpha = \left\{ 1 + E\frac{\rho''}{\rho'}\left(\frac{1-x}{x}\right) + (1-E)\left(\frac{\rho''}{\rho'}\right)^{2/3}\left(\frac{1-x}{x}\right)\left[\frac{1 + E\frac{\rho''}{\rho'}\left(\frac{1-x}{x}\right)}{1 + E\left(\frac{1-x}{x}\right)}\right]^{1/3}\right\}^{-1}$$

$$= \left\{ 1 + E\left(\frac{1-x}{x}\right)\left(\frac{\rho''}{\rho'}\right) + (1-E)\left(\frac{1-x}{x}\right)\left(\frac{\rho''}{\rho'}\right)\left[\frac{\left(\frac{\rho'}{\rho''}\right) + E\left(\frac{1-x}{x}\right)}{1 + E\left(\frac{1-x}{x}\right)}\right]^{1/3}\right\}^{-1} \quad (4-50)$$

而

$$S = \left(\frac{\rho'}{\rho''}\right)^{1/3}\left[\frac{1 + E\frac{\rho''}{\rho'}\left(\frac{1-x}{x}\right)}{1 + E\left(\frac{1-x}{x}\right)}\right]^{1/3} \quad (4-51)$$

第六节　漂移流模型

1965 年,朱柏(Zuber)[19]等人提出了漂移流模型。他们认为,在分析两相流截面含气率时,两个效应(滑动、变密度)都要考虑。这种模型是近代新发展的一种两相流处理方法。由于这种模型考虑的因素比较全面,所以它的精确度更高一些,在英美等国家应用较多。这种模型的特点是用数学公式来描述某种特殊的流型,用它来处理数据并提出计算方法。

因为我们所要求的截面含气率是指截面上的平均含气率,所以需要建立平均值的概念。对于某个量 F,它的平均值有以下两种定义:

截面平均值

$$< F > = \frac{1}{A}\int_A F\mathrm{d}A \quad (4-52)$$

权重平均值

$$\overline{F} = \frac{< \alpha F >}{< \alpha >} = \frac{\frac{1}{A}\int_A \alpha F\mathrm{d}A}{\frac{1}{A}\int_A \alpha\mathrm{d}A} \quad (4-53)$$

这样,我们由 $j_g = \alpha W''$ 得

$$<j_g> = <\alpha W''> \quad (4-54)$$

$$<W''> = <\frac{j_g}{\alpha}> \quad (4-55)$$

由 $W_{gm} = W'' - j$ 得

$$<W''> = <j> + <W_{gm}> \quad (4-56)$$

所以

$$<\frac{j_g}{\alpha}> = <j> + <W_{gm}> \quad (4-57)$$

气体的权重平均速度

$$\overline{W''} = \frac{<\alpha W''>}{<\alpha>} = \frac{<j_g>}{<\alpha>} \quad (4-58)$$

同时有

$$\overline{W''} = \frac{<\alpha j>}{<\alpha>} + \frac{<\alpha W_{gm}>}{<\alpha>} \tag{4-59}$$

所以

$$\frac{<j_g>}{<\alpha>} = \frac{<\alpha j>}{<\alpha>} + \frac{<\alpha W_{gm}>}{<\alpha>} \tag{4-60}$$

令

$$C_o = \frac{<\alpha j>}{<\alpha><j>} = \frac{\frac{1}{A}\int_A \alpha j \mathrm{d}A}{\left(\frac{1}{A}\int_A \alpha \mathrm{d}A\right)\left(\frac{1}{A}\int_A j \mathrm{d}A\right)} \tag{4-61}$$

将式(4-61)代入式(4-59),则

$$\frac{<j_g>}{<\alpha>} = C_o <j> + \frac{<\alpha W_{gm}>}{<\alpha>} \tag{4-62}$$

两边同除 $<j>$,则

$$\frac{\frac{<j_g>}{<j>}}{<\alpha>} = C_o + \frac{<\alpha W_{gm}>}{<\alpha><j>} \tag{4-63}$$

由于

$$\frac{<j_g>}{<j>} = \frac{<V''/A>}{<V/A>} = \frac{<V''>}{<V>} = <\beta> \tag{4-64}$$

即

$$<\alpha> = \frac{<\beta>}{C_o + \frac{<\alpha W_{gm}>}{<\alpha><j>}} \tag{4-65}$$

而

$$\overline{W}_{gm} = \frac{<\alpha W_{gm}>}{<\alpha>} \tag{4-66}$$

称为加权平均漂移通量。另外还可以得到两相滑速比

$$S = \frac{\overline{W''}}{\overline{W'}} = \frac{<j_g>/<\alpha>}{<j_l>/<1-\alpha>} = \frac{<1-\alpha>}{<\alpha>\left(\frac{1-<\beta>}{<\beta>}\right)}$$

$$= \frac{<1-\alpha>}{1/\left(C_o + \frac{<\alpha W_{gm}>}{<\alpha><j>}\right) - <\alpha>} \tag{4-67}$$

式(4-65)和式(4-67)就是漂移流模型计算 α 和 S 的公式。

要正确地计算沿通道截面的平均截面含气率 $<\alpha>$,必须要考虑两个问题,一个是沿截面的流速和气相含量的分布规律,另一个是在各局部位置的两相之间的相对速度。在本模型的 $<\alpha>$ 计算中,用分布参数 C_o 来考虑前一个因素的影响,而用加权平均漂移通量 $\frac{<\alpha W_{gm}>}{<\alpha>}$ 来考虑后一个因素的影响。对于各种流型,只要代入适当的 C_o 和 $\frac{<\alpha W_{gm}>}{<\alpha>}$ 值,即

可按式(4-65)求出$<\alpha>$值。

由式(4-62)可以看出,如果将两相流动的实验数据整理在$\overline{W''}$作为纵坐标,$<j>$作为横坐标的平面坐标系上,可由所得直线的斜率(见图4-3)决定C_o值,而用直线与$\overline{W''}$轴的截距决定$\overline{W}_{gm}$值。如果发现有斜率突然改变的情况,则说明流动工况改变。

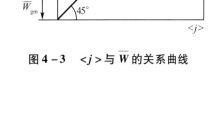

图4-3　$<j>$与$\overline{W}$的关系曲线

下面讨论一下轴对称圆管C_o值的求法。假定流速和截面含气率的分布如下:

$$\frac{j}{j_c} = 1 - \left(\frac{y}{r}\right)^m \qquad (4-68)$$

$$\frac{\alpha - \alpha_w}{\alpha_c - \alpha_w} = 1 - \left(\frac{y}{r}\right)^n \qquad (4-69)$$

式中　j_c——圆管中心线处容积通量;

　　　　α_c——圆管中心处的截面含气率;

　　　　α_w——壁面处截面含气率;

　　　　r——圆管半径;

　　　　y——管内任一点到中心的距离。

把上述分布关系式代入C_o的定义公式中,可得

$$C_o = 1 + \frac{2}{m+n+2}\left(1 - \frac{\alpha_w}{<\alpha>}\right) \qquad (4-70)$$

或

$$C_o = \frac{m+2}{m+n+2}\left(1 + \frac{\alpha_c}{<\alpha>}\frac{n}{m+2}\right) \qquad (4-71)$$

由上面的公式可以看出,如果截面含气率是均匀分布的,即:如果$\alpha_w = \alpha_c = <\alpha>$,则$C_o = 1$;如果$\alpha_c > \alpha_w$,则$C_o > 1$;如果$\alpha_c < \alpha_w$,则$C_o < 1$。

对于竖直上升管中$\alpha < 0.2$时的泡状流动,此时气泡聚合能力较小,单个气泡直径在$1 \sim 20$ mm范围内,其$C_o = 1.0$,$\overline{W}_{gm}$值按下式计算,即

$$\overline{W}_{gm} = 1.53(1-\alpha)^2\left[\frac{\sigma g(\rho'-\rho'')}{\rho'^2}\right]^{1/4} \qquad (4-72)$$

对于竖直上升的泡-弹状流动,其$\overline{W}_{gm}$值按下式计算,即

$$\overline{W}_{gm} = 1.41\left[\frac{\sigma g(\rho'-\rho'')}{\rho'^2}\right]^{1/4} \qquad (4-73)$$

而其C_o与管道直径和p/p_{cr}有关;当$D > 5$ cm时

$$C_o = 1.5 - 0.5\frac{p}{p_{cr}} \qquad (4-74)$$

当$D \leqslant 5$ cm时

$$\frac{p}{p_{cr}} < 0.5, \quad C_o = 1.2$$

$$\frac{p}{p_{cr}} \geqslant 0.5, \quad C_o = 1.2 - 0.4\left(\frac{p}{p_{cr}} - 0.5\right) \qquad (4-75)$$

第七节　欠热沸腾区截面含气率的计算

在加热通道内,准确地计算含气率是一个很重要的问题,在处理两相流压降和传热问题时,都要建立和含气率的关系。例如,计算压降的公式,一般都是以 $\Delta p = f(G, x, \alpha, p, d)$ 的形式给出的。我们在第一章里介绍了用热平衡原理计算含气量 x 的方法,这是最简单的一种计算方法。

在用热平衡方法计算含气量 x 时,有一条最基本的假设,就是流道内的流体处于热力学平衡状态。所谓热力学平衡,就是在通道的同一截面上不存在压力差和温度差。根据这条假设,可以把加热通道分成两个区:一个是单相流区,另一个是两相流区。这种计算方法在加热通道的热流密度 q'' 较低时,是近似可行的,但是当热流密度较高时,误差很大。这是因为在主流还没有达到饱和温度之前,壁面流体会先达到饱和温度,在通道的径向存在温度差。热流密度越高,温度差就越大,欠热沸腾产生的空泡就越多。

在核反应堆内,燃料元件的表面热流密度很高,一般在 10^6 W/m^2 以上,所以在反应堆中欠热沸腾的问题显得比较突出。欠热沸腾产生的空泡对反应堆通道内的压降、传热及中子慢化性能都有很大的影响。欠热沸腾是一种热力学不平衡现象,具体过程是比较复杂的,下面详细地讨论一下这个问题。

一、加热通道内流动区域的划分

当欠热液体进入加热通道时,由壁面输入的热量把欠热液体加热,变成汽水两相混合物,其过程如图 4 - 4 所示,大致经过以下几个区域。

1. 单相流区 Ⅰ

在 Ⅰ 区中,加热面上和通道内主流的液体都没有达到饱和温度,通道中不存在气泡。

2. 深度欠热区 Ⅱ(由 A 点到 B 点)

在此区中,主流的大部分仍然是欠热的,但是贴近加热壁面的液膜达到了饱和温度,这时壁面上开始生成气泡。因为此区中欠热度还很大,小气泡附在壁面上,不能跃离壁面而在主流中生存,所以表现为"壁面效应"。

3. 轻度欠热区 Ⅲ(B 点到 D 点)

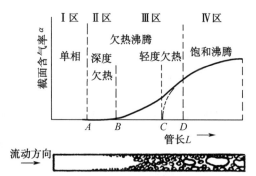

图 4 - 4　流动欠热沸腾分区图

当深度欠热区内的流体在流动中不断被加热,壁面上产生的气泡会越来越多。在 B 点以后,由于主流的欠热度降低了,因此,气泡可以脱离壁面在主流中生存。B 点称为气泡脱离壁面起始点,也称净蒸汽产生起始点。在 B 点后的第 Ⅲ 区中,截面含气率急剧增长,表现为"容积效应"。此时气泡不断进入主流,一部分被主流中欠热液体冷凝变为液体,另一部分则来不及冷凝而被主流带出 Ⅲ 区。

4. 饱和沸腾区 Ⅳ

图 4 - 4 中 C 点是用热平衡原理计算得到的主流达到饱和温度的点,但是实际上该点主流没有达到饱和温度,这是由于在 C 点以前壁面传给流体的热量没有全部用来提高液体温

度,有一部分变成了生成气泡的汽化潜热,所以,主流只有在 C 点以后的 D 点才完全达到饱和温度。D 点以后称为饱和沸腾区,此区中加入的热量完全用来产生蒸汽。

在 20 世纪 60 年代以前,人们对欠热沸腾问题没有进行过深入的研究。当时都回避了这一问题,即忽略欠热沸腾区气泡的影响。后来,随着反应堆及高热流密度换热器的出现,人们越来越认识到欠热沸腾问题的重要。因为在反应堆通道内,欠热沸腾产生的空泡会达到很高值,对流道内的压降特性及中子慢化特性都有明显的影响,所以不能忽略不计。这样,在 20 世纪 60 年代以后,国内外很多反应堆热工研究部门对这个问题做了大量的研究,并取得了一定的研究成果,可以得到以下两点定性的结论:

(1)热流密度 q'' 升高,欠热沸腾影响大;

(2)质量流速 G 和压力 p 升高,欠热沸腾影响小。

二、欠热沸腾起始点 A 的确定

关于 A 点的定义,各种文献的说法不一,很多文献认为,第一个气泡开始出现的那一点就是欠热沸腾起始点。这种论点理论上是正确的,但是没有实际意义。因为气泡的产生是一个统计过程,所谓第一个气泡产生点,往往与液体中溶解气体的情况、加热面的性质和清洁度等许多不确定的因素有关。因此,实际上的欠热沸腾起始点往往是用欠热沸腾表现出来的对热工参数的实际影响来间接确定。目前,主要是用壁温的变平或局部欠热度来判定 A 点。下面介绍一种确定方法。

热平衡关系式

$$q''\pi D z_A = M c_p (T_A - T_i) \tag{4-76}$$

式中 z_A——由入口到 A 点的管长,m;

c_p——水的比定压热容,J/(kg·℃);

T_A——A 点主流温度,℃;

T_i——入口温度,℃;

q''——表面热流密度,W/m²。

由式(4-76)得

$$T_A = \frac{q''\pi D z_A}{M c_p} + T_i \tag{4-77}$$

$$\Delta T_A = T_s - T_A = T_s - \frac{q''\pi D z_A}{M c_p} - T_i \tag{4-78}$$

式(4-78)中,ΔT_A 和 z_A 都是未知量,因此通过式(4-78)还不能确定 A 点。詹斯-洛特斯(Jens-Lottes)经过大量的试验工作,给出了计算 ΔT_A 的经验公式,即

$$\Delta T_A = \frac{q''}{h_f} - \beta \left(\frac{q''}{10^6} \right)^{0.25} \tag{4-79}$$

$$h_f = 0.023 \frac{k_f}{D_e} Re^{0.8} Pr^{0.4} \tag{4-80}$$

$$\beta = 26 \exp \left(-\frac{p}{6.2} \right) \tag{4-81}$$

式中 k_f——导热系数,W/(m·℃);

p——系统压力，MPa。

$$\Delta T_A = \frac{q''}{h_f} - \beta \left(\frac{q''}{10^6} \right)^{0.25} = T_s - \frac{q'' \pi D z_A}{M c_p} - T_i \qquad (4-82)$$

$$z_A = \frac{M c_p \left[T_s - T_i - \frac{q''}{h_f} + \beta \left(\frac{q''}{10^6} \right)^{0.25} \right]}{\pi D q''} \qquad (4-83)$$

z_A 是入口距 A 点的管长，如果把此长度计算出来，A 点也就确定了。

三、深度欠热区截面含气率的确定

深度欠热区的特点是气泡都附在壁面上，α 值很小并沿加热通道长度线性分布。在欠热沸腾起始点 A 以前，α 为零。如能确定 B 点的截面含气率，则此区中任一点的截面含气率就可以确定了。

B 点一般是这样定义的，当气泡充满整个加热壁面，这时就达到了 B 点，即气泡从该点开始脱离壁面。B 点处的截面含气率可由下式确定：

$$\alpha_B = \frac{P_h}{A} \delta' \qquad (4-84)$$

$$\delta' \approx 0.67 R_d \qquad (4-85)$$

$$R_d \approx 2.37 / p^{0.237} \qquad (4-86)$$

式中　P_h——湿周长度；

　　　δ'——气泡膜平均厚度；

　　　R_d——气泡的平均半径。

由于 A 点到 B 点的截面含气率是线性变化的，因此存在下列关系，即

$$\frac{\alpha}{\alpha_B} = \frac{\Delta T_A - \Delta T}{\Delta T_A - \Delta T_B} \qquad (4-87)$$

式中　α——此区任一点的截面含气率；

　　　ΔT_A——A 点所对应的欠热度；

　　　ΔT_B——B 点所对应的欠热度。

深度欠热区的气泡都附在壁面上，在进行这一区压降计算时，可以认为是表面的粗糙度增加了。此区中壁面剪切应力可按以下公式计算，即

$$\tau_w = \frac{1}{2} \rho' W_0^2 \left[2.87 + 1.58 \ln \left(\frac{1}{d_b} \right) \right]^{-0.25} \qquad (4-88)$$

式中，d_b 为气泡平均直径，可取 $d_b = 0.75 \delta'$。

四、气泡脱离壁面起始点 B 的确定

B 点也叫净蒸汽产生起始点，这一点的确定对欠热沸腾的研究有十分重要的意义。在计算轻度欠热区截面含气率时，要首先确定 B 点，然后才能计算此区的截面含气率。目前，国外发表的这方面资料比较多，这里我们介绍两种确定 B 点的方法。

1. 布朗的方法

1962 年，布朗(Bowring)[21] 经过实验，提出用下列公式计算 B 点的欠热度：

$$\Delta T_B = \frac{\eta q'' \rho' A}{M} \tag{4-89}$$

$$\eta = 0.005\,81 + 0.405 \times 10^{-4} p \tag{4-90}$$

式中　η——实验常数；

　　　p——系统压力，MPa。

由热平衡方程可以得到

$$q'' \pi D z_B = M c_p (T_B - T_i) \tag{4-91}$$

$$\Delta T_B = T_s - T_B = T_s - \frac{q'' \pi D z_B}{c_p M} - T_i = \frac{\eta q'' \rho' A}{M} \tag{4-92}$$

由式(4-92)可以得到

$$z_B = \frac{[T_s - T_i - \eta q'' \rho' A / M]}{q'' \pi D} M c_p \tag{4-93}$$

由式(4-93)可以算出 B 点距入口的长度 z_B。

2. 萨哈-朱伯关系式

1979 年，萨哈和朱伯(Saha and Zuber)[22]在第五届国际热工会议上提出了一种计算 B 点及其轻度欠热区含气量的方法。这种方法是目前被认为比较好的一种方法，被许多学者所引用。

萨哈和朱伯等人认为，净蒸汽产生点必须满足热力和流体动力两方面的限制，在低质量流量时，气泡的冷凝取决于扩散过程，因此对于热支配区，即在低质量流量时，可以认为局部努塞尔数

$$Nu = \frac{q'' D_e}{k_f (T_s - T_B)} \tag{4-94}$$

将是一个相似参数。

另一方面，在高质量流量时，即在流体动力支配区，如果认为附在壁面上的气泡像表面粗糙度那样影响流动，那么，脱离的气泡应当相应于某个特定的粗糙度。在高质量流量情况下，可以认为局部斯坦顿数

$$St = \frac{q''}{G c_p (T_s - T_B)} \tag{4-95}$$

将是合适的准则数。

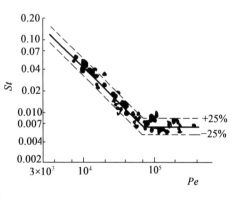

图 4-5　气泡脱离壁面条件

为了确定方程式(4-94)还是方程式(4-95)是合适的准则数，需要消去相关变量，即在两个方程中消去局部欠热度。引入贝克来数 Pe 可以做到这一点。萨哈和朱伯把他们得到的实验数据表示在 $St - Pe$ 坐标系中(见图 4-5)，从图中可以很容易地辨认出两个不同的区域。当贝克来数小于 70 000 时，实验数据落在斜率为 -1 的直线上，这意味着局部努塞尔数是一个常数。当贝克来数大于 70 000 时，数据点落在斯坦顿数为常数的直线上。由以上的分析可以得到净蒸汽产生点完整的表达式，当 $Pe \le 70\,000$ 时，有

$$Nu = \frac{q''D_e}{k_f \Delta T_B} = 455 \tag{4 - 96}$$

$$\Delta T_B = 0.002\ 2\ \frac{q''D_e}{k_f}$$

当 $Pe > 70\ 000$ 时

$$St = \frac{q''}{Gc_p \Delta T_B} = 0.006\ 5 \tag{4 - 97}$$

$$\Delta T_B = 154\ \frac{q''}{Gc_p}$$

因为 $Pe = Re \cdot Pr$,所以在判断流动工况时根据雷诺数很容易算出贝克来数,然后用以上公式把 B 点的欠热度计算出来,从而可以确定由入口距 B 点的长度 z_B。

五、轻度欠热区截面含气率的计算

以上我们介绍了净蒸汽产生点 B 的确定。B 点的欠热度 ΔT_B 确定后就可以算出该点的热平衡含气率,从而可以计算出轻度欠热区内任一点截面含气率。

由热平衡方程可以得到 B 点的热平衡含气率

$$x_B = \frac{i_B - i'}{i_{fg}}$$

式中,i_B 为 B 点流体的总焓值。

上式还可以写成

$$x_B = -\frac{c_p(T_s - T_B)}{i_{fg}} \tag{4 - 98}$$

当 $Pe \leqslant 70\ 000$ 时

$$x_B = -0.002\ 2\ \frac{c_p q''D_e}{k_f i_{fg}} \tag{4 - 99}$$

当 $Pe > 70\ 000$ 时

$$x_B = -154\ \frac{q''}{Gi_{fg}} \tag{4 - 100}$$

轻度欠热区任一点的热平衡含气率都可以由热平衡方程计算,即

$$x_o' = \frac{i_o - i'}{i_{fg}} \tag{4 - 101}$$

式中　x_o'——轻度欠热区任一点的热平衡含气率;

　　　i_o——该点的流体总焓值。

确定了 x_B,x_o' 后就可以得到轻度欠热区任一点的真实含气率。萨哈和朱伯建议用以下公式计算,即

$$x_T = \frac{x_o' - x_B \exp(x_o'/x_B - 1)}{1 - x_B \exp(x_o'/x_B - 1)} \tag{4 - 102}$$

式中　x_T——轻度欠热区的真实质量含气率;

　　　x_o'——该点的热平衡含气率。

式(4 - 102)也可以用于饱和沸腾区含气率的计算。因为在饱和沸腾区 x_o' 较大,代入式

（4-102）可得 $x_T \approx x'_o$。

x_T 算出后,就可以计算该点的截面含气率 α。萨哈和朱伯建议用下式计算欠热区的 α 值。

$$< \alpha > = \frac{x_T}{C_o\left[\frac{x_T(\rho'-\rho'')}{\rho'}+\frac{\rho''}{\rho'}\right]+\frac{\rho''\overline{W}_{gm}}{G}} \qquad (4-103)$$

$$\overline{W}_{gm}=1.41\left[\frac{\sigma g(\rho'-\rho'')}{\rho'^2}\right]^{1/4}$$

式中　$\overline{W}_{gm}$——加权漂移通量;

　　　C_o——可取 1.13。

大量实验数据验证表明,这种计算方法是比较准确的。目前在反应堆等设备的含气率计算中被广泛采用。

例4-1　一组由 30 根元件组成的电加热实验组件,元件直径为 8 mm。元件棒束竖直安装,冷却剂从底部加入;入口水温为 300 ℃;系统压力为 13.7 MPa。流体在棒束中的通流面积为 1.85×10^{-3} m²。流道的当量直径为 7×10^{-3} m;棒束用直流电加热,加热电流为 22 300 A,电压为 39 V,元件总长为 1.2 m。质量流速 $G=2\,000$ kg/(s·m²),试计算 z_A,z_B,并计算距入口 1 m 处的真实质量含气率和截面含气率。

解　在 13.7 MPa 压力下的状态参数;$i_i=$ 1 345.4 kJ/kg;$i_{fg}=$ 1 084 kJ/kg;$\rho'=625.58$ kg/m³;$\rho''=84.53$ kg/m³;$\mu'=81.45\times10^{-6}$ N·s/m²;$Pr=1.2$;$k_f=0.48$ W/(m·℃);$c_p=7\,400$ J/(kg·℃)。

（1）计算贝克来数确定流动状态

由　　　　　　　　　　$Pe=Pr\cdot Re$

$$Re=\frac{GD_e}{\mu'}=\frac{2\,000\times7\times10^{-3}}{81.45\times10^{-6}}=171\,884.6$$

$$Pe=Pr\cdot Re=1.2\times171\,884.6=206\,261.5$$

$Pe>70\,000$,流动处于流体动力支配区。

（2）计算表面热流密度

单位时间内壁面传给流体的热量为 $q_t=I\cdot U_t=22\,300\times39=869\,700$ W;总加热面积为 $A_t=30\pi\cdot d\cdot L=0.9$ m²;表面热流密度

$$q''=\frac{q_t}{A_t}=\frac{869\,700}{0.9}=966\,333.3 \text{ W/m}^2$$

（3）计算放热系数

确定 A 点:

$$h_f=0.023Re^{0.8}Pr^{0.4}\frac{k_f}{D_e}$$

$$h_f=0.023\times15\,423\times1.075\times0.48/(7\times10^{-3})$$
$$=26\,148.6 \text{ W/(m}^2\cdot℃)$$

$$\frac{q''}{h_f}=\frac{966\,333.3}{26\,164.5}=36.95\ ℃$$

$$\beta = 25\exp\left(-\frac{13.7}{6.2}\right) = 2.74$$

$$\beta\left(\frac{q''}{10^6}\right)^{0.25} = 2.74 \times 0.991 = 2.72\,℃$$

$$M = G \times A = 3.7 \ \text{kg/s}$$

$$z_A = \frac{Mc_p\left[T_s - T_i - \frac{q''}{h_f} + \beta\left(\frac{q''}{10^6}\right)^{0.25}\right]}{30\pi \cdot d \cdot q''}$$

$$= \frac{3.7 \times 7.4 \times 10^3(335.1 - 300 - 36.95 + 2.72)}{30 \times 3.14 \times 0.008 \times 966\,333.3} = 0.033 \ \text{m}$$

确定 B 点：

由热平衡方程

$$q'' \times 30\pi \cdot d \cdot z_B = Mc_p(T_B - T_i)$$

$$T_B = \frac{q'' \times 30\pi \cdot d \cdot z_B}{Mc_p} + T_i$$

$$\Delta T_B = T_s - \frac{q'' \times 30\pi \cdot d \cdot z_B}{Mc_p} - T_i$$

根据萨哈和朱伯的方法，在 $Pe > 70\,000$ 时

$$\Delta T_B = \frac{q''}{0.006\,5Gc_p} = \frac{966\,333.3}{0.006\,5 \times 2\,000 \times 7\,400} = 10.045 \ ℃$$

$$z_B = \frac{\left[(T_s - T_i) - \Delta T_B\right]M \cdot c_p}{q'' \times 30\pi \cdot d}$$

$$= \frac{35.1 - 10.045}{966\,333.3 \times 30 \times 3.14 \times 0.008} \times 3.7 \times 7\,400 = 0.942 \ \text{m}$$

（4）用热平衡计算饱和点距入口长度 z_s

$$q'' \times 30\pi \cdot d \cdot z_s = M(i_s - i_i)$$

$$z_s = \frac{M}{30\pi \cdot d \cdot q''}(1\,561.4 - 1\,345.40) \times 1\,000 = 1.097 \ \text{m}$$

比较以上的计算结果可以看出，用热平衡方法处理两相流动问题时，把 z_s 以前的通道全作为单相流处理，但是实际上在 $z = 0.942$ m 处就已经有气泡产生了。这样，两种方法计算结果有较大的差别。

（5）求距入口 1 m 处的真实含气率和截面含气率

如果用热平衡的方法计算时，$z = 1$ m 处还是单相流动区，但是，实际在这一截面上已经有气泡存在了。下面就计算一下该截面的含气率。

①B 点的热平衡含气率

$$x_B = -154\frac{q''}{Gi_{fg}} = -154\frac{966\,333.3}{2\,000 \times 1\,084\,000} = -0.068\,64$$

②由入口至 $z = 1$m 处壁面加给流体的热量

$$q_z = I \cdot V_z = I \cdot V_t\left(\frac{z}{L}\right) = 869\,700\left(\frac{1}{1.2}\right) = 724\,750 \ \text{W}$$

③$z = 1$ m 处的热平衡含气量

$$x_o' = \frac{q_z/M + i_i - i_s}{i_{fg}} = \frac{\dfrac{724\,750}{3.7} + 1\,345\,400 - 1\,561\,400}{1\,084\,000} = -0.018\,56$$

④真实含量

$$x_T = \frac{x_o' - x_B \exp\left(\dfrac{x_o'}{x_B} - 1\right)}{1 - x_B \exp\left(\dfrac{x_o'}{x_B} - 1\right)} = \frac{-0.018\,56 + 0.033}{1 + 0.033} = 0.014$$

$$\alpha = \frac{x_T}{C_o \left[\dfrac{x_T(\rho' - \rho'')}{\rho'} + \dfrac{\rho''}{\rho'}\right] + \dfrac{\rho'' \overline{W}_{gm}}{G}}$$

式中

$$C_o = 1.13$$

$$\overline{W}_{gm} = 1.41 \left(\frac{\sigma g(\rho' - \rho'')}{\rho'^2}\right)^{1/4}$$

$$\sigma = 6.73 \times 10^{-3}\ \text{N/m}$$

$$\rho' - \rho'' = 625.6 - 84.53 = 541$$

$$\overline{W}_{gm} = 1.41 \left(\frac{6.73 \times 10^{-3} \times 9.81 \times 541}{625.62}\right)^{1/4}$$

$$= 1.410 \times 0.489 = 0.689\ \text{m/s}$$

$$\alpha = \frac{0.014}{1.13 \left(\dfrac{0.014 \times 541}{625.6} + \dfrac{84.5}{625.6}\right) + \dfrac{84.5 \times 0.689}{2\,000}}$$

$$= \frac{0.014}{0.166 + 0.029} = 0.071\,8$$

$$\alpha = 7.18\%$$

六、雷哈尼关系式

雷哈尼（Rouhani）[23]提出了一套计算欠热沸腾区截面含气率的办法。他认为在欠热沸腾过程中，有三种传热方式可将通过加热面的热量带走：

（1）直接传给单相液体，一直到壁面被气泡全部覆盖为止；

（2）用来产生蒸汽；

（3）加热充填脱离壁面气泡的那部分质量的水。

因此有

$$q'' = h(T_w - T_f) + G_s i_{fg} + \frac{G_s}{\rho''} c_p \rho'(T_s - T_f) \tag{4-104}$$

在高欠热度的沸腾工况下，由于有一部分加热壁面被气泡覆盖，其单相液体传热分量有所减少，可以认为传热系数 h 比一般的单相传热系数 h_f 有所减小，可用下式来确定：

$$h = h_f \frac{T_s - T_f}{T_w - T_f} \tag{4-105}$$

则

$$q'' = h_f(T_s - T_f) + G_s i_{fg} + \frac{G_s}{\rho''} c_p \rho'(T_s - T_f)$$

$$= h_f \Delta T_{sub} + G_s i_{fg} + \frac{G_s}{\rho''} c_p \rho' \Delta T_{sub} \tag{4-106}$$

$$G_s = \frac{q'' - h_f \Delta T_{sub}}{\rho'' i_{fg} + c_p \rho' \Delta T_{sub}} \rho''$$

式中　ΔT_{sub}——欠热度；

G_s——单位时间、单位加热面积上产生的蒸汽质量。

根据热量平衡原理,经推导后可得轻度欠热沸腾区截面含气率的表达式

$$\frac{1}{1-\alpha} - 1 = \frac{1}{q''} \left\{ \left(q'' + \frac{h_f i_{fg} \rho''}{c_p \rho'} \right) \ln \frac{i_{fg} \rho'' + c_p \rho'(\Delta T_{sub})_{in}}{i_{fg} \rho'' + c_p \rho' \Delta T_{sub}} - \right.$$

$$\left. h_f \left[(\Delta T_{sub})_{in} - \Delta T_{sub} \right] - \frac{\varphi_1 c_p \rho'}{P_h i_{fg} \rho''} \right\} \tag{4-107}$$

式中

$$\varphi_1 = \int_{(\Delta T_{sub})_{in}}^{\Delta T_{sub}} k_c \Delta T_{sub} d(\Delta T_{sub})$$

$$= 3.5 \times 10^3 \frac{k_f}{Pr} \frac{\rho''}{\rho'} Re \left(\frac{q'' \mu'}{r \sigma \rho' g} \right)^{1/4} A^{2/3} \alpha^{2/3} \left[0.6(\Delta T_{sub})_{in} + \Delta T_{sub} \right]$$

$$\left[(\Delta T_{sub})_{in} - \Delta T_{sub} \right] \tag{4-108}$$

雷哈尼认为,当壁面布满气泡时,气泡开始脱离壁面,工况由深度欠热沸腾区进入轻度欠热沸腾区,这时,气泡层的平均厚度为 $\delta' = 0.67 R_d$。根据试验,在 $0.1 \sim 10$ MPa 压力范围内,气泡脱离壁面时的平均半径为 $R_d = 2.37 \times 10^{-3} (10p)^{-0.237} = 1.373 \times 10^{-3} p^{-0.237}$,气泡脱离壁面起始点处的壁面截面含气率为

$$\alpha_B = \frac{P_h}{A} \delta' = 1.59 \times 10^{-4} (10p)^{-0.237} \frac{P_h}{A} \tag{4-109}$$

式(4-107)仅适用于深度欠热沸腾区,因为当 $\alpha = \alpha_B$ 后,气泡布满了壁面,直接传给单相液体的热量减少至零,即 $h_f(T_w - T_f) = 0$,得到

$$\frac{1}{1-\alpha} - \frac{1}{1-\alpha_B} = \ln \frac{i_{fg} \rho'' + c_p \rho'(\Delta T_{sub})_B}{i_{fg} \rho'' + c_p \rho' \Delta T_{sub}} - \frac{\varphi_2 c_p \rho'}{P_h i_{fg} \rho'' q''} \tag{4-110}$$

式中

$$\varphi_2 = \int_{(\Delta T_{sub})_B}^{\Delta T_{sub}} k_c \Delta T_{sub} d(\Delta T_{sub})$$

$$= 7.0 \times 10^5 \frac{k_f i_{fg} \rho''}{Pr c_p \rho'} Re^{0.5} \left(\frac{q'' \mu'}{i_{fg} \sigma \rho' g} \right)^{0.5} \times A^{2/3} \alpha^{2/3} \left[(\Delta T_{sub})_B + 2\Delta T_{sub} \right] \tag{4-111}$$

雷哈尼和阿克森(Rouhani and Axelson)[24]于 1970 年对上述方法做了改进,考虑了气液间的相对速度,在求得真实质量含气率 x_T 后,用朱伯的公式求出截面含气率 α。另外,在深度欠热区和轻度欠热区采用相同的冷凝系数 k_c。

他们把欠热沸腾也分为两个区,在深度欠热区末的壁面截面含气率 $\alpha_B = 0.906 \times 10^{-4} p^{-0.237} P_h / A$,壁面传热的热平衡关系式为

$$q'' = h_f \Delta T_{sub} \left(1 - \frac{\alpha}{\alpha_B} \right) + G_s i_{fg} + \frac{G_s}{p''} c_p \rho' \Delta T_{sub} \qquad (4-112)$$

用以上同样的推导步骤,可得

$$dQ_b = \frac{q'' - h_f \Delta T_{sub} \left[1 - (\alpha/\alpha_B) \right]}{i_{fg} \rho'' + c_p \rho' \Delta T_{sub}} p'' i_{fg} P_h dz \qquad (4-113)$$

$$dQ_c = k_c \Delta T_{sub} dz \qquad (4-114)$$

式中

$$k_c = 30 \frac{k_f}{Pr} \left(\frac{\rho''}{\rho'} \right)^2 \frac{GD}{(1-\alpha)\mu'} \left[\frac{q''\mu'}{i_{fg}\sigma(\rho'-\rho'')} \right]^{-0.5} A^{2/3} \alpha^{2/3} \qquad (4-115)$$

在通道 dz 长度内,真实质量含气率的增量为

$$dx = \frac{dQ_b - dQ_c}{GAi_{fg}} \qquad (4-116)$$

液体的欠热度变化 $d(\Delta T_{sub})$ 为

$$d(\Delta T_{sub}) = \frac{q'' P_h dz - (dQ_b - dQ_c)}{GAc_p} \qquad (4-117)$$

对式(4-116)进行积分,就可以求得通道 z 高度上的真实质量含气率 $x(z)$,则截面含气率 $\alpha(z)$ 为

$$\alpha(z) = \frac{x(z)}{\rho''} \left\{ C_o \left[\frac{x(z)}{\rho''} + \frac{1-x(z)}{\rho'} \right] + \frac{1.18}{G} \left[\frac{g\sigma(\rho'-\rho'')}{\rho'^2} \right]^{1/4} \right\}^{-1} \qquad (4-118)$$

在欠热沸腾情况下,取 $C_o = 1.12$,当低质量流速时可取 $C_o = 1.54$。

由于 k_c 中含有 α,所以必须用迭代方法求解才能求得 α 值。

七、绝热流动的欠热水中截面含气率的变化

在有些加热通道内,产生欠热沸腾后,主流体还没达到饱和温度。如果夹带气泡的欠热液体流出加热段,进入不加热的绝热段,这时,在流动过程中,气泡会被周围的液体所冷凝。研究此过程中截面含气率的变化在工程中有一定的实际意义。例如,在现代压水堆中,为了提高堆芯出口温度和动力装置效率,一般都允许活性区内冷却剂产生欠热沸腾[23]。在一些采用自然循环的核反应堆中,为了增强自然循环能力,提高堆芯的体积释热率,都允许在活性区的出口处有一定的气泡存在。但此时冷却剂的主体温度还没达到饱和温度,因此,这些气泡在出活性区后的流动过程中逐渐被冷凝。计算这一过程中截面含气率沿流动方向的变化,对计算反应堆的自然循环能力,确定堆芯的流动不稳定性有重要意义。

哈尔滨工程大学对这一过程截面含气率的变化进行了试验研究和理论分析[25]。这一过程中截面含气率沿流动方向的变化如图4-6所示。

欠热沸腾产生的气泡在不加热段会逐渐被凝结,这个过程属于两相流内部的传热过程。在此过程中,流体的总焓值保持不变,即 i = 常数。此时的热量传递是在气泡表面与欠热水之间进行的。此过程的热量传递与气泡的数量、大小、形状、流动速度、水的欠热度等多种因素有关。因此,用纯数学解析法求解这一过程的截面含气率变化是极难做到的,可用以下的

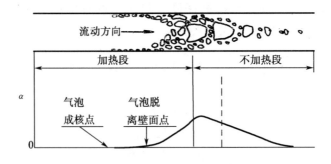

图4-6 截面含气率沿流动方向的变化

简化模型分析法求解。

气泡在欠热水中的冷凝过程与两相流体出加热段的状态有很大关系。这里设定加热段出口的一些参数为已知,例如出口截面含气率为 α_o,总焓值为 i,液相焓值为 i'_o,其中

$$i = x_o i'' + (1 - x_o) i'_o \tag{4-119}$$

$$i'_o = \frac{i - x_o i''}{(1 - x_o)} \tag{4-120}$$

这一过程中截面含气率的变化是由气泡凝结传热造成的。此时,单位长度上水获得的热量可表示为

$$q'_f = k'_c (T_s - T_f) \tag{4-121}$$

式中,k'_c 为冷凝系数,单位为 W/(m·℃)。

k'_c 与气泡的含量有关,即与截面含气率有关,在截面含气率确定之前无法确定 k'_c 值。但是加热段出口处的截面含气率 α_o 为已知,可由相应的关系式求出此处的冷凝系数 k'_{co},从而有

$$q'_{fo} = k'_{co} (T_s - T_{fo}) \tag{4-122}$$

式中,q'_{fo} 为在加热段出口处单位长度上气泡冷凝的传热量,单位为 W/m。

在此点以后的冷凝传热量与 q'_{fo} 有一定的关系,设此关系为

$$q'_f = q'_{fo} \cdot f(z) \tag{4-123}$$

式中,$f(z)$ 为距加热段出口长度 z 的一个函数关系,它反映了气泡冷凝传热的特点。

根据试验结果的分析,选定以下函数关系,即

$$f(z) = \left(1 - \frac{z}{L}\right)^m \tag{4-124}$$

式中,L 为内加热段出口至气泡被全部冷凝处的长度。

在流动过程中,水沿通道长度不断获得热量,热平衡关系为

$$AG' di' = q'_f dz \tag{4-125}$$

在欠热沸腾区,特别在低压下,质量含气率较低,可以假设 $G' = G$,对式(4-125)进行积分得

$$AG \int_{i'_o}^{i'} di' = q'_{fo} \int_0^z \left(1 - \frac{z}{L}\right)^m dz \tag{4-126}$$

积分后

$$i' - i'_o = \frac{k'_{co}(T_s - T_{fo})}{AG} L \left[\frac{1}{m+1} - \frac{(1 - z/L)^{m+1}}{m+1}\right] \tag{4-127}$$

整理后得

$$i' = i_o' + \frac{k_{co}'(i_s - i_o')}{A \cdot G \cdot c_p} L \left[\frac{1}{m+1} - \frac{(1-z/L)^{m+1}}{m+1} \right] \tag{4-128}$$

边界条件是 $z = 0, i_f' = i_o'; z = L, i_f' = i_o$。将边界条件代式(4-128),得

$$L = AGc_p(i - i_o') \frac{(m+1)}{k_{co}'(i_s - i_o')} \tag{4-129}$$

式中,k_{co}' 为加热段出口处的冷凝系数,其值与该处的截面含气率有关。根据文献[25]的介绍,k_{co}' 可表示成下面的形式:

$$k_{co}' = \varphi B Re_1 A i_{fg} \tag{4-130}$$

式中　φ——有因次常数,取 $\varphi = 10^{-6}$ kg/($m^3 \cdot s \cdot ℃$);

　　　　B——经验系数,文献[25]建议在泡状流区用下式计算。

$$B = \frac{6\varphi_o \rho' W_{gm}^2}{We \, \sigma} \tag{4-131}$$

式中　φ_o——计算点的截面含气率;

　　　　We——韦伯数,取 $We = 50$;

　　　　W_{gm}——由式(4-72)计算。

　　　　Re_1 是根据液相质量流密度得到的雷诺数

$$Re_1 = \frac{GD_e}{(1 - \alpha_o)\mu'} \tag{4-132}$$

式(4-128)中的指数 m 可根据实验确定,在压力不高的情况下,文献[23]建议用下式计算:

$$m = 0.9(\rho'/\rho'')^{0.3} \tag{4-133}$$

k_{co}' 和 m 值算出后,可由式(4-128)算出沿通道长度上任一点水的焓值 i_f',根据热平衡关系

$$i = xi'' + (1 - x)i_f' \tag{4-134}$$

可得

$$x = \frac{i - i_f'}{i'' - i_f'} \tag{4-135}$$

质量含气率算出后,可用漂移流模型算出该点的截面含气率,即

$$\alpha = \frac{x}{C_o \left[x \frac{(\rho' - \rho'')}{\rho'} + \frac{\rho''}{\rho'} \right] + \frac{\rho'' \overline{W}_{gm}}{G}} \tag{4-136}$$

这里,分布参数 $C_o = 1.2$。

以上的计算方法在低压下与实验结果符合较好。

第八节　饱和沸腾通道内截面含气率

加热通道内截面含气率的变化与质量含气率的变化有关,因为质量含气率与壁面对通道的加热量和加热方式有关,而壁面加热量多少与流体进入通道的长度有关,由此可以建立截面含气率沿长度的变化关系。由截面含气率的计算关系式:

$$\alpha = \frac{x}{x + (1 - x) \frac{\rho''}{\rho'} S} \tag{4-137}$$

令 $(\rho''/\rho')S = \psi$，则

$$\alpha = \frac{x}{x + (1-x)\psi} \tag{4-138}$$

由以上关系式，如果建立起质量含气率 x 与加热段长度 z 的关系，就可以建立起截面含气率与通道长度的关系。这种关系与加热通道的加热方式有关，下面介绍两种常见的加热方式下截面含气率与通道长度的关系。

一、均匀加热情况

在均匀加热情况下，通道内质量含气率随通道长度的变化如图 4-7 所示。如果不考虑欠热沸腾的影响，可以得到以下的关系，即

$$\frac{q_z}{q_t} = \frac{z}{L} = \frac{(i' + x_z i_{fg}) - i_i}{(i' + x_{out} i_{fg}) - i_i} \tag{4-139}$$

式中　q_z——单位质量的流体由入口至沸腾段某一长度 z 加入通道的热量，J/kg；

　　　q_t——单位质量的流体在加热段吸收的总热量，J/kg；

　　　L——加热段总长度，m；

　　　x_{out}——通道出口的含气率。

由式(4-139)可得

$$x_z = \left\{ i_i - i' + \frac{z}{L} \left[(i' + x_{out} i_{fg}) - i_i \right] \right\} / i_{fg} \tag{4-140}$$

当 $x = 0$ 时，$z = L_o$

$$L_o = \frac{i' - i_i}{(i' + x_{out} i_{fg}) - i_i} L \tag{4-141}$$

式中 L_o 为不考虑欠热沸腾时，单相水区段的长度，而 $L - L_o$ 为饱和沸腾段的长度。将式(4-140)代入式(4-138)中，就可以得到均匀加热情况下截面含气率与加热通道长度的关系。

二、正弦加热情况

在核反应堆的活性区内，沿通道长度上的加热方式是正弦函数，如图 4-8 所示。在这种情况下有

$$q' = q'_c \sin\left(\frac{\pi z}{L}\right) \tag{4-142}$$

式中　q'——通道单位长度上加入的热量，J/m；

　　　q'_c——通道中心处单位长度上加入的热量，J/m。

$$\frac{q_x}{q_t} = \frac{\int_0^z q'_c \sin\left(\frac{\pi z}{L}\right) dz}{\int_0^L q'_c \sin\left(\frac{\pi z}{L}\right) dz} = \frac{1}{2}\left(1 - \cos\frac{\pi z}{L}\right) \tag{4-143}$$

这样可以得到

$$\frac{(i' + x_z i_{fg}) - i_i}{(i' + x_{out} i_{fg}) - i_i} = \frac{1}{2}\left(1 - \cos\frac{\pi z}{L}\right) \tag{4-144}$$

由式(4-144)可得含气率沿通道长度的变化为

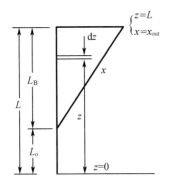

图4-7 均匀加热通道内含气率的变化

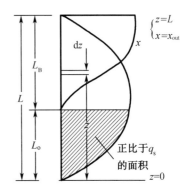

图4-8 正弦加热通道内含气率的变化

$$x_z = \left\{ i_i - i' + \frac{1}{2}\left(1 - \cos\frac{\pi z}{L} \right)\left[\left(i' + x_{out}i_{fg} \right) - i_i \right] \right\} / i_{fg} \qquad (4-145)$$

当 $x = 0$ 时可得

$$\frac{i' - i_i}{(i' + x_{out}i_{fg}) - i_i} = \frac{1}{2}\left(1 - \cos\frac{\pi L_o}{L} \right) \qquad (4-146)$$

$$L_o = \frac{L}{\pi}\arccos\left[1 - 2\frac{i' - i_i}{(i' + x_{out}i_{fg}) - i_i} \right] \qquad (4-147)$$

式中 L_o 为不考虑欠热沸腾时，单相水区段的长度，而 $L - L_o$ 为饱和沸腾段的长度，将式 (4-145)代入式(4-138)中，就可以得到正弦加热情况下截面含气率与加热通道长度的关系。

习　题

4-1　设水在4.4 MPa压力下进入一根均匀加热的管子，入口水温230 ℃，管长1.8 m，直径2.5 cm，进口水速2.5 m/s。忽略孔道的压力损失和欠热沸腾的影响，如果管子出口截面含气率 $\alpha = 60\%$，试确定该管子每米长度每小时加入的热量。

4-2　一个直径为3 cm的竖直管，内流空气-水混合物，系统压力为1个大气压，气相流量0.1 kg/s，水流量0.5 kg/s，流型为环状流。求液膜厚度 δ，每米管段的压差以及截面含气率 α。

4-3　根据漂移流模型的截面含气率计算公式

$$<\alpha> = \frac{<\beta>}{C_o + \dfrac{\overline{W}_{gm}}{<j>}}$$

推导出以 $<x>$，$<W_o>$，$\overline{W}_{gm}$ 表示的截面含率的计算公式

$$<\alpha> = \frac{<x>}{C_o<x>(1 - \rho''/\rho') + \left(C_o + \dfrac{\overline{W}_{gm}}{<W_o>} \right)\rho''/\rho'}$$

4-4　一个2 m高的沸水反应堆通道，在5 MPa的平均压力下工作，进入该通道水的欠热度为10 ℃，离开通道时的含气率 $x_e = 6\%$，如果沿孔道的加热方式是

a. 均匀加热　　　　　b. 正弦加热

试计算该孔道的沸腾段高度 L_B 和不沸腾段高度 L_o。

第五章　直管的两相流压降计算

第一节　概　　述

在两相流的研究中,压降问题的研究开展得最早、最为广泛,也是一个较为成熟的基本课题。从 20 世纪 40 年代以来,人们对两相流的压降问题就进行了广泛的试验研究,发表了大量的研究结果,提供了很多试验数据和计算方法。但是,由于影响两相流压降的因素繁多,没有一个关系式能够包含全部影响因素,且有些因素极难在经验关系式中表示。例如,两相流动系统中,入口效应的影响要远大于单相流动,这一点很难在计算式中体现出来。又如,大部分压降计算的关系式并不包含流型的区分,这就限制了它们的应用范围。但是,最根本的缺陷是很难精确地测定两相流动压降,两相流压降测量中数据点的分散度一般都在 ±20% 左右,试验数据的偏差直接影响到建立计算公式的准确性。因此,尽管在两相流压降研究方面做了大量工作,但尚未得到十分准确和通用的计算关系式。

两相流在直管内流动的总压降一般都表示成三部分压降之和。三个压降分量的具体计算式随采用的分析模型而异,它反映了不同计算模型物理假设间的差别。

在三个压降分量中,最难确定的应属摩擦压降,这主要是影响摩擦压降的不确定因素太多,极难用一般的关系式描述这些影响因素。研究两相流摩擦压降梯度的传统方法是用一些专门定义的系数乘以相对应的单相摩擦压降梯度,这些系数称为"因子"或"倍率"。利用这些系数就可以由单相摩擦压降计算出两相摩擦压降。这样为计算两相流的摩擦压降提供了一个实用的计算途径。

本章主要介绍一维流动假定下,等截面直管内流动的常用压降计算法和经验关系式,重点放在分析方法上。

第二节　均相流模型的摩擦压降计算

一、基本关系式

在均相流模型中,把两相流体看作一种均匀混合的介质,其物性参数是相应的两相流参数的平均值。由第三章中摩擦压力梯度的关系式

$$\frac{\mathrm{d}p_f}{\mathrm{d}z} = \frac{P_h \tau_o}{A} \tag{5-1}$$

可得在圆管单位截面上流体与壁面的摩擦力

$$\mathrm{d}p_f = \frac{\pi D \tau_o}{\pi D^2 / 4}\mathrm{d}z = \frac{4}{D}\tau_o \mathrm{d}z \tag{5-2}$$

$$\tau_o = f \frac{\rho_m J^2}{2} \tag{5-3}$$

f 是摩阻系数。引入摩阻系数后摩擦压力梯度可表示为

$$\frac{\mathrm{d}p_f}{\mathrm{d}z} = \frac{4f}{D} \frac{\rho_m J^2}{2} = \frac{\lambda}{D} \frac{\rho_m J^2}{2} \tag{5-4}$$

式中，λ 也是摩阻系数，它在苏联和我国用得较多，f 在英美国家用得较多，两者的关系为

$$\lambda = 4f \tag{5-5}$$

由流体力学知识，与两相流总质量流量相同的液体质量流过通道时的压力梯度为

$$\left(\frac{\mathrm{d}p_f}{\mathrm{d}z}\right)_{lo} = \frac{\lambda_{lo}}{D} \frac{\rho'}{2} W_0^2 = \frac{\lambda_{lo}}{D} \frac{G^2}{2} v' \tag{5-6}$$

由式(5-4)和式(5-6)可得

$$\frac{\dfrac{\mathrm{d}p_f}{\mathrm{d}z}}{\left(\dfrac{\mathrm{d}p_f}{\mathrm{d}z}\right)_{lo}} = \frac{\lambda}{\lambda_{lo}}\left[1 + x\left(\frac{v''}{v'} - 1\right)\right] \tag{5-7}$$

式(5-7)左端定义为两相流摩阻的全液相折算系数，用 Φ_{lo}^2 表示。式(5-7)可改写成

$$\Phi_{lo}^2 = \frac{\lambda}{\lambda_{lo}}\left[1 + x\left(\frac{v''}{v'} - 1\right)\right] \tag{5-8}$$

在式(5-8)中，如果求出两相流的摩阻系数 λ，就很容易求出折算系数 Φ_{lo}^2。

在均相流模型中，计算两相流摩擦压降的最简单的方法就是设定单相摩阻系数与两相摩阻系数相等，即 $\lambda = \lambda_{lo}$。这样，折算因子 Φ_{lo}^2 只是通道内含气率 x 与压力 p 的函数。这种方法可用于一些简单的估算。

二、采用平均黏度计算摩阻系数法

单相水的摩阻系数一般都按布拉修斯(Blasius)公式计算

$$\lambda_{lo} = 0.316\,4 Re_f^{-0.25} = 0.316\,4\left(\frac{GD}{\mu'}\right)^{-0.25} \tag{5-9}$$

从式(5-9)可以看出，与摩阻系数有关的流体物性主要是黏性系数 μ'。因此有很多人建议在计算两相流的摩阻系数时，采用平均黏度来计算两相流的雷诺数。为此，提出了许多计算两相流平均黏度 μ 的公式，较常见的有：

麦克达姆(Mecadam)计算式[26]

$$\frac{1}{\mu} = \frac{x}{\mu''} + \frac{(1-x)}{\mu'} \tag{5-10}$$

西克奇蒂(Cicchitti)计算式[27]

$$\mu = x\mu'' + (1-x)\mu' \tag{5-11}$$

德克勒(Dukler)计算式[28]

$$\mu = x\frac{\rho_m}{\rho''}\mu'' + (1-x)\frac{\rho_m}{\rho'}\mu' \tag{5-12}$$

上列诸计算式中，式(5-10)目前应用最广。

对于两相流体

$$\lambda = 0.316\ 4 Re^{-0.25} = 0.316\ 4 \left(\frac{GD}{\mu} \right)^{-0.25}$$

合并式(5-7)、式(5-8)、式(5-9)和式(5-10),得

$$\Phi_{lo}^2 = \left[1 + x \left(\frac{v''}{v'} - 1 \right) \right] \left[1 + x \left(\frac{\mu'}{\mu''} - 1 \right) \right]^{-1/4} \tag{5-13}$$

折算成单相流的摩阻梯度还可以以气相摩阻作为基础,即全气相摩阻梯度 $\left(\dfrac{dp_f}{dz} \right)_{go}$,它表示气相质量流量与两相流总质量流量相同时的气相摩阻梯度。则全气相折算系数可定义为

$$\Phi_{go}^2 = \frac{dp_f}{dz} \Big/ \left(\frac{dp_f}{dz} \right)_{go} \tag{5-14}$$

按全气相摩阻梯度的定义

$$\left(\frac{dp_f}{dz} \right)_{go} = \frac{\lambda_{go}}{D} \frac{G^2 v''}{2} \tag{5-15}$$

气相的摩阻系数仍按布拉修斯公式计算

$$\lambda_{go} = 0.316\ 4\ Re_g^{-1/4} = 0.316\ 4 \left(\frac{GD}{\mu''} \right)^{-1/4} \tag{5-16}$$

全气相折算系数则可表示成

$$\Phi_{go}^2 = \frac{\lambda}{\lambda_{go}} \frac{v'}{v''} \left[1 + x \left(\frac{v''}{v'} - 1 \right) \right] = \left(\frac{\mu''}{\mu} \right)^{-1/4} \left[\frac{v'}{v''} + x \left(1 - \frac{v'}{v''} \right) \right]$$

利用式(5-10),上式可写为

$$\Phi_{go}^2 = \left[\frac{v'}{v''} + x \left(1 - \frac{v'}{v''} \right) \right] \left[\frac{\mu''}{\mu'} + x \left(1 - \frac{\mu''}{\mu'} \right) \right]^{-0.25} \tag{5-17}$$

在蒸发管两相流阻力计算中,以上公式的 x 应取平均值。

三、苏联锅炉水动力计算标准方法

另外一个以均相流为基础的摩擦压降计算关系式是苏联的"锅炉水动力计算标准方法"[29],其计算关系式为

$$\Delta p_f = \frac{\lambda_{lo}}{D} L \frac{G^2}{2} v' \left[1 + \psi x \left(\frac{\rho'}{\rho''} - 1 \right) \right] \tag{5-18}$$

其全液相摩阻折算系数为

$$\Phi_{lo}^2 = 1 + \psi x \left(\frac{\rho'}{\rho''} - 1 \right) \tag{5-19}$$

在使用式(5-18)计算两相流摩擦压降时,阻力系数 λ_{lo} 按下式计算

$$\lambda_{lo} = \frac{1}{4 \left(\lg 3.7 \dfrac{D}{k} \right)^2} \tag{5-20}$$

这个阻力系数计算公式是用在阻力平方区的,因此当水流速低于0.3 m/s时,上式不适用。

修正系数 ψ 与压力、质量含气率和质量流速等因素有关。图5-1绘出了 ψ 值与以上各参数之间的关系曲线。

图5-1(a)中查出的当入口为饱和水($x=0$),出口含气率为 x_e 时的受热管的平均修正系数 $\overline{\psi}$,它是根据图5-1(b)中不受热管的 ψ 值曲线按下述积分绘出的。

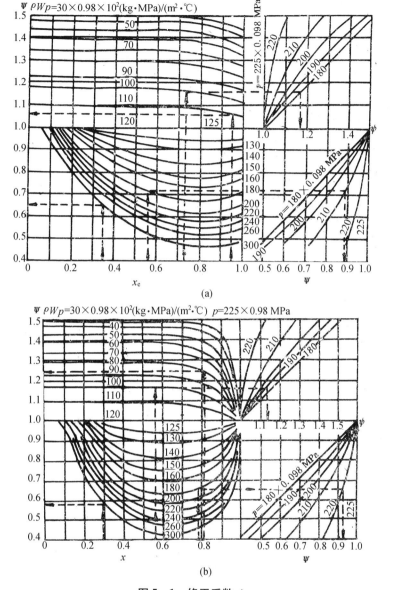

图 5-1 修正系数 ψ

（a）加热管；（b）不加热管

$$\bar{\psi} = \frac{\overline{\psi x}}{\bar{x}} = \frac{1}{\bar{x}} \frac{1}{x_e} \int_0^{x_e} (\psi x) \, \mathrm{d}x \qquad (5-21)$$

如果受热管入口为汽水混合物，其平均修正系数 $\bar{\psi}$ 按下式计算：

$$\bar{\psi} = \frac{\bar{\psi}_2 x_2 - \bar{\psi}_1 x_1}{x_2 - x_1} \qquad (5-22)$$

式中，$\bar{\psi}_2, \bar{\psi}_1$ 分别为按出口含气率 x_2 和按入口含气率 x_1 从图 5-1（a）中查出的数值。

根据图 5-1,无论对于受热管还是不受热管,当汽水混合物的质量流速与压力的乘积 $G \times p > 120 \times 0.98 \times 10^2 \ \text{kg} \cdot \text{MPa}/(\text{m}^2 \cdot \text{s})$ 时,$\psi < 1$;$G \times p < 120 \times 0.98 \times 10^2 \ \text{kg} \cdot \text{MPa}/(\text{m}^2 \cdot \text{s})$ 时,$\psi > 1$;$G \times p = 120 \times 0.98 \times 10^2 \ \text{kg} \cdot \text{MPa}/(\text{m}^2 \cdot \text{s})$ 时,$\psi = 1$。

这一计算方法是从大量汽水混合物两相流实验数据整理出来的,故用于汽水两相流系统中具有较大的可靠性。

四、我国电站锅炉水动力计算方法

我国电站锅炉水动力计算方法中使用的公式,其形式与苏联水动力计算标准方法有些近似,但所采用的修正系数不同。汽水混合物在水平、竖直以及倾斜管中流动时,摩擦压降按下式计算:

$$\Delta p_f = \psi \lambda \frac{L}{D} \frac{G^2}{2} v' \left[1 + x \left(\frac{\rho'}{\rho''} - 1 \right) \right] \tag{5-23}$$

式中,ψ 是摩擦压降校正系数,按以下关系计算:

(1)当 $G = 1\,000 \ \text{kg}/(\text{m}^2 \cdot \text{s})$ 时

$$\psi = 1$$

(2)当 $G < 1\,000 \ \text{kg}/(\text{m}^2 \cdot \text{s})$ 时

$$\psi = 1 + \frac{x(1-x)\left(\dfrac{1\,000}{G} - 1 \right) \dfrac{\rho'}{\rho''}}{1 + x\left(\dfrac{\rho'}{\rho''} - 1 \right)} \tag{5-24}$$

(3)当 $G > 1\,000 \ \text{kg}/(\text{m}^2 \cdot \text{s})$ 时

$$\psi = 1 + \frac{x(1-x)\left(\dfrac{1\,000}{G} - 1 \right) \dfrac{\rho'}{\rho''}}{1 + (1-x)\left(\dfrac{\rho'}{\rho''} - 1 \right)} \tag{5-25}$$

这种方法的适用压力大于 1 MPa,低于这个压力时误差较大。

第三节　分相流模型的摩擦压降计算

两相流的摩擦压降最早是根据分相流模型研究的。因此,按分相流模型整理出的两相流摩擦压降计算式很多,择要介绍如下。

一、洛克哈特－马蒂内里[26]关系式

这一关系式是最早的两相流摩擦压降计算式。洛克哈特－马蒂内里研究了空气和不同液体在水平管道中绝热流动的摩擦压降。对试验结果分析时,他们第一次提出了分离流模型的想法,并提出了两点基本假设:

(1)两相之间无相互作用,气相压降等于液相压降,且沿管子径向不存在静压差;

(2)液相所占管道体积与气相所占的管道体积之和等于管道的总体积。

根据以上假设,各相的压降梯度彼此相等,也等于整个两相流的摩擦压降梯度,即

$$\frac{\mathrm{d}p_f}{\mathrm{d}z} = \frac{\mathrm{d}p_{fl}}{\mathrm{d}z} = \frac{\mathrm{d}p_{fg}}{\mathrm{d}z} \tag{5-26}$$

液相部分的压降梯度可表示为

$$\frac{\mathrm{d}p_{\mathrm{fl}}}{\mathrm{d}z} = \frac{\lambda_{\mathrm{lof}}}{D'_{\mathrm{e}}} \times \frac{\rho'W'^2}{2} = \frac{\lambda_{\mathrm{lof}}}{D'_{\mathrm{e}}} \times \frac{G^2(1-x)^2 v'}{2(1-\alpha)^2} \tag{5-27}$$

式中，D'_{e} 为液相在两相流通道中所占截面的当量直径，单位为 m。

气相部分的压降梯度为

$$\frac{\mathrm{d}p_{\mathrm{fg}}}{\mathrm{d}z} = \frac{\lambda_{\mathrm{gof}}}{D''_{\mathrm{e}}} \cdot \frac{\rho''W''^2}{2} = \frac{\lambda_{\mathrm{gof}}}{D''_{\mathrm{e}}} \cdot \frac{G^2 x^2 v''}{2\alpha^2} \tag{5-28}$$

式中，D''_{e} 为气相在两相流中所占截面的当量直径，单位为 m。

兹定义分液相折算系数

$$\Phi_1^2 = \frac{\dfrac{\mathrm{d}p_{\mathrm{f}}}{\mathrm{d}z}}{\left(\dfrac{\mathrm{d}p_{\mathrm{f}}}{\mathrm{d}z}\right)_1} \tag{5-29}$$

分气相折算系数

$$\Phi_{\mathrm{g}}^2 = \frac{\dfrac{\mathrm{d}p_{\mathrm{f}}}{\mathrm{d}z}}{\left(\dfrac{\mathrm{d}p_{\mathrm{f}}}{\mathrm{d}z}\right)_{\mathrm{g}}} \tag{5-30}$$

式中，$\left(\dfrac{\mathrm{d}p_{\mathrm{f}}}{\mathrm{d}z}\right)_1$ 和 $\left(\dfrac{\mathrm{d}p_{\mathrm{f}}}{\mathrm{d}z}\right)_{\mathrm{g}}$ 分别表示液相和气相单独流过同一管道时的摩擦压降梯度。它们的表达式分别为

$$\left(\frac{\mathrm{d}p_{\mathrm{f}}}{\mathrm{d}z}\right)_1 = \frac{\lambda_1}{D} \frac{\rho'j_1^2}{2} = \frac{\lambda_1}{D} \frac{G^2(1-x)^2 v'}{2} \tag{5-31}$$

$$\left(\frac{\mathrm{d}p_{\mathrm{f}}}{\mathrm{d}z}\right)_{\mathrm{g}} = \frac{\lambda_{\mathrm{g}}}{D} \frac{\rho''j_{\mathrm{g}}^2}{2} = \frac{\lambda_{\mathrm{g}}}{D} \frac{G^2 x^2 v''}{2} \tag{5-32}$$

把式(5-26)、式(5-27)、式(5-31)代入式(5-29)后得分液相折算系数

$$\Phi_1^2 = \frac{\lambda_{\mathrm{lof}}}{\lambda_1} \frac{D}{D'_{\mathrm{e}}} \frac{1}{(1-\alpha)^2} \tag{5-33}$$

液相流通截面与当量直径的关系可表示为

$$A' = \frac{\pi D'^2_{\mathrm{e}}}{4} \tag{5-34}$$

两种摩阻系数都与各自的 Re 有关，并按通用的布拉修斯公式计算

$$\lambda_{\mathrm{lof}} = C_{\mathrm{t}}\left(\frac{\rho'W'D'_{\mathrm{e}}}{\mu'}\right)^{-n} \tag{5-35}$$

$$\lambda_1 = C_{\mathrm{t}}\left(\frac{\rho'j_1 D}{\mu'}\right)^{-n} \tag{5-36}$$

将式(5-35)和式(5-36)代入式(5-33)后得

$$\Phi_1^2 = \left(\frac{W'}{j_1}\right)^{-n}\left(\frac{D'_{\mathrm{e}}}{D}\right)^{-(n+1)} \cdot \frac{1}{(1-\alpha)^2} \tag{5-37}$$

因为

$$\frac{A'}{A} = \left(\frac{D'_{\mathrm{e}}}{D}\right)^2 = (1-\alpha), \quad j_1 = (1-\alpha)W' \tag{5-38}$$

代入式(5 - 37)可得

$$\Phi_1^2 = (1 - \alpha)^{\frac{n-5}{2}} \qquad (5 - 39)$$

同理,可得分气相折算系数

$$\Phi_g^2 = \alpha^{\frac{n-5}{2}} \qquad (5 - 40)$$

洛克哈特和马蒂里提出了下列参数,即

$$X^2 = \frac{\left(\dfrac{\mathrm{d}p_f}{\mathrm{d}z}\right)_1}{\left(\dfrac{\mathrm{d}p_f}{\mathrm{d}z}\right)_g} \qquad (5 - 41)$$

根据式(5 - 29)和式(5 - 30),式(5 - 41)可表示成

$$X^2 = \frac{\Phi_g^2}{\Phi_1^2} \qquad (5 - 42)$$

把式(5 - 39)和式(5 - 40)代入式(5 - 42)后得

$$X^2 = \left(\frac{\alpha}{1 - \alpha}\right)^{(n-5)/2} \qquad (5 - 43)$$

移项后得

$$\alpha = \frac{1}{1 + X^{4/(5-n)}} \qquad (5 - 44)$$

把式(5 - 44)代入式(5 - 39)和式(5 - 40)后则得

$$\Phi_1^2 = (X^{4/(n-5)} + 1)^{(5-n)/2} \qquad (5 - 45)$$

$$\Phi_g^2 = (X^{4/(5-n)} + 1)^{(5-n)/2} \qquad (5 - 46)$$

上述结果表明,两相流的分相折算系数可以用参数 X 加以整理,而且对于一定的 n 值(主要取决于流态),Φ_1^2(或 Φ_g^2)以及截面含气率 α 只是参数 X 的函数。这就为整理两相流摩阻和截面含气率的数据提供了很大方便。

图 5 - 2 所示为根据试验数据所绘成的 Φ_1(或 Φ_g)与参数 X 以及截面含气率 α 与 X 的关系曲线。上述数据被分成四组,分组原则是看各相单独流过相同管径管子时是层流还是紊流,得:

层流 - 层流(ll) $Re_1 = \dfrac{\rho' j_1 D}{\mu'} \leqslant 1\,000$; $Re_g = \dfrac{\rho'' j_g D}{\mu''} \leqslant 1\,000$

层流 - 紊流(lt) $Re_1 \leqslant 1\,000$; $Re_g > 1\,000$

紊流 - 层流(tl) $Re_1 > 1\,000$; $Re_g \leqslant 1\,000$

紊流 - 紊流(tt) $Re_1 > 1\,000$; $Re_g > 1\,000$

把 Re 等于 $1\,000$ 作为分组的基础,是因为上述 Re 中的速度都是折算流速,因此一相的 Re 有效值会因另一相的存在而受到影响。例如,存在液相会使气相的实际流通截面减小,因而气相 Re 的有效值将增加。

在 L - M 关系曲线中,所用的数据是空气 - 水和空气 - 油在室温和 $0.11 \sim 0.35$ MPa 压力下试验的,而且其中大部分试验数据都是在接近大气压力的条件下取得的。

二、奇斯霍姆关系式

奇斯霍姆(Chisholm)[30] 曾为 L - M 关系曲线提出了函数表达式。他把管内两相流摩阻梯

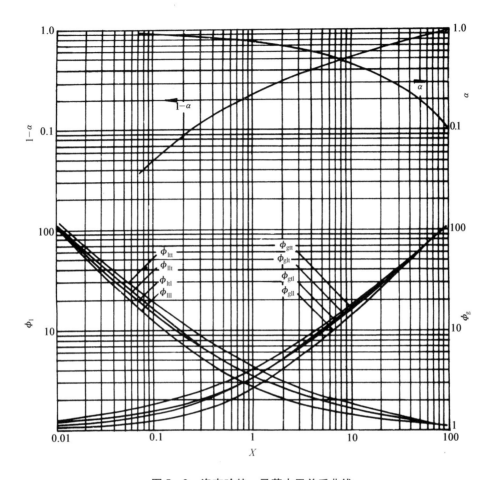

图 5 - 2 洛克哈特 - 马蒂内里关系曲线

度表示成与两相混合物"实际动压头"有关的表达式,即

$$\frac{\mathrm{d}p_\mathrm{f}}{\mathrm{d}z} = \frac{\lambda}{D} \cdot \frac{1}{2} \left[\alpha \rho'' W''^2 + (1 - \alpha) \rho' W'^2 \right] \qquad (5 - 47)$$

当全部为气相($\alpha = 1$)或全部为液相($\alpha = 0$)时,式(5 - 47)即转化成常用的单相流的摩阻梯度表达式。

气相和液相的连续方程可分别写为

$$x GA = A'' W'' \rho''$$
$$(1 - x) GA = A' W' \rho'$$

上两式可改写为

$$\rho'' W'' = \frac{x}{\alpha} G \qquad (5 - 48)$$

$$\rho' W' = \frac{(1 - x)}{(1 - \alpha)} G \qquad (5 - 49)$$

合并上两式得

$$\frac{1}{\alpha} = 1 + S \left(\frac{1 - x}{x} \right) \left(\frac{\rho''}{\rho'} \right) \qquad (5 - 50)$$

合并式(5-47)、式(5-48)、式(5-49)得

$$\frac{\mathrm{d}p_{\mathrm{f}}}{\mathrm{d}z} = \frac{\lambda}{D} \frac{G^2}{2} \cdot \frac{1}{\rho'} \left[\frac{x^2}{\alpha} \cdot \frac{\rho'}{\rho''} + \frac{(1-x)^2}{1-\alpha} \right] \qquad (5-51)$$

我们已经知道,当液相单独通过相同管径的管子时,其摩阻梯度为

$$\left(\frac{\mathrm{d}p_{\mathrm{f}}}{\mathrm{d}z} \right)_1 = \frac{\lambda_1}{D} \frac{G^2}{2} \cdot \frac{1}{\rho'} (1-x)^2$$

引用上列两式,并假定 $\lambda = \lambda_1$,可得分液相折算系数为

$$\Phi_1^2 = \frac{\dfrac{\mathrm{d}p_{\mathrm{f}}}{\mathrm{d}z}}{\left(\dfrac{\mathrm{d}p_{\mathrm{f}}}{\mathrm{d}z} \right)_1} = \left(\frac{x}{1-x} \right)^2 \frac{\rho'}{\rho''} \cdot \frac{1}{\alpha} + \frac{1}{1-\alpha} \qquad (5-52)$$

参数 X 在 $\lambda_1 = \lambda_{\mathrm{g}}$ 的假定下可表示成

$$X^2 = \frac{\left(\dfrac{\mathrm{d}p_{\mathrm{f}}}{\mathrm{d}z} \right)_1}{\left(\dfrac{\mathrm{d}p_{\mathrm{f}}}{\mathrm{d}z} \right)_{\mathrm{g}}} = \left[\frac{(1-x)}{x} \right]^2 \frac{\rho''}{\rho'} \qquad (5-53)$$

假定 $\lambda = \lambda_1 = \lambda_{\mathrm{g}}$ 实质上就是取布拉修斯公式中的指数 $n=0$,也就是认为摩阻系数与 Re 无关。

把式(5-53)代入式(5-50)和式(5-52)后得

$$\frac{1}{\alpha} = 1 + SX \left(\frac{\rho''}{\rho'} \right)^{1/2} \qquad (5-54)$$

$$\Phi_1^2 = \frac{1}{X^2 \alpha} + \frac{1}{1-\alpha} \qquad (5-55)$$

由以上二式得

$$\Phi_1^2 = 1 + \frac{c}{X} + \frac{1}{X^2} \qquad (5-56)$$

式中

$$c = \frac{1}{S} \left(\frac{\rho'}{\rho''} \right)^{1/2} + S \left(\frac{\rho''}{\rho'} \right)^{1/2} \qquad (5-57)$$

c 值由试验定出。奇斯霍姆推荐的系数 c 之值列在表 5-1 中。

表 5-1　系数 c 之值

tt	lt	tl	ll
20	12	10	5

式(5-56)不仅可用来整理两相流摩阻的数据,而且可用以整理两相流局部阻力的数据。因此,目前看来,这一表达式可能是用来处理两相流摩阻数据的一个较好的函数形式。

例 5-1　设油气混合物在一内径为 40 mm 水平直管内流动,试按奇斯霍姆法求其摩擦

压降梯度。已知油和气的参数为 $G = 90 \ \text{kg}/(\text{m}^2 \cdot \text{s})$;$x = 0.275$;$\rho' = 850 \ \text{kg}/\text{m}^3$;$\rho'' = 1.2 \ \text{kg}/\text{m}^3$;$\mu' = 4.34 \times 10^{-2} \ \text{N} \cdot \text{s}/\text{m}^2$,$\mu'' = 18 \times 10^{-6} \ \text{N} \cdot \text{s}/\text{m}^2$。

解 (1)计算分液相雷诺数及分气相雷诺数,判别组合工况,确定 c 值

$$Re_1 = \frac{(1-x)\,Gd}{\mu'} = \frac{(1-0.275) \times 90 \times 0.04}{4.34 \times 10^{-2}} = 60$$

$$Re_g = \frac{xGd}{\mu''} = \frac{0.275 \times 90 \times 0.04}{1.8 \times 10^{-6}} = 55\,000$$

由 $Re_1 = 60 < 1\,000$;$Re_g = 55\,000 > 1\,000$;查表 5-1 得 $c = 12$。

(2)计算分液相摩擦压降梯度及分气相摩擦压降梯度

分液相流动为层流,故分液相摩阻系数为

$$\lambda_1 = \frac{64}{Re_1} = \frac{64}{60} = 1.064$$

分气相流动为湍流,故分气相摩阻系数为

$$\lambda_g = 0.316\,4 Re_g^{-0.25} = 0.316\,4 \times (55\,000)^{-0.25} = 0.021$$

分液相摩擦压降梯度

$$\left(\frac{\mathrm{d}p_f}{\mathrm{d}z}\right)_1 = \frac{\lambda_1}{d}\frac{G^2}{2}(1-x)^2 v' = \frac{1.064}{0.04} \times \frac{90^2}{2} \times (1-0.275)^2 \times \frac{1}{850} = 66.6 \ \text{Pa}/\text{m}$$

分气相摩擦压降梯度

$$\left(\frac{\mathrm{d}p_f}{\mathrm{d}z}\right)_g = \frac{\lambda_g}{d}\frac{G^2}{2}x^2 v'' = \frac{0.021}{0.04} \times \frac{90^2}{2} \times 0.275^2 \times \frac{1}{1.2} = 134.0 \ \text{Pa}/\text{m}$$

(3)计算马蒂内里参数

$$X^2 = \frac{\left(\dfrac{\mathrm{d}p_f}{\mathrm{d}z}\right)_1}{\left(\dfrac{\mathrm{d}p_f}{\mathrm{d}z}\right)_g} = \frac{66.6}{134.0} = 0.497$$

$$X = 0.705$$

(4)计算分液相折算系数或分气相折算系数

分液相折算系数

$$\Phi_1^2 = 1 + \frac{c}{X} + \frac{1}{X^2} = 1 + \frac{12}{0.705} + \frac{1}{0.497} = 20.03$$

分气相折算系数

$$\Phi_g^2 = 1 + cX + X^2 = 1 + 12 \times 0.705 + 0.497 = 9.96$$

(5)计算两相摩擦压降梯度

$$\frac{\mathrm{d}p_f}{\mathrm{d}z} = \Phi_1^2\left(\frac{\mathrm{d}p_f}{\mathrm{d}z}\right)_1 = 20.03 \times 66.6 = 1\,334 \ \text{Pa/m}$$

或

$$\frac{\mathrm{d}p_f}{\mathrm{d}z} = \Phi_g^2\left(\frac{\mathrm{d}p_f}{\mathrm{d}z}\right)_g = 9.96 \times 134.0 = 1\,335 \ \text{Pa/m}$$

三、马蒂内里-纳尔逊(Martinelli-Nelson)关系式

前面介绍的 L-M 法是根据空气-水和空气-油在低压下的试验数据得到的。在这个

基础上,马蒂内里和纳尔逊[31]设法把 L－M 法推广应用于从大气压力到临界压力下的汽水混合物,称为 M－N 法。他们假定,流态总是紊流－紊流(tt)。在这种条件下,参数 X 用符号 X_{tt} 表示,其表达式可写为

$$X_{tt}^2 = \frac{\lambda_1}{\lambda_g} \left(\frac{1-x}{x} \right)^2 \frac{\rho''}{\rho'} \qquad (5-58)$$

利用布拉修斯公式,摩阻系数比可表示为

$$\frac{\lambda_1}{\lambda_g} = \left(\frac{\mu'}{\mu''} \right)^n \left(\frac{1-x}{x} \right)^{-n}$$

因此

$$X_{tt} = \left(\frac{1-x}{x} \right)^{(2-n)/2} \left(\frac{\mu'}{\mu''} \right)^{n/2} \left(\frac{\rho''}{\rho'} \right)^{1/2} \qquad (5-59)$$

若取 $n=0.2$,则得

$$X_{tt} = \left(\frac{1-x}{x} \right)^{0.9} \left(\frac{\mu'}{\mu''} \right)^{0.1} \left(\frac{\rho''}{\rho'} \right)^{0.5} \qquad (5-60)$$

合并式(5－6)、式(5－8)、式(5－43)和式(5－45),得全液相和分液相折算系数的关系:

$$\Phi_{lo}^2 = \Phi_1^2 \frac{\lambda_1}{\lambda_{lo}} (1-x)^2 \qquad (5-61)$$

利用布拉修斯公式,可得摩阻系数之比:

$$\frac{\lambda_1}{\lambda_{lo}} = (1-x)^{-n} \qquad (5-62)$$

若取 $n=0.25$,则式(5－61)为

$$\Phi_{lo}^2 = \Phi_1^2 (1-x)^{1.75} \qquad (5-63)$$

若取 $n=0.2$,则式(5－61)为

$$\Phi_{lo}^2 = \Phi_1^2 (1-x)^{1.8} \qquad (5-64)$$

利用以上关系式,便能易于实现分液相和全液相折算系数之间的互换。

马蒂内里和纳尔逊利用 L－M 曲线作为大气压力下的基准,而在临界参数状态时可看作单相流,中间压力的数值用内插法决定,并用戴维逊(Davdson)的汽水混合物试验数据进行校核。由此得到压力从 0.1 MPa 到 22.12 MPa,x 从 1% 到 100% 的分液相折算系数 Φ_1 与参数 X_{ll} 之间的一系列关系曲线,然后据此转换成全液相折算系数 Φ_{lo} 与质量含气率 x 的关系曲线,如图 5－3 所示。

对沿管长均匀受热的蒸发管,为了求得该管段的平均摩擦阻力压降 dp_f,有必要进行积分(从 $x=0$ 到 $x=x_e$)。由于在这种情况下,x 与管长 z 之间存在线性关系,故有

$$\overline{\Phi_{lo}^2} = \frac{\Delta p_f}{\Delta p_{lo}} = \frac{1}{L} \int_0^L \Phi_{lo}^2 dz = \frac{1}{x_e} \int_0^{x_e} (1-x)^{2-n} \Phi_1^2 dx \qquad (5-65)$$

对于汽－水系统,其积分结果表示在图 5－4 中。M－N 法应用相当广泛,但因只提供了曲线,故用起来不太方便。日本学者植田辰洋为 M－N 法提出了下列公式,两者符合得相当好,即

$$\frac{\Delta p_f}{\Delta p_{lo}} = 1 + 1.20 \, x_e^{0.75 [1+0.01(\rho'/\rho'')^{1/2}]} \left[\left(\frac{\rho'}{\rho''} \right)^{0.8} - 1 \right] \qquad (5-66)$$

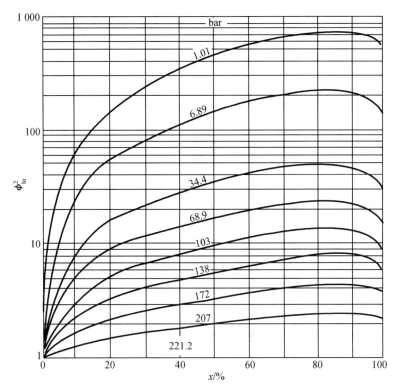

图5－3　马蒂内里－纳尔逊关系曲线

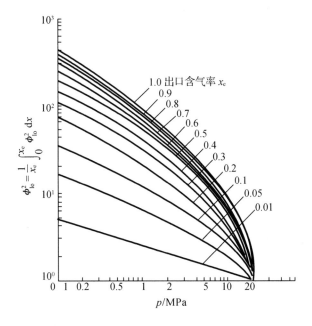

图5－4　均匀受热通道的平均两相摩擦因子（M－N法）

当压力 $p > 0.68$ MPa 时，上式可用下列近似公式代替。

当 $x_e = 0 \sim 0.5$ 时

$$\frac{\Delta p_{\mathrm{f}}}{\Delta p_{\mathrm{lo}}} = 1 + 1.3 x_{\mathrm{e}} \left[\left(\frac{\rho'}{\rho''} \right)^{0.85} - 1 \right] \tag{5-67}$$

当 $x_{\mathrm{e}} = 0.5 \sim 1.0$ 时

$$\frac{\Delta p_{\mathrm{f}}}{\Delta p_{\mathrm{lo}}} = 1 + x_{\mathrm{e}} \left[\left(\frac{\rho'}{\rho''} \right)^{0.9} - 1 \right] \tag{5-68}$$

例 5 - 2 在一试验回路中,均匀受热的试验段长 l 为 3.66 m,管子内直径 d_{n} 为 10.16 mm,进口水温为 204 ℃,压力 p 为 6.89 MPa,试验段管子直立布置,管子进口水流量 M 为 0.108 kg/s,加热功率为 100 kW,试用均相模型法、苏联 1978 年锅炉水力计算标准方法、我国电站锅炉水动力计算方法和马蒂内里 - 纳尔逊方法计算试验管段的摩擦阻力压力降。管材料为奥氏体钢,其管壁粗糙度 $k = 0.008$ mm。

解 根据水及水蒸气表,压力为 6.89 MPa 时饱和水焓值 $i' = 1.26$ MJ/kg,而管子进口工质温度为 204 ℃时的焓值 $i_{\mathrm{j}}' = 0.872$ MJ/kg,所以进口工质为具有欠焓的未饱和水。试验管的摩擦阻力压力降应由单相水的摩擦阻力压力降和汽水混合物的摩擦阻力压力降两部分组成。

(1)单相水管段的摩擦阻力压力降 Δp_{fl}

工质在整个管长的焓增 $\Delta i = 100 \times 10^3 / 0.108 = 0.925$ MJ/kg。

由于沿管长是均匀加热的,将水加热到饱和温度所需的管长 l_1 可按下式计算:

$$\frac{l_1}{l} = \frac{i' - i_{\mathrm{j}}'}{\Delta i} = \frac{1.26 - 0.872}{0.925}$$

在上式中 $l = 3.66$ m,所以可算得 $l_1 = 1.54$ m。

$p = 6.89$ MPa 时的汽化潜热 $i_{\mathrm{fg}} = 1.51$ MJ/kg,试验管段的出口工质干度 x_{e} 可按下式算得

$$x_{\mathrm{e}} = \frac{\Delta i + i_{\mathrm{j}}' - i'}{i_{\mathrm{fg}}} = \frac{0.925 + 0.872 - 1.26}{1.51} = 0.353$$

按均相模型法,苏联锅炉水力计算标准方法及我国电站锅炉水动力方法,λ 值按式 (5-20)计算,即

$$\lambda = \frac{1}{4 \left(\lg 3.7 \, \dfrac{d_{\mathrm{n}}}{k} \right)^2} = \frac{1}{4 \left(\lg 3.7 \, \dfrac{10.16}{0.008} \right)^2} = 0.0185$$

质量流速 ρW 按下式计算:

$$\rho W = \frac{4M}{\pi d_{\mathrm{n}}^2} = \frac{4 \times 0.108}{3.14 \times 10.16^2 \times 10^{-6}} = 1\,335 \text{ kg} / (\mathrm{m}^2 \cdot \mathrm{s})$$

进口工质比体积(204 ℃)$v_{\mathrm{j}} = 1.165 \times 10^{-3}$ m³/kg,饱和水的工质比体积(285 ℃)$v' = 1.35 \times 10^{-3}$ m³/kg,所以单相水管段中的平均比体积 $\bar{v} = (v' + v_{\mathrm{j}})/2 = (1.35 + 1.165) \times 10^{-3}/2 = 1.257 \times 10^{-3}$ m³/kg。

单相水段的摩擦阻力压力降按下式计算:

$$\Delta p_{\mathrm{fl}} = \lambda \, \frac{l}{d_{\mathrm{n}}} \, \frac{(\rho W)^2}{2} \bar{v} = 0.0185 \times \frac{1.54}{0.010\,16} \times \frac{(1\,335)^2}{2} \times 1.257 \times 10^{-3} = 3.14 \text{ kPa}$$

按马蒂内里 - 纳尔逊计算法,单相流体的 λ 值按光滑管计算式,即式(5-9)计算。管子进口

处 204 ℃时水的动力黏性系数 $\mu_j = 1.35 \times 10^{-4}$ N·s／m²，饱和水 285 ℃的动力黏性系数 $\mu' = 0.972 \times 10^{-4}$ N·s／m² 而 $Re = \dfrac{\rho W d_n}{\mu}$。可算得进口处 $Re_j = 10^5$ 及沸点处 $Re' = 1.4 \times 10^5$，按式 (5-9)可算得相应的 λ_j 及 λ' 值为 0.018 4 及 0.017 6，水管段中的平均阻力系数为 $\lambda = (\lambda_j + \lambda')／2 = (0.018\,4 + 0.017\,6)／2 = 0.018$，因此单相水段的摩擦阻力降

$$\Delta p_{f1} = 0.018 \times \frac{1.54}{0.010\,16} \times \frac{(1\,335)^2}{2} \times 1.257 \times 10^{-3} = 3.06 \text{ kPa}$$

(2)汽水混合物管段的摩擦阻力压降 Δp_{f2}

汽水混合物管段的长度 $l_2 = l - l_1 = 3.66 - 1.54 = 2.12$ m。

按均相模型法，两相流的平均黏度按麦克达姆的式(5-10)计算。当 $p = 6.89$ MPa 时 $\rho' = 740.7$ kg／m³，$\rho'' = 35.91$ kg／m³，$\mu'' = 0.19 \times 10^{-4}$ N·s／m²，计算管段中的平均蒸汽干度 $\bar{x} = x_e／2 = 0.352／2 = 0.176$。先按式(5-13)求出全液相折算系数

$$\Phi_{lo}^2 = \left[1 + x\left(\frac{v''}{v'} - 1\right)\right]\left[1 + x\left(\frac{\mu'}{\mu''} - 1\right)\right]^{-1/4}$$

在加热的情况下，式中的 x 为平均干度 $\bar{x}$，有

$$\Phi_{lo}^2 = \left[1 + 0.176\left(\frac{740.7}{35.91} - 1\right)\right]\left[1 + 0.176\left(\frac{0.972 \times 10^{-4}}{0.19 \times 10^{-4}} - 1\right)\right]^{-1/4} = 3.88$$

汽水混合物全部为水时的摩擦阻力压力降 Δp_{lo} 可计算如下：

$$\Delta p_{lo} = \lambda' \frac{l_2}{d_n} \frac{(\rho W)^2}{2\rho'} = 0.017\,6 \times \frac{2.12}{0.010\,16} \times \frac{(1\,335)^2}{2 \times 740.74} = 4.38 \text{ kPa}$$

因此汽水混合物的摩擦阻力压力降

$$\Delta p_{f2} = \Phi_{lo}^2 \Delta p_{lo} = 3.88 \times 4.38 = 17 \text{ kPa}$$

按苏联锅炉水力计算方法，Δp_{f2} 应按式(5-23)计算，其中校正系数 ψ 当进口干度 $x_j = 0$ 时可按出口干度 x_e 在图 5-1 中查得，$x_e = 0.352$，$\psi = 1.2$，可得

$$\Delta p_{f2} = \lambda \frac{l_2}{d_n} \frac{(\rho W)^2}{2\rho'}\left[1 + \bar{x}\psi\left(\frac{\rho'}{\rho''} - 1\right)\right]$$

$$= 0.018\,5 \times \frac{2.12 \times 1\,335^2}{0.010\,26 \times 2 \times 740.74} \times \left[1 + 0.176 \times 1.2\left(\frac{740.74}{35.91} - 1\right)\right]$$

$$= 23.89 \text{ kPa}$$

如果采用我国电站锅炉水动力计算方法，Δp_{f2} 应按式(5-23)计算，其中校正系数当 $\rho W > 1\,000$ kg／(m²·s)时可按式(5-25)计算，即

$$\psi = 1 + \frac{x(1-x)\left(\frac{1\,000}{\rho W} - 1\right)\frac{\rho'}{\rho''}}{1 + (1-x)\left(\frac{\rho'}{\rho''} - 1\right)}$$

$$= 1 + \frac{0.352(1 - 0.352)\left(\frac{1\,000}{1\,335} - 1\right)\frac{740.74}{35.91}}{1 + (1 - 0.352)\left(\frac{740.74}{35.91} - 1\right)} = 0.941$$

$$\Delta p_{f2} = \psi \lambda \frac{l_2}{d_n} \frac{(\rho W)^2}{2 \cdot \rho'} \left[1 + \bar{x} \left(\frac{\rho'}{\rho''} - 1 \right) \right] = 0.941 \times 0.018\ 5 \times$$

$$\frac{2.12 \times 1\ 335^2}{0.010\ 16 \times 2 \times 740.74} \times \left[1 + 0.176 \left(\frac{740.74}{35.91} - 1 \right) \right] = 18.91\ \text{kPa}$$

如果按马蒂内里 – 纳尔逊方法，Δp_{f2} 应按图 5 – 4 计算。根据出口干度 $x_e = 0.352$ 及压

力 $p = 6.89$ MPa 在图 5 – 4 上可查得 Φ_{lo}^2 的积分平均值 $\Phi_{lo}^2 = \dfrac{\Delta p_{f2}}{\Delta p_{lo}} = 7.05$。

汽水混合物的摩擦阻力压力降

$$\Delta p_{f2} = \Phi_{lo}^2 \Delta p_{lo} = 7.05 \times 4.38 = 30.88\ \text{kPa}$$

（3）试验管段总摩擦阻力压力降

$$\Delta p_f = \Delta p_{f1} + \Delta p_{f2}$$

按均相模型法为 $\qquad\qquad \Delta p_f = 3.14 + 17 = 20.14\ \text{kPa}$

按苏联锅炉水力计算标准方法 $\quad \Delta p_f = 3.14 + 23.89 = 27.03\ \text{kPa}$

按我国电站锅炉水动力计算方法 $\quad \Delta p_f = 3.14 + 18.91 = 22.05\ \text{kPa}$

按马蒂内里 – 纳尔逊方法 $\qquad \Delta p_f = 3.06 + 30.88 = 33.94\ \text{kPa}$

四、多列查尔计算法

多列查尔（Dolezal）应用蒸发管边界层和主流流体之间的质量交换，说明了两相流摩擦压降比单相流摩擦压降增大的原因，并依此导出计算两相流体摩擦压降的计算式。

当气泡脱离加热表面时，流向壁面进行质量交换的水量为

$$G_1 = \frac{q''}{i_{fg}} \frac{v''}{v'} \qquad\qquad (5-69)$$

在蒸发段开始处（$x = 0$），由于水量交换引起的附加阻力压降可按动量方程列出如下：

$$\frac{\pi}{4} D^2 \mathrm{d}p' = G_1 \pi D W_o \mathrm{d}z \qquad\qquad (5-70)$$

由式（5 – 69）及式（5 – 70）可得

$$\frac{\mathrm{d}p'}{\mathrm{d}z} = 4 \frac{q''}{i_{fg}} \frac{v''}{v'} \frac{W_o}{D} \qquad\qquad (5-71)$$

由于流体摩擦压降和质量交换引起的附加阻力压降总和为

$$\frac{\mathrm{d}p_f}{\mathrm{d}z} = \lambda \frac{1}{D} \frac{\rho'}{2} W_o^2 + 4 \frac{q}{i_{fg}} \frac{v''}{v'} \frac{W_o}{D} \qquad\qquad (5-72)$$

在加热的两相流压降计算中，将式（5 – 72）除以水流过蒸发管时的摩擦压降梯度 $\mathrm{d}p_o / \mathrm{d}z$，可得

$$\frac{\left(\dfrac{\mathrm{d}p_f}{\mathrm{d}z} \right)}{\left(\dfrac{\mathrm{d}p_o}{\mathrm{d}z} \right)} = 1 + \frac{8}{\lambda} \frac{v''}{i_{fg} v'} \frac{q''}{\rho' W_o} \qquad\qquad (5-73)$$

在蒸发管段中，当质量含气率 $x > 0$ 时，管中不完全是水，而是带有一定蒸汽的汽 – 水混合物。所以，当气泡脱离加热壁面时，实际流向管壁进行质量交换的汽 – 水混合物的质量流速为

$$G_m = \frac{q''}{i_{fg}} \frac{v''}{v' + x(v'' - v')} \qquad\qquad (5-74)$$

汽水混合物的流速为

$$W = W_o \left[1 + x \left(\frac{v''}{v'} - 1 \right) \right] \tag{5-75}$$

用同法可导出附加阻力压降为

$$\frac{\mathrm{d}p'}{\mathrm{d}z} = 4 \frac{q''}{i_{fg}} \frac{v''}{v'} \frac{W_o}{D} \tag{5-76}$$

这样,式(5-73)将变为

$$\frac{\left(\dfrac{\mathrm{d}p_f}{\mathrm{d}z} \right)}{\left(\dfrac{\mathrm{d}p_o}{\mathrm{d}z} \right)} = 1 + x \left(\frac{v''}{v'} - 1 \right) + \frac{8}{\lambda} \frac{1}{i_{fg}} \frac{v''}{v'} \frac{q''}{\rho' W_o} \tag{5-77}$$

在竖直上升流动中,必须考虑流动时气泡速度大于水速的问题。因此,式(5-77)中的质量含气率 x,应换成已考虑汽水相对滑动时的质量含气率 x_s,后者可按下式计算:

$$x_s = \frac{S\left(\dfrac{v'}{v''} \right) x}{1 - \left[1 - S\left(\dfrac{v'}{v''} \right) \right] x} \tag{5-78}$$

式中,$S(v'/v'')$ 的值可根据压力在表5-2中查出。

表5-2　$S(v'/v'')$ 和压力的关系

p/MPa	0.1	0.7	3.5	7.0	10.5	14	17.5	22.5
$S(v'/v'')$	0.153	0.3	0.5	0.6	0.67	0.725	0.79	1

对于均匀受热管,质量含气率 x 按下式计算:

$$x = x_e \left(\frac{1}{L} \right) \tag{5-79}$$

应用式(5-77)、式(5-78)及式(5-79),可求得竖直管中 $\Delta p_f / \Delta p_o$ 的平均值为

$$\frac{\Delta p_f}{\Delta p_o} = 1 + \frac{8}{\lambda} \frac{1}{i_{fg}} \frac{v''}{v'} \frac{\overline{q''}}{\rho' W_o} - \frac{S\left(\dfrac{v'}{v''} \right) \left(\dfrac{v''}{v'} - 1 \right)}{1 - S \dfrac{v'}{v''}} \times \left\{ 1 + \frac{\ln\left[1 - \left(1 - S \dfrac{v'}{v''} \right) x_e \right]}{\left(1 - S \dfrac{v'}{v''} \right) x_e} \right\} \tag{5-80}$$

式中,$\overline{q''}$ 为热流密度的平均值。

蒸发管中两相流的摩擦压降为

$$\Delta p_f = \left(\frac{\Delta p_f}{\Delta p_o} \right) \Delta p_o$$

$$\Delta p_o = \lambda \frac{L}{D} \frac{\rho'}{2} W_o^2$$

在水平管内,滑速比较小,可以忽略不计。对于均匀受热的水平管,式(5-77)中的 x 值可按 $x_e/2$ 计算,因而式(5-80)变为

$$\frac{\Delta p_f}{\Delta p_o} = 1 + \frac{8}{\lambda} \frac{1}{i_{fg}} \frac{v''}{v'} \frac{\overline{q''}}{\rho' W_o} + \frac{1}{2} x_e \left(\frac{v'' - v'}{v'} \right) \tag{5-81}$$

多列查尔计算法计算出的结果和马蒂内里－纳尔逊的计算结果比较相近。

第四节　影响两相流摩擦压降的主要因素

影响两相流体摩擦压降的因素很多,现已证实的主要因素有压力、质量含气率、管径、热流密度、流动方向、管壁粗糙度和质量流速等。在一般的计算式中都考虑压力 p(通过 ρ',ρ''或 v',v'')和质量含气率 x 的影响,有些考虑了质量流速 G 和管径 D_e 的影响,但是,考虑热流密度、流动方向和管壁粗糙度等影响的不多。由于两相流摩擦压降大都是以折算因子的形式给出的,因此下面讨论这些影响因素对摩擦因子的影响。

一、系统压力 p 及质量含气率 x 的影响

从前面的分析可以看出,摩擦因子与流体密度有关,当压力增高时,气液的密度差减小,相应的摩擦因子值减小,当压力为临界压力时,两相之间无密度差,这时 $\Phi_{lo}^2 = 1.0$。压力 p 和质量含气率 x 的影响见图 5－5。

x 对摩擦因子的影响,在加热管中与不加热管中有所不同。在受热流动情况下,当 x 增加时,摩擦因子 Φ_{lo}^2 先增大后减小,然后再增大。这主要是由质量含气率变化和受热时流型变化造成的。

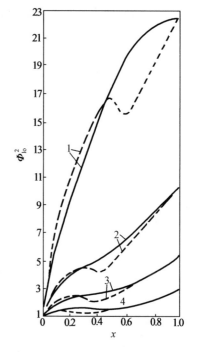

图 5－5　x 对摩擦因子的影响

1—4.9 MPa;2—9.8 MPa;3—14.7 MPa;
4—19.6 MPa;——不受热;－－－－受热

二、管径的影响

管径对摩擦因子的影响,各资料发表的见解不完全相同。一般认为当管径小于 50 mm 时,管径对摩擦因子的影响不大。当管径大于 50 mm 时,应考虑管径的影响。其摩擦压降可按切诺威斯－马丁(Chenoweth － Martin)计算方法计算。图 5－6 给出了此法的线算图。由图可见,根据体积含液率($1 - \beta$)及物性参数比值 $(v'/v'')(\mu'/\mu'')^{0.2}$ 即可查出全液相摩擦折算因子 Φ_{lo}^2。

三、表面热流密度的影响

泰勒苏娃曾在热流密度 $q'' = 110 \sim 1\,700$ kW / m^2,压力 $p = 4.9 \sim 19.6$ MPa,质量流速 $G = 500 \sim 2\,000$ kg/(m$^2 \cdot$ s)的参数范围内进行了竖直管中摩擦压降的试验,得到的曲线绘于图 5－7。由图可见,若其他条件相同,在质量含气率小于某值时,受热管的摩擦因子 Φ_{lo}^2 比不受热管大;当 x 大于此值时,受热管的 Φ_{lo}^2 值比不受热管小;两者的差别随 x 的增大先增加后减小,当 $x = 1$ 时,两者差别消失。

图 5－7 表明了在不同质量流速下,热流密度对 Φ_{lo}^2 的影响。图中横坐标为热流密度 q'',纵坐标为($\Delta p_{fq}/\Delta p_{fn} - 1$),其中 Δp_{fq} 和 Δp_{fn} 分别为受热管及不受热管的两相流摩擦压降,由图可见,若 q'' 增大,则 $\Delta p_{fq}/\Delta p_{fn}$ 增大。质量流速愈小,则 q'' 对 $\Delta p_{fq}/\Delta p_{fn}$ 的影响愈大。泰勒苏

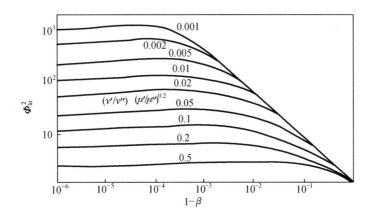

图 5 - 6　切诺威斯 - 马丁的线算图

娃将试验数据整理后得出下列考虑热流密度影响的摩擦压降计算式：

$$\left(\frac{\Delta p_f}{\Delta p_o}\right)_q = \left(\frac{\Delta p_f}{\Delta p_o}\right)_n \left[1 + 4.4 \times 10^{-3}\left(\frac{q''}{G}\right)^{0.7}\right]$$

$$(5-82)$$

泰勒苏娃得出的不受热时两相摩擦压降计算式为

$$\left(\frac{\Delta p_f}{\Delta p_o}\right)_n = \frac{C}{(1-\alpha)Fr^{7.5 \times 10^5/p}} \quad (5-83)$$

式中　C——经验系数，$C = 1.05 \times 10^{0.014\,9(\rho'/\rho'')}$；

p—— 压力，Pa。

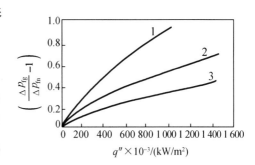

图 5 - 7　热流密度的影响

1—$G = 500$ kg/（m²·s）；2—$G = 1\,000$ kg/（m²·s）

3—$G = 2\,000$ kg/（m²·s）；压力 $p = 9.8$ MPa

四、流动方向的影响

由于流动方向不同时气液两相流的流型不同，因此流动方向肯定会对摩擦压降有影响。一般来讲，其他条件相同，W_o 小时，竖直下降管的 Φ_{lo}^2 值比相同 W_o 的竖直上升管的大。当 W_o 较大时，两者的 Φ_{lo}^2 接近。因此，一般认为竖直下降管中的 Δp_f 值应高于竖直上升管的值。图 5 - 8 表示了流动方向对摩擦因子的影响。图中，实线为竖直上升管曲线，虚线为水平管曲线。从图中可以看出，在其他条件相同的情况下，水平管的 Φ_{lo}^2 值要比竖直上升管的大。

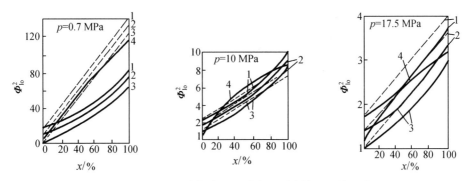

图 5 - 8　质量含气率和流动方向对摩擦因子的影响

1—$q''/G = 240$ J/kg；2—$q''/G = 120$ J/kg；3—$q'' = 0$ J/kg；4—按马蒂内里 - 纳尔逊法得到的曲线

五、管子粗糙度的影响

罗塞姆(Rosssum)曾对管壁粗糙度的影响进行过研究。他发现当管壁粗糙度的尖端凸出贴壁液膜较多时,两相流体沿绝对粗糙度为 0.6 mm 的管道流动时的摩擦阻力系数约比沿光滑管流动时大一倍。如果贴壁液膜能盖住管壁粗糙度凸尖 0.1 mm,则光滑管和粗糙管的摩擦压降相同。

1973 年,波利沙斯基(боришанский)进行的管子相对粗糙度对摩擦阻力压降影响的试验结果如图 5 - 9 所示。他的试验是在不受热管子中进行的。试验压力为 2.0 MPa,5.0 MPa及8.0 MPa;汽 - 水混合物的质量流速 $G = 1\ 200$ kg/(m² · s),少数数据是在 $G = 600$ kg/(m² · s)情况下获得的。试验过程中对相对粗糙度相互差别达数十倍的管子进行了研究。试验结果表明,在较高压力($p = 8$ MPa)和中等压力($p = 5$ MPa)时,两相流体在粗糙管(绝对粗糙度为 30 μm)中流动时的摩擦压降比光滑管(绝对粗糙度为 0.5 μm)的大,但这一增大值远比根据粗糙管的增加值所预期的要小。在压力为 2 MPa 时,在很宽的质量含气率范围内(0.15 < x < 0.6),两相流体在粗糙管内流动的摩擦压降比光滑管中小得多。由此可见,两相流体流动时管壁粗糙度对摩擦压降的影响与单相流体流动时是不同的,而且粗糙度对两相摩擦压降的影响随着质量含气率 x 的不同也不同。

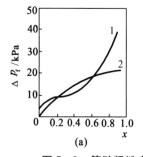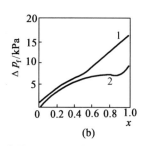

图 5 - 9　管壁粗糙度对两相流体摩擦阻力压降的影响

1—绝对粗糙度为 30 μm,相对粗糙度为 0.001;2—绝对粗糙度为 0.5 μm,相对粗糙度为 0.000 017

(a)$p = 2$ MPa;(b)$p = 8$ MPa

波利沙斯基对于图 5 - 9 所示的两相流体的 $\Delta p_f = f(x)$ 的关系曲线做了一定的物理解释。在低 x 区域,管壁有液体连续不断地流动,两相流体中只有少量小气泡。这时管壁粗糙度对摩擦阻力的影响本质上与单相流体时相同。在高 x 范围内,管壁上液膜厚度很薄,小于管壁粗糙度的凸尖,液体主要为气核。此时粗糙度凸尖突出在两相流体的气核中,因而管壁粗糙度对摩擦压降的影响从本质上讲应与单相流体的相同,当然在数量上是有差别的。在高 x 范围内,随着含气率 x 的减少,贴壁液膜增厚,此时粗糙度的凸尖逐渐被液膜盖住,而两相流体粗糙管和光滑管内流动的摩擦压降也就接近了。在含气率 x 为中间值的范围内,两相流体的流动工况已属于环状流动工况。此时液膜较厚,粗糙度凸尖仍淹没在液膜内。在此条件下,摩擦压降主要决定于液膜表面状况。如液膜表面是平滑的,则压降较小,如表面为小波状的,则压降较大,管壁粗糙度的存在能起到阻碍液膜表面形成波纹的作用。所以,在此流动工况下,随着相对粗糙度的增加,两相流体的摩擦压降降低。

六、质量流速的影响

在质量含气率相同的情况下,质量流速不同会得到不同的两相流摩擦因子。这一点已被许多研究者所证明。在选用有关公式计算两相流摩擦因子时,应注意公式应用的质量流速范围。一般认为 M – N 法比较适用于低质量流速范围($G < 1\,360\ \text{kg}/(\text{m}^2 \cdot \text{s})$);在高质量流速范围($G > 2\,000 \sim 2\,500\ \text{kg}/(\text{m}^2 \cdot \text{s})$),采用均相模型较为适宜。

巴罗塞(Barozy)[32]整理了大量的两相流实验数据,并提出了计入质量流速影响的两相流摩阻的计算方法。他所整理的数据中不仅包括了常用的两相介质,还包括液态金属和制冷剂。巴罗塞提出了两组曲线,其中第一组曲线(见图 5 – 10)是在质量流速不变并等于 $1\,356\ \text{kg}/(\text{m}^2 \cdot \text{s})$ 的条件下,以质量含气率 x 为参数,两相流摩擦阻全液相折算系数 $\Phi^2_{\text{lo}(1\,356)}$ 与物性指数 $\left(\dfrac{\mu'}{\mu''}\right)^{0.2}\left(\dfrac{\rho''}{\rho'}\right)$ 的关系曲线;第二组曲线(见图 5 – 11)为计入质量流速对全液相折算系数影响的修正系数 Ω 与物性指数 $\left(\dfrac{\mu'}{\mu''}\right)^{0.2}\left(\dfrac{\rho''}{\rho'}\right)$ 的关系曲线。两相流摩阻梯度按下式计算:

$$\frac{\mathrm{d}P_\text{f}}{\mathrm{d}z} = \frac{\lambda_\text{lo}}{D}\frac{G^2}{2\rho'} \cdot \Omega \Phi^2_{\text{lo}(1\,356)} \tag{5 – 84}$$

式中,Φ^2_lo 和 Ω 可分别从图 5 – 10 和图 5 – 11 中求得。

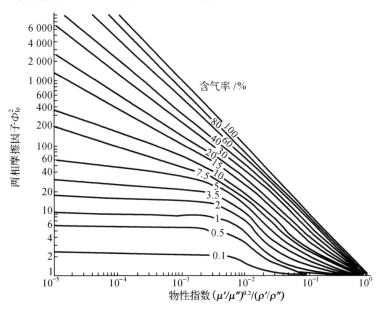

图 5 – 10 $G = 1\,356\ \text{kg}/(\text{m}^2 \cdot \text{s})$ 时的摩擦因子

在图 5 – 10 和图 5 – 11 中,只提供了五种质量流速下的修正系数 Ω 值,其中图 5 – 10 中的 $\Omega = 1$。若计算中给定的质量流速 G 不同于图中所用的五种质量流速值,则可先按与 G 最邻近的两个质量流速 G_1 和 G_2($G_1 < G < G_2$),从图中查得 Ω_1 和 Ω_2,然后按下式求出所需的修正系数 Ω 值。

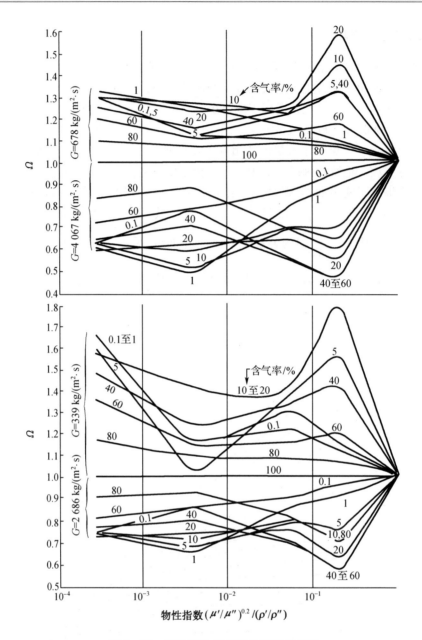

图 5 − 11　修正系数 Ω 与物性指数的关系

$$\Omega = \Omega_2 + \frac{\lg\left(\dfrac{G_2}{G}\right)}{\lg\left(\dfrac{G_2}{G_1}\right)}(\Omega_1 - \Omega_2) \qquad (5-85)$$

第五节　重位压降计算

一、均相流模型的重位压降

由第三章的基本方程知道,气液两相流体流过直管时的总压降由三部分组成,即摩擦压降 Δp_f、重位压降 Δp_g 和加速度压降 Δp_a。动量方程的重位压力梯度为

$$\frac{\mathrm{d}p_g}{\mathrm{d}z} = \rho_o g \sin\theta \qquad (5-86)$$

在均相流模型中,两相的平均速度相等,故 $\alpha = \beta$,两相混合物的密度为

$$\rho_o = \rho_m = \rho''\beta + \rho'(1-\beta)$$

则重位压降为

$$\Delta p_g = \int_0^L \rho_o g\sin\theta \mathrm{d}z = \int_0^L [\rho''\beta + \rho'(1-\beta)]g\sin\theta \mathrm{d}z \qquad (5-87)$$

均相流模型主要用于低质量含气率、高质量流速的情况。一些研究者建议,只要符合下列条件之一,便可考虑采用均相模型,即

$$\frac{\rho'}{\rho''} \leqslant 100$$

$$D \leqslant 80 \text{ mm}$$

$$G \geqslant 200 \text{ kg/(m}^2 \cdot \text{s)}$$

但是,当液相黏度 $\mu' > 0.01 \text{ N} \cdot \text{s/m}^2$ 时,建议不采用均相模型。

对于绝热的气液两相流系统,式(5-87)可表示为

$$\Delta p_g = [\rho''\beta + \rho'(1-\beta)]gL\sin\theta \qquad (5-88)$$

对于沿管长均匀加热的情况,对式(5-87)积分后可求得重位压降

$$\Delta p_g = \frac{g\sin\theta L}{x_e(v''-v')}\ln\left[1 + x_e\left(\frac{v''}{v'}-1\right)\right] \qquad (5-89)$$

对于沿管长非均匀加热的情况,管内含气率的变化与加热方式有关,重位压降应根据具体的加热方式求得。

二、分相流模型的重位压降计算

由第三章的分相流模型的动量方程式(3-55)可得重位压降的计算式为

$$\Delta p_g = \int_0^L \rho_o g\sin\theta \mathrm{d}z = \int_0^L [\rho''\alpha + \rho'(1-\alpha)]g\sin\theta \mathrm{d}z \qquad (5-90)$$

重位压降与两相流的密度沿通道长度变化有关,即与通道的加热方式有关,对于绝热通道,α 沿通道长度不变,则重位压降为

$$\Delta p_g = [\rho''\alpha + \rho'(1-\alpha)]g\sin\theta L \qquad (5-91)$$

在均匀加热情况下有 $z/L = x/x_e$ 则 $\mathrm{d}z = (L/x_e)\mathrm{d}x$,式(5-90)可表示为

$$\Delta p_g = \frac{L}{x_e}g\sin\theta\int_0^{x_e}[\rho' + \alpha(\rho''-\rho')]\mathrm{d}x \qquad (5-92)$$

如果已知 α 与 x 的关系,上式可积分求解。由截面含气率的基本关系式

$$\alpha = \frac{x}{x + (1-x)\frac{\rho''}{\rho'}S}$$

令 $(\rho''/\rho')S = \psi$, 则

$$\alpha = \frac{x}{\psi + (1-\psi)x} \tag{5-93}$$

把这一关系代入式(5-92), 得

$$\Delta p_g = g\sin\theta L\rho' + g\sin\theta(\rho'' - \rho')\frac{L_B}{x_e}\int_0^{x_e} \frac{x}{\psi + (1-\psi)x}dz$$

$$= g\sin\theta L\rho' - \frac{(\rho' - \rho'')}{(1-\psi)}g\sin\theta L_B\left\{1 - \frac{\psi}{(1-\psi)x_e}\ln\left[1 + \left(\frac{1}{\psi} - 1\right)x_e\right]\right\} \tag{5-94}$$

三、沿通道长度正弦加热情况的重位压降

核反应堆内燃料元件沿长度上会存在正弦加热情况, 分析这种情况下的重位压降, 对堆芯水力计算有一定意义。

由第四章的式(4-143)可得到正弦加热情况下的如下关系:

$$\frac{q_z}{q_t} = \frac{1}{2}\left(1 - \cos\frac{\pi z}{L}\right) \tag{5-95}$$

$$q_z = (i' + x_z i_{fg}) - i_i \tag{5-96}$$

$$q_t = (i' + x_e i_{fg}) - i_i \tag{5-97}$$

式中　q_z——到高度 z 为止壁面传给冷却剂的热量, J/kg;

　　　x_z——z 点处的含气率, 可表示为

$$x_z = C_1 + C_2\cos\frac{\pi z}{L} \tag{5-98}$$

$$C_1 = \frac{q_t}{2i_{fg}} - \frac{i' - i_i}{i_{fg}} \tag{5-99}$$

$$C_2 = -\frac{q_t}{2i_{fg}} \tag{5-100}$$

这样由式(5-90)、式(5-93)和式(5-98)可得

$$\Delta p_g = g\sin\theta\int_{L_0}^L \rho' dz - (\rho' - \rho'')g\sin\theta\int_{L_0}^L \frac{C_1 + C_2\cos(\pi z/L)}{C_3 + C_4\cos(\pi z/L)}dz \tag{5-101}$$

$$C_3 = \psi + (1-\psi)C_1 \tag{5-102}$$

$$C_4 = (1-\psi)C_2 \tag{5-103}$$

令

$$y = \frac{\pi z}{L} \tag{5-104}$$

$$dz = \frac{L}{\pi}dy \tag{5-105}$$

则式(5-101)就可以积分。于是

$$\Delta p_{g} = g\sin\theta\rho'L_{B} - (\rho' - \rho'')g\sin\theta\frac{L}{\pi}\int\frac{C_{1} + C_{2}\cos y}{C_{3} + C_{4}\cos y}dy \tag{5-106}$$

该方程可分解为

$$\Delta p_{g} = g\sin\theta\rho'L_{B} - (\rho' - \rho'')g\sin\theta\frac{L}{\pi}\left(C_{1}\int\frac{dy}{C_{3} + C_{4}\cos y} + C_{2}\int\frac{dy}{C_{3} + C_{4}\cos y}\right)$$
$$\tag{5-107}$$

简化后为

$$\Delta p_{g} = g\sin\theta\rho'L_{B} - g\sin\theta(\rho' - \rho'')\frac{L}{\pi} \times$$
$$\left(C_{1}\int\frac{dy}{C_{3} + C_{4}\cos y} + \frac{C_{2}}{C_{4}}y - \frac{C_{2}C_{3}}{C_{4}}\int\frac{dy}{C_{3} + C_{4}\cos y}\right)$$
$$= g\sin\theta\rho'L_{B} - g\sin\theta(\rho' - \rho'')\frac{L}{\pi} \times \left[\frac{C_{2}}{C_{4}}y + \left(C_{1} - \frac{C_{2}C_{3}}{C_{4}}\right)\int\frac{dy}{C_{3} + C_{4}\cos y}\right] \tag{5-108}$$

积分限为 $z = L_{o}$ 到 $z = L$，$y = \pi\dfrac{L_{o}}{L}$ 到 $y = \pi$，式（5-108）的积分有两个解：

（1）当 $C_{3}^{2} > C_{4}^{2}$ 时

$$\Delta p_{g} = g\sin\theta\rho'L_{B} - g\sin\theta(\rho' - \rho'')\frac{L}{\pi} \times$$
$$\left[\frac{C_{2}}{C_{4}}y + \left(C_{1} - \frac{C_{2}C_{3}}{C_{4}}\right)\frac{2}{\sqrt{C_{3}^{2} - C_{4}^{2}}}\tan^{-1}\frac{(C_{3} - C_{4})\tan(y/2)}{\sqrt{C_{3}^{2} - C_{4}^{2}}}\right] \tag{5-109}$$

引入积分限并重新整理，得

$$\Delta p_{g} = g\sin\theta\rho'L_{B} - g\sin\theta(\rho' - \rho'') \times$$
$$\left\{\frac{C_{2}}{C_{4}} + \frac{C_{1}C_{4} - C_{2}C_{3}}{C_{4}\sqrt{C_{3}^{2} - C_{4}^{2}}}\frac{L}{L_{B}}\left[1 - \frac{2}{\pi}\tan^{-1}\frac{(C_{3} - C_{4})\tan(\pi L_{o}/2L)}{\sqrt{C_{3}^{2} - C_{4}^{2}}}\right]\right\} \tag{5-110}$$

（2）当 $C_{4}^{2} > C_{3}^{2}$ 时

$$\Delta p_{g} = g\sin\theta\rho'L_{B} - g\sin\theta(\rho' - \rho'')\frac{L}{\pi} \times$$
$$\left[\frac{C_{3}}{C_{4}}y + \left(C_{1} - \frac{C_{2}C_{3}}{C_{4}}\right)\frac{1}{\sqrt{C_{4}^{2} - C_{3}^{2}}}\ln\frac{(C_{4} - C_{3})\tan(y/2) + \sqrt{C_{4}^{2} - C_{3}^{2}}}{(C_{4} - C_{3})\tan(y/2) - \sqrt{C_{4}^{2} - C_{3}^{2}}}\right] \tag{5-111}$$

重新整理后得

$$\Delta p_{g} = \sin\theta\rho'L_{B} - g\sin\theta(\rho' - \rho'') \times$$
$$\left[\frac{C_{2}}{C_{4}} - \frac{C_{1}C_{4} - C_{2}C_{3}}{C_{4}\sqrt{C_{4}^{2} - C_{3}^{2}}}\frac{L}{L_{B}}\frac{1}{\pi}\ln\frac{(C_{4} - C_{3})\tan(\pi L_{o}/2L) + \sqrt{C_{4}^{2} - C_{3}^{2}}}{(C_{4} - C_{3})\tan(\pi L_{o}/2L) - \sqrt{C_{4}^{2} - C_{3}^{2}}}\right] \tag{5-112}$$

第六节　加速压降计算

一、均相流模型的加速压降

由第三章两相流的动量方程式（3-46）可知，稳定流动时两相流的加速压力梯度为

$$\frac{\mathrm{d}p_a}{\mathrm{d}z} = \frac{1}{A}\frac{\mathrm{d}}{\mathrm{d}z}\left\{AG^2\left[\frac{(1-x)^2}{\rho'(1-\beta)} + \frac{x^2}{\rho''\beta}\right]\right\} \tag{5-113}$$

对于等截面通道，加速压降可写成

$$\Delta p_a = G^2\left\{\left[\frac{(1-x_2)^2}{\rho'(1-\beta_2)} + \frac{x_2^2}{\rho''\beta_2}\right] - \left[\frac{(1-x_1)^2}{\rho'(1-\beta_1)} + \frac{x_1^2}{\rho''\beta_1}\right]\right\} \tag{5-114}$$

式中，x_1，β_1 和 x_2，β_2 表示对应于位置 z_1 和 z_2 的质量含气率和容积含气率。

若所研究的管段入口为饱和液体（$x=0$），沿管段长度有热量输入，出口含气率为 x_e，则式（5-114）可写成

$$\Delta p_a = G^2\left[\frac{(1-x_e)^2}{\rho'(1-\beta_e)} + \frac{x_e^2}{\rho''\beta_e} - \frac{1}{\rho'}\right] \tag{5-115}$$

代入 β_e 与 x_e 之间的关系，式（5-115）成为

$$\Delta p_a = G^2\left[x_e\left(\frac{1}{\rho''} - \frac{1}{\rho'}\right)\right] \tag{5-116}$$

从以上的表达式可以看出，一个管段的加速压降只与管段的进出口密度有关，即只与气相含量有关，而与含气量沿管道的变化方式无关。因此，在等截面的加热通道内，加速压降只与进出口的含气率有关，而与沿管道的加热方式无关。

二、分相流模型的加速压降

由第三章式（3-27）可得稳定流动时的分相流模型的加速压降梯度

$$\frac{\mathrm{d}p_a}{\mathrm{d}z} = \frac{1}{A}\frac{\mathrm{d}}{\mathrm{d}z}\left\{AG^2\left[\frac{(1-x)^2}{\rho'(1-\alpha)} + \frac{x^2}{\rho''\alpha}\right]\right\} \tag{5-117}$$

对于等截面通道，将式（5-117）积分后可得两相流从位置 z_1 流到 z_2 的加速压降

$$\Delta p_a = G^2\left\{\left[\frac{(1-x_2)^2}{\rho'(1-\alpha_2)} + \frac{x_2^2}{\rho''\alpha_2}\right] - \left[\frac{(1-x_1)^2}{\rho'(1-\alpha_1)} + \frac{x_1^2}{\rho''\alpha_1}\right]\right\} \tag{5-118}$$

式中，下角标 1 表示 z_1 处的参数；下角标 2 表示 z_2 处的参数。

若计算的管段入口为饱和液体（$x=0$），出口质量含气率为 x_e 的通道，则式（5-118）可写成

$$\Delta p_a = G^2\left[\frac{(1-x_e)^2}{\rho'(1-\alpha_e)} + \frac{x_e^2}{\rho''\alpha_e} - \frac{1}{\rho'}\right] \tag{5-119}$$

第七节　环状流动的压降计算

环状流动是一种最常见的两相流流型，当蒸发管中质量含气率在 0.1 以上时，几乎全部都是这种流型。因此，人们对环状流的研究比较多。

在环状流型中，一般在气芯中多少都会夹带一些液滴。为了便于理论分析，这里先考虑单纯的环状流，然后再考虑气芯中夹带液滴的情况。

一、气流中没有夹带液滴的环状流动

1. 连续方程

为了简化分析，假设气液交界面是光滑的。如图5-12所示，气体的容积流量可表示为

$$V'' = W''A'' = W''\frac{\pi}{4}(D - 2\delta)^2$$

或

$$V'' = W''\frac{\pi D^2}{4}\left(1 - 2\frac{\delta}{D}\right)^2 \qquad (5-120)$$

式中 W''——气流核心的平均速度；

    δ——液膜平均厚度。

同理,可得液体容积流量的表达式

$$V' = W'\frac{\pi D^2}{4}\left\{4\frac{\delta}{D} - 4\left(\frac{\delta}{D}\right)^2\right] \qquad (5-121)$$

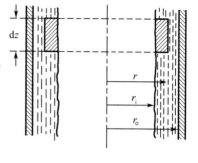

图 5 - 12 管内环状流动

式中,W' 为液膜的平均流速。

以上两式相加,即得气液混合物的总容积流量

$$V = \frac{\pi D^2}{4}\left\{W''\left(1 - 2\frac{\delta}{D}\right)^2 + W'\left[4\frac{\delta}{D} - 4\left(\frac{\delta}{D}\right)^2\right]\right\} \qquad (5-122)$$

因为液膜一般都很薄,故式中平方项 $\left(\dfrac{\delta}{D}\right)^2$ 可略去,则以上各式可简化成

$$V'' = W''\frac{\pi D^2}{4}\left(1 - 4\frac{\delta}{D}\right) \qquad (5-123)$$

$$V' = W'\frac{\pi D^2}{4}\left(4\frac{\delta}{D}\right) \qquad (5-124)$$

$$V = \frac{\pi D^2}{4}\left[W''\left(1 - 4\frac{\delta}{D}\right) + 4W'\frac{\delta}{D}\right] \qquad (5-125)$$

2. 动量方程

在分析环状流动时,可将气相和液相分开加以考察,而且在一般情况下,加速压降的影响可略去不计。

对于气流核心的一微元段 $\mathrm{d}z$(见图 5 - 12),可列出下列力平衡方程

$$\tau_i 2\pi r_i \mathrm{d}z + \pi r_i^2 \rho'' g \mathrm{d}z + \pi r_i^2 \frac{\mathrm{d}p}{\mathrm{d}z}\mathrm{d}z = 0 \qquad (5-126)$$

式中 τ_i——两相间切应力；

    r_i——气流核心的半径。

式(5 - 126)中左边第一项为液相作用于两相界面上的力,第二项为作用于气流核心的重力,第三项为作用于端面的压差。式(5 - 126)可改写成

$$\tau_i = \frac{r_o - \delta}{2}\left(-\frac{\mathrm{d}p}{\mathrm{d}z} - \rho'' g\right) = \frac{r_i}{2}\left(-\frac{\mathrm{d}p}{\mathrm{d}z} - \rho'' g\right) \qquad (5-127)$$

式中 r_o——管子半径,$r_o = \dfrac{D}{2}$；

    δ——液膜平均厚度。

设液膜的平均流速为 W',对内外半径分别为 r_i 和 r 的一微元段 $\mathrm{d}z$ 的空心柱体液膜,作用于上面的力平衡式为

$$2\pi r\tau \mathrm{d}z = 2\pi r_i \tau_i \mathrm{d}z - \pi(r^2 - r_i^2)\rho' g \mathrm{d}z - \pi(r^2 - r_i^2)\frac{\mathrm{d}p}{\mathrm{d}z}\mathrm{d}z$$

等式左边为作用于距中心线为 r 的液膜上的切应力,等式右边第一项为向上作用于界面的切应力,第二项为重力 F_g,最后一项为作用于端面的压差。

将上式整理后得

$$\tau = \frac{r_i}{r}\tau_i - \frac{1}{2}\left(\frac{r^2 - r_i^2}{r}\right)\left(\frac{\mathrm{d}p}{\mathrm{d}z} + \rho' g\right) \tag{5-128}$$

因为

$$r_i = \frac{D - 2\delta}{2}, \qquad Y = r_o - r, \qquad r = \frac{D - 2Y}{2}$$

故式(5-128)可变成下列形式

$$\tau = \tau_i\left(\frac{D - 2\delta}{D - 2Y}\right) - \frac{1}{2}\left(\frac{\mathrm{d}p}{\mathrm{d}z} + \rho' g\right)\left[\frac{(D - 2Y)^2 - (D - 2\delta)^2}{2(D - 2Y)}\right] \tag{5-129}$$

把式(5-129)中方括号内的平方项展开,然后略去平方项 Y^2 和 δ^2,并取 $\dfrac{D}{D-2Y} \approx 1$,则可简化成

$$\tau = \tau_i\left(\frac{D - 2\delta}{D - 2Y}\right) - \left(\frac{\mathrm{d}p}{\mathrm{d}z} + \rho' g\right)(\delta - Y) \tag{5-130}$$

从式(5-127)和式(5-128)中消去 τ_i 即得

$$\tau = -\frac{r}{2}\left(\frac{\mathrm{d}p}{\mathrm{d}z} + \rho'' g\right) - \left(\frac{r^2 - r_i^2}{2r}\right)(\rho' - \rho'')g \tag{5-131}$$

按简化成式(5-130)的方法,式(5-131)可进一步简化。此外在简化过程中还认为 $\rho'' \ll \rho'$,故 $\left(1 - \dfrac{\rho''}{\rho'}\right) \approx 1$,而且考虑到 $r_o \gg \delta$(一般情况下 $\delta = 5\% r_o$),则式(5-131)成为

$$\tau = -\frac{r_o}{2}\left(\frac{\mathrm{d}p}{\mathrm{d}z} + \rho'' g\right) - \rho' g(\delta - Y) \tag{5-132}$$

在管壁处,$Y = 0$,则按式(5-132)可得管壁处对液膜的切应力

$$\tau_w = -\frac{r_o}{2}\left(\frac{\mathrm{d}p}{\mathrm{d}z} + g\rho''\right) - g\rho'\delta \tag{5-133}$$

合并式(5-132)和式(5-133)即得

$$\tau = \tau_w + \rho' g Y \tag{5-134}$$

3. 液膜内流速分布和液膜流量

设液膜流动为层流,则液膜切应力可表示成

$$\tau = \mu'\frac{\mathrm{d}W_e'}{\mathrm{d}Y} \tag{5-135}$$

由此得

$$W_e' = \frac{1}{\mu'}\int_0^Y \tau \mathrm{d}Y = \frac{1}{\mu'}\int_{r_o}^r \tau \mathrm{d}(r_o - r) = -\frac{1}{\mu'}\int_{r_o}^r \tau \mathrm{d}r \tag{5-136}$$

把式(5-128)代入式(5-136),积分后即得液膜内的速度分布为

$$W_e' = \frac{1}{\mu'}\left\{\left[r_i\tau_i + \frac{1}{2}\left(\frac{\mathrm{d}p}{\mathrm{d}z} + \rho' g\right)r_i^2\right]\ln\left(\frac{r_o}{r}\right) - \frac{1}{4}\left(\frac{\mathrm{d}p}{\mathrm{d}z} + \rho' g\right)(r_o^2 - r_i^2)\right\} \tag{5-137}$$

液膜流量可按下式求得

$$M' = \int_0^\delta 2\pi r W_e' \rho' \mathrm{d}Y \qquad\qquad (5-138)$$

把式(5-137)代入式(5-138)中,即得

$$M' = \frac{2\pi\rho'}{\mu'}\left\{\left[r_i\tau_i + \frac{1}{2}\left(\rho'g + \frac{\mathrm{d}p}{\mathrm{d}z}\right)r_i^2\right]\left[\frac{1}{4}(r_o^2 - r_i^2) - \frac{1}{2}\ln\frac{r_o}{r_i}\right] - \right.$$
$$\left. \frac{1}{16}\left[\left(\rho'g + \frac{\mathrm{d}p}{\mathrm{d}z}\right)(r_o^2 - r_i^2)\right]\right\} \qquad (5-139)$$

式(5-139)比较复杂,在进一步简化式(5-132)的基础上,可以得到形式简单得多的液膜流量表达式。如果略去气体的重力,则式(5-132)可写成

$$\tau = -\frac{r_o}{2}\frac{\mathrm{d}p}{\mathrm{d}z} - g\rho'(\delta - Y) \qquad\qquad (5-140)$$

把式(5-140)代入式(5-135)后得

$$W_e' = \frac{1}{\mu'}\int_0^Y \tau \mathrm{d}Y = \frac{1}{\mu'}\int_0^Y\left[\frac{r_o}{2}\frac{\mathrm{d}p}{\mathrm{d}z} + g\rho'(\delta - Y)\right]\mathrm{d}(r_o - Y) \qquad (5-141)$$

积分后得

$$W_e' = \frac{1}{\mu'}\left(\frac{r_o}{2}\frac{\mathrm{d}p}{\mathrm{d}z}Y + g\rho'\delta Y - \frac{1}{2}g\rho'Y^2\right) \qquad\qquad (5-142)$$

$\delta \cdot Y$ 和 Y^2 可以略去,故式(5-142)简化成

$$W_e' = \frac{r_o}{2\mu'}\frac{\mathrm{d}p}{\mathrm{d}z}Y \qquad\qquad (5-143)$$

把式(5-143)代入式(5-138)得

$$M' = \int_0^\delta 2\pi\rho'(r_o - Y)W_e'\mathrm{d}Y = \frac{\pi\rho'r_o}{\mu'}\frac{\mathrm{d}p}{\mathrm{d}z}\int_0^\delta Y(r_o - Y)\mathrm{d}Y$$

略去高次项 Y^2,积分后得

$$M' = \frac{\pi\rho'r_o^2\delta^2}{2\mu'}\frac{\mathrm{d}p}{\mathrm{d}z} = \frac{\pi\rho'D^2\delta^2}{8\mu'}\frac{\mathrm{d}p}{\mathrm{d}z} \qquad\qquad (5-144)$$

移项并整理后得液膜厚度的表达式为

$$\delta = \sqrt{\frac{8\mu'M'}{\pi\rho'D^2\dfrac{\mathrm{d}p}{\mathrm{d}z}}} \qquad\qquad (5-145)$$

因此,若已知液体流量、管径、液体物性参数和压降梯度,便可从上式求得平均液膜厚度 δ。

知道了平均液膜厚度,便可从下式算出截面含气率

$$\alpha = \left(1 - 2\frac{\delta}{D}\right)^2 \qquad\qquad (5-146)$$

4. 摩擦压降梯度

气流核心的摩擦压降梯度可表示成

$$\frac{\mathrm{d}p_f}{\mathrm{d}z} = \frac{4\tau_i}{D - 2\delta} \qquad\qquad (5-147)$$

而气相流过管道时的摩擦压降梯度为

$$\left(\frac{\mathrm{d}p_f}{\mathrm{d}z}\right)_g = \frac{4\tau_g}{D} \qquad\qquad (5-148)$$

根据分气相折算系数的定义,由式(5 - 147)和式(5 - 148)可得

$$\Phi_g^2 = \frac{\dfrac{\mathrm{d}p_f}{\mathrm{d}z}}{\left(\dfrac{\mathrm{d}p_f}{\mathrm{d}z}\right)_g} = \frac{\tau_i}{\tau_g}\left(\frac{D}{D-2\delta}\right) \qquad (5-149)$$

将式(5 - 146)代入式(5 - 149),便可得到分气相折算系数与截面含气率的关系式

$$\Phi_g^2 = \frac{\tau_i}{\tau_g} \cdot \frac{1}{\alpha^{1/2}} \qquad (5-150)$$

界面上的切应力为

$$\tau_i = \frac{\lambda_i}{4}\left[\frac{\rho''(W''-W_i)^2}{2}\right] \qquad (5-151)$$

式中,W_i 为界面上的液体速度。

气相单独流过管子时的切应力为

$$\tau_g = \frac{\lambda_g}{4}\left(\frac{\rho''j_g^2}{2}\right) \qquad (5-152)$$

把式(5 - 151)和式(5 - 152)代入式(5 - 150)即得

$$\Phi_g^2 = \frac{\lambda_i}{\lambda_g}\left(\frac{W''}{j_g}\right)^2\left(\frac{W''-W_i}{W''}\right)^2\frac{1}{\alpha^{1/2}} \qquad (5-153)$$

因为 $\alpha = \dfrac{j_g}{W''}$,则式(5 - 153)可改写成

$$\Phi_g^2 = \frac{\lambda_i}{\lambda_g}\left(\frac{W''-W_i}{W''}\right)^2\frac{1}{\alpha^{5/2}} \qquad (5-154)$$

通常,界面液流速度 W_i 要比气流核心速度小得多,故式(5 - 154)可简化成

$$\Phi_g^2 = \frac{\lambda_i}{\lambda_g} \cdot \frac{1}{\alpha^{5/2}} \qquad (5-155)$$

若界面是光滑的,则比值 λ_i/λ_g 非常接近于 1,故式(5 - 155)在这种条件下可进一步简化成

$$\Phi_g^2 \approx \frac{1}{\alpha^{5/2}} \qquad (5-156)$$

上式只能作为粗略的估算,只有当 Re 很小 $\left(Re = \dfrac{j\rho'D}{\mu'} < 100\right)$ 时,上式计算值才与试验结果接近。因为当液膜流速较高时,气液界面会出现波动,则气液界面的摩阻系数 λ_i 将显著高于按光滑管估算出的数值,因此在一般情况下,按上式算出的 Φ_g^2 值都偏低,如图5 - 13所示。

为了克服上述缺陷,必须寻求 λ_i 的表达式。为此,沃里斯(Wallis)提出了下列简单关系式

$$\frac{\lambda_i}{\lambda_g} = 1 + 300\frac{\delta}{D} \qquad (5-157)$$

当相对粗糙度的范围为 $0.001 < \dfrac{k}{D} < 0.003$ 时,尼古拉兹在完全粗糙区的经验公式可近

似地用下列公式代替

$$\frac{\lambda_i}{\lambda_g} \approx 1 + 75\frac{k_e}{D} \quad (5-158)$$

式中,k_e 为沙粒的绝对粗糙度。

比较以上两式可看出,k_e 相当于波动液膜平均厚度 δ 的 4 倍。当 $\delta \ll D$ 时,式(5-146)可做如下的简化:

$$\alpha = 1 - 4\frac{\delta}{D} + 4\left(\frac{\delta}{D}\right)^2 \approx 1 - 4\frac{\delta}{D}$$
$$(5-159)$$

把式(5-159)代入式(5-157)可得

$$\frac{\lambda_i}{\lambda_g} = 1 + 75(1-\alpha) \quad (5-160)$$

再把式(5-160)代入式(5-155)即得

$$\Phi_g^2 = \frac{1 + 75(1-\alpha)}{\alpha^{5/2}} \quad (5-161)$$

按式(5-161)绘成的曲线也表示在图5-13中。从图中可看出,同 L-M 法经验数据相比,式(5-161)的计算值偏

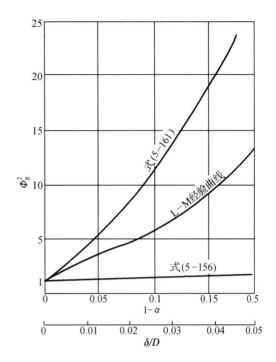

图 5-13　分气相折算因子与截面含液率的关系

高。其主要原因可能是在分析中未考虑气流核心夹带水滴。

二、雾环状流动

在前节中曾对单纯环状流采用了两个假设:气流不夹带液滴;液膜速度比气流速度低得多而将其略去不计。在本节所讨论的雾环状流动中,将近似地考虑这两个因素,并在分析中认为,气流核心为气流和液滴的均匀混合物;界面上的切应力来源于气流与液膜的速度差。

在夹带液滴的气流核心中,总体积流量应为

$$V_c = V'' + V_e \quad (5-162)$$

式中,V_e 为气流中液滴的容积流量或称窜流容积流量。

若用质量流量表示,式(5-162)可写成

$$\frac{M_c}{\rho_c} = \frac{M''}{\rho''} + \frac{M_H}{\rho'}$$

式中　M_c——气流核心的总质量流量;

　　　ρ_c——气流核心的混合物密度;

　　　M_H——气流中所夹带水滴的质量流量或称窜流质量流量。

由上式可得

$$\rho_c = \rho''\left(\frac{M'' + M_H}{M'' + M_H\dfrac{\rho''}{\rho'}}\right) \quad (5-163)$$

窜流比值定义为

$$E = \frac{M_H}{M'} \qquad (5-164)$$

式中,M' 为液流的质量流量。

若 $\rho' \gg \rho''$,则从式(5 – 163)和式(5 – 164)可得气流核心中混合物密度的近似表达式为

$$\rho_c = \rho'' \left(\frac{M'' + EM'}{M''} \right) \qquad (5-165)$$

对于雾环状流动,气液界面上的切应力 τ_i 仍可用式(5 – 151)来表述,不过密度应为气体与液滴混合物的密度,即用 ρ_c 代换 ρ''

$$\tau_i = \frac{\lambda_i}{4} \left[\frac{\rho_c (W'' - W_i)^2}{2} \right] \qquad (5-166)$$

因为大多数情况下液膜很薄,故可近似地认为切应力沿液膜厚度不变。因此,界面速度为液膜平均速度的两倍,即 $W_i \approx 2W'$。这样,式(5 – 166)成为

$$\tau_i = \frac{\lambda_i}{4} \left[\frac{\rho_c (W'' - 2W')^2}{2} \right] \qquad (5-167)$$

将式(5 – 165)代入式(5 – 167),即得

$$\tau_i = \frac{\lambda_i}{4} \left[\frac{\rho'' (W'' - 2W')^2}{2} \right] \left(\frac{M'' + EM'}{M''} \right) \qquad (5-168)$$

把式(5 – 168)和式(5 – 152)代入式(5 – 150),即得分气相折算系数

$$\Phi_g^2 = \frac{\lambda_i}{\lambda_g} \frac{1}{\alpha^{1/2}} \left(\frac{W'' - 2W'}{W_o''} \right)^2 \left(\frac{M'' + EM'}{M''} \right)$$

或

$$\Phi_g^2 = \frac{\lambda_i}{\lambda_g} \frac{1}{\alpha^{5/2}} \left(\frac{W'' - 2W'}{j_g} \right)^2 \left(\frac{M'' + EM'}{M''} \right) \qquad (5-169)$$

液膜的平均流速可表示成

$$W' = \frac{M' - EM'}{A'\rho'} = \frac{M'(1-E)}{A(1-\alpha)\rho'} \qquad (5-170)$$

气流的平均速度为

$$W'' = \frac{M''}{A\alpha\rho''} \qquad (5-171)$$

把式(5 – 170)、式(5 – 171)以及式(5 – 160)代入式(5 – 169),即得

$$\Phi_g^2 = \left[\frac{1 + 75(1-\alpha)}{\alpha^{5/2}} \right] \left(\frac{M'' + EM'}{M''} \right) \left\{ 1 - 2 \left(\frac{\alpha}{1-\alpha} \right) \left(\frac{\rho''}{\rho'} \right) \left[\frac{M'(1-E)}{M''} \right] \right\}^2$$

$$(5-172)$$

按式(5 – 172)求 Φ_g^2 的困难之一是如何确定窜流比值 E。不少研究者提出了求取 E 的方法,但到目前还不能说哪一种方法最精确,其中一个简单的方法如图 5 – 14 所示。图中曲线的适用范围为

$$Re_l = \frac{j_l D}{v'} > 3\,000 \quad \text{或} \quad j_l \left[\frac{\rho'}{gD(\rho' - \rho'')} \right]^{1/2} > 0.2$$

通常,气体和液体的流量、工质的物性参数和管子的几何特性均为已知,则式(5 – 172)成为 Φ_g^2 与 α 的函数关系式。要求解,必须补充一个方程,通常可利用 $\Phi_l^2 = \dfrac{1}{(1-\alpha)^2}$ 的关

系,并用逐步接近法求解。现将求解的步骤叙述如下。

（1）预先估算一下摩阻梯度值

先计算气相和液相的折算流速 j_g 和 j_l,并据此求出雷诺数

$$Re_l = \frac{\rho' j_l D}{\mu'}$$

$$Re_g = \frac{\rho'' j_g D}{\mu''}$$

再按布拉修斯公式求出摩阻系数 λ_l 和 λ_g,然后用式（5-31）和式（5-32）算出分液相及分气相的摩阻梯度 $\left(\dfrac{dp_f}{dz}\right)_l$ 和 $\left(\dfrac{dp_f}{dz}\right)_g$,再按下式求出马蒂内里参数

$$X^2 = \frac{\left(\dfrac{dp_f}{dz}\right)_l}{\left(\dfrac{dp_f}{dz}\right)_g}$$

按奇斯霍姆式求出分气相折算系数

$$\Phi_g^2 = 1 + 20X + X^2 \tag{5-173}$$

最后估算出两相压降梯度

$$\frac{dp_f}{dz} = \Phi_g^2 \left(\frac{dp_f}{dz}\right)_g$$

当然,也可以按均相流模型或其他公式预先估算出压降梯度。

（2）求窜流比值

计算出参数 $\dfrac{j_g \mu''}{\sigma}\left(\dfrac{\rho''}{\rho'}\right)^{1/2} \times 10^4$,然后据此从图 5-14 中查出窜流比值 E。

（3）计算气流夹带水滴工况下的分液相折算系数 Φ_{lE}^2

先算出计入窜流量的雷诺数

$$Re_{lE} = Re_l(1-E) \tag{5-174}$$

据此算出摩阻系数

$$\lambda_{lE} = 0.316\,4/Re_{lE}^{0.25}$$

算出气流夹带水滴时分液相摩阻梯度

$$\left(\frac{dp_f}{dz}\right)_{lE} = \frac{\lambda_{lE}}{D}\frac{\rho' W_{oE}'^2}{2} \tag{5-175}$$

式中,W_{oE}' 为扣除被气流带走的滴后的液相折算速度,即

$$W_{oE}' = \frac{M'(1-E)}{\rho' A} \tag{5-176}$$

然后算出计入窜流量的分液相折算系数

$$\Phi_{lE}^2 = \frac{\dfrac{dp_f}{dz}}{\left(\dfrac{dp_f}{dz}\right)_{lE}} \tag{5-177}$$

（4）算出雾环状流的截面含气率

$$(1 - \alpha)^2 = \frac{1}{\Phi_{1E}^2} \quad (5-178)$$

（5）计算两相摩阻梯度

先按式（5-172）算出 Φ_g^2，再据此求得

$$\frac{\mathrm{d}p_f}{\mathrm{d}z} = \Phi_g^2 \left(\frac{\mathrm{d}p_f}{\mathrm{d}z}\right)_g$$

将所得结果与步骤（1）的预估值进行比较，若两者相等或其差值在容许误差范围以内，则可认为计算结束。若两者之差超出容许误差范围，则将所得 Φ_g^2 值代入步骤（4）中的式（5-178）求出新的 α 值，然后重复步骤（5）。如此重复迭代，直到最后的压降梯度值与前一次在步骤（4）中压降梯度值的差值

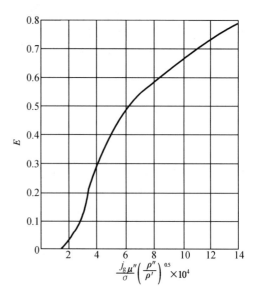

图 5-14　窜流比值 E

符合要求为止。然后按最后所得的 $\dfrac{\mathrm{d}p_f}{\mathrm{d}z}$ 及 Φ_g^2 值算出 $\left(\dfrac{\mathrm{d}p_f}{\mathrm{d}z}\right)_g$，再按式（5-146）求出平均液膜厚度 δ。

三、环状流淹没和流向反转过程分析

两相流环状流还有一种特殊的流动情况，即液体沿壁面向下流动，而气体在通道中心向上流动。这是一种典型的两相流逆向流动情况，这种逆向流动有一些临界点值得关注，在两相流的机理研究和实际应用中都有很重要的意义。一个是淹没点（Onset of flooding），它的定义是在上述的逆向流动中，当气体流速不断增加时会达到一点，此时下降的液膜有一部分被上升的气体卷吸、夹带，部分液体与气体一起向上流动。此时通道内的压差会突然升高，液体流量重新分配，通道的流动情况发生改变。另一个临界点是所谓的流向反转点（Flow reversal），是指在两相同时向上流动的环状流情况下，如果气体流速减小，到某一点向上流动的液体一部分开始向下流动。

淹没和流向反转的研究工作对于压水反应堆失水事故的安全性分析是至关重要的。当反应堆因破口事故而降压时，原来在反应堆中的冷却工质将汽化。此时，反应堆虽已自动停止裂变，但燃料中裂变物质衰变产生的热量，在无冷却工质时，仍足以在数秒钟内使堆芯熔化。因而在反应堆内压力降低时，必须迅速自动注入应急冷却水，以冷却堆芯。当冷却水沿环形通道下流时，将和堆芯中由原冷却工质汽化产生的上升蒸汽作逆向流动。如果此时未达到发生淹没的条件，则冷却水能进入堆芯冷却燃料棒；如果此时发生淹没现象，则冷却水将无法流入堆芯进行冷却。

此外，在压水反应堆中，当一回路某处管道发生破裂而使压力降低时，一回路中的循环工质将沿和蒸发器底部相连的水平管流回反应堆，这对冷却反应堆是有利的。但此时同样会和反应堆中由原工质汽化产生的蒸汽发生逆向流动，因而也有可能在此水平管中发生淹

没现象,从而阻止循环工质流回反应堆。对于这种水平管中发生淹没现象的条件试验研究还有待于进一步深入。

淹没和流向反转点可根据流动工况计算出来。计算此过程较常用的方法是沃利斯(Wallis)法。此方法中使用了下列两个无因次量:

$$j_g^* = \frac{j_g \rho''^{1/2}}{[gD(\rho' - \rho'')]^{1/2}} \qquad (5-179)$$

$$j_1^* = \frac{j_1 \rho'^{1/2}}{[gD(\rho' - \rho'')]^{1/2}} \qquad (5-180)$$

j_g^* 和 j_1^* 反映了惯性与重力的比值,Wallis 给出发生淹没时满足以下条件:

$$j_g^{*1/2} + mj_1^{*1/2} = C \qquad (5-181)$$

式中,m 和 C 是两个常数,主要与气体的入口条件有关。这两个常数可由实验确定,哈尔滨工程大学用直径为 17 mm,25.4 mm,30 mm 三种管子做了实验。实验结果表明,在气体入口为直角的情况下,$m = 0.51$,$C = 0.68$,这两个常数均与管径无关。当气体入口为圆角时,这两个常数值均大于上述值,并与管径有一定关系。

在液体被全部携带点有以下关系:

$$j_g^* = m' \qquad (5-182)$$

式中,m' 为常数。实验发现,m' 与管子直径有关,管径大时所对应的 m' 值小。

当逐渐减少气体流量,发生流向反转的界限可用下式计算:

$$j_g^* = 0.7 \qquad (5-183)$$

表达液体部分携带点的另一关系式是库塔杰拉兹数

$$Ku = \frac{\rho''^{1/2} j_g}{[g\sigma(\rho' - \rho'')]^{1/4}} \qquad (5-184)$$

库塔杰拉兹数与无因次折算参数很接近,但它不包含通道的几何参数,而采用了一个表示波长的函数

$$l = \left[\frac{\sigma}{g(\rho' - \rho'')}\right]^{1/2} \qquad (5-185)$$

用 l 替换 j_g^* 表达式中的 D 就会得到 Ku 的表达式。

Wallis 等定义了一个无因次管径

$$D^* = \frac{D}{l} = Nb^{1/2} \qquad (5-186)$$

这里 Nb 是 Bond 数。当液体被全部携带时,可表示为

$$Ku = j_g^* D^{*1/2} = j_g^* Nb^{1/4} \qquad (5-187)$$

普希金的试验结果表明,在出现液体被全部携带时,$Ku = 3.2$。

四、淹没过程的理论分析

竖直的圆管内,淹没过程的流型如图 5-15 所示。在这一流道中取两个控制体。在控制体 Ⅰ 上力平衡可表达为

$$-\frac{dp}{dz}\frac{\pi D^2}{4} + \tau_o \pi D = [\rho'(1-\alpha) + \rho''\alpha]g\frac{\pi D^2}{4} \qquad (5-188)$$

在控制体 Ⅱ 上(只含有气相),力的平衡为

$$-\frac{dp}{dz}\frac{\pi D^2}{4}\alpha - \tau_i \pi D \sqrt{\alpha} = \rho'' g \frac{\pi D^2}{4}\alpha \qquad (5-189)$$

式中,τ_i 为两相之间的剪应力。

用式(5-188)减去式(5-189),整理后得到

$$\frac{4\tau_o}{D} + \frac{4\tau_i}{D\sqrt{\alpha}} = (\rho' - \rho'')g(1-\alpha) \qquad (5-190)$$

壁面的剪应力可表示为

$$\tau_o = \frac{f\rho' W'^2}{2} = \frac{1}{2}f\frac{\rho' j_1^2}{(1-\alpha)^2} \qquad (5-191)$$

而气液交界面上的剪应力为

$$\tau_i = \frac{f_i \rho''(W'' + W_i')^2}{2} \qquad (5-192)$$

式中 f_i——交界面上的摩擦系数;

W_i'——交界面上的液体速度。

因为在气液交界面上,气体向上的流速会使液体向下的流速减慢,在气体流速较高时,还会携带液体,所以这里设 $W_i' \ll W''$,将 W_i' 从以上方程中消去,由沃利斯(Wallis)的环状流理论可确定出交界面上的摩擦系数为

$$f_i = f\left(1 + 300\frac{\delta}{D}\right) \qquad (5-193)$$

式中,δ 为液膜厚度。

这个摩擦系数计算式与实验结果吻合较好。

值得提出的是,f_i 的表达式与尼古拉兹(Nikuradse)的粗糙管关系式很接近。粗糙管的关系式为

$$f_{ur} \approx f\left(1 + 75\frac{k}{D}\right) \qquad (5-194)$$

式中,k 为管的粗糙度。

这说明液膜波动幅度是四倍的平均液膜厚度。液体的份额可表示为

$$1 - \alpha = \frac{4\delta}{D}\left(1 - \frac{\delta}{D}\right) \qquad (5-195)$$

对于直径较大的管,或液膜较薄的情况,可近似有

$$1 - \alpha \approx \frac{4\delta}{D} \qquad (5-196)$$

当交界面的剪应力 $\tau_i \ll \tau_o$ 时,根据式(5-190)、式(5-191)和式(5-196)可得出

$$\frac{\delta}{D} = \left(\frac{f}{32}\right)^{1/3} j_1^{*2/3} \qquad (5-197)$$

这样有

$$1 - \alpha = (2f)^{1/3} j_1^{*2/3} \qquad (5-198)$$

Wallis 根据比较实验得出

$$\frac{\delta}{D} = 0.063 j_1^{*2/3} \qquad (5-199)$$

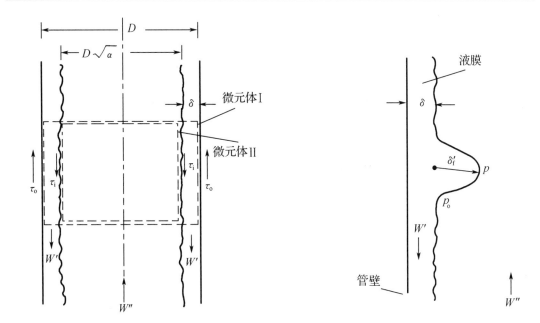

图 5 - 15　淹没过程的环状流　　　　　图 5 - 16　壁面上的液膜

这样,壁面摩擦系数近似为 $f = 0.008$。

图 5 - 16 中波的幅度 δ_f' 是其顶部和根部压差的函数。假设这一压差是气体的压头,当形成稳定波时,这一压差与表面张力平衡。可得到

$$\frac{1}{2}\rho''W''^2 = \frac{\sigma}{\delta_f'} \qquad (5-200)$$

考虑到气液交界面上的摩擦系数,可得到 $\delta_f' \approx 4\delta$,这样可由式(2 - 30)计算出平均液膜厚度

$$\delta = \frac{\sigma}{2\rho''W''^2} \qquad (5-201)$$

对于大直径管和液膜较薄的情况,近似地有 $W'' \approx j_g$。这样,应用式(5 - 190)至式(5 - 201)可得出一个新的评价淹没的关系式

$$\frac{f}{4}Nb^3j_g^{*6}j_1^{*2} + fNbj_g^{*4} + 150fj_g^{*2} = 1 \qquad (5-202)$$

Wallis 等人用不同管径的实验数据对式(5 - 202)进行了验证。当液体全部携带时,$j_1^* = 0$,这样,式(5 - 202)可写成

$$j_g^{*2} = -\frac{75}{Nb}\Big[1 - \Big(1 + \frac{Nb}{75^2f}\Big)^{1/2}\Big] \qquad (5-203)$$

也有一些论文对发生淹没现象的条件进行过理论分析,提出了发生淹没现象的各种物理解释,并在此基础上导出了计算式。例如,有的以液膜产生驻波作为发生淹没的先决条件,导出了计算式;有的以液膜不稳定为先决条件,导出了计算式;有的以液膜净流量为零作为发生淹没的条件,并导出了计算式;也有一些论文从气流作用于液膜的剪切力足以克服液膜重力的观点出发,导出了淹没的计算式。最近的研究认为,当液膜表面波动大到液膜有液滴被气流带走以及气流剪切力大到足以使液膜上升等因素都是产生淹没现象的原因,在这些因素中,先起作用的因素即为在当时条件下发生淹没的主要原因。

习　题

5-1　一竖直管段均匀受热,管内径为 10.16 mm,长为 3.66 m,进口水温为 240 ℃,压力为 7 MPa,工质的质量流量为 0.108 kg/s,热负荷为 100 kW。按均匀流模型计算管道总压差。其中平均黏度分别按下式计算:

(a) $\dfrac{1}{\mu} = \dfrac{x}{\mu''} + \dfrac{1-x}{\mu'}$;

(b) $\mu = \dfrac{j_1}{j}\mu' + \dfrac{j_g}{j}\mu''$。

5-2　内径为 50.8 mm 的蒸发管,内流介质为蒸汽和水的混合物,压力为 18 MPa,入口是饱和水,质量流量为 $M = 2.14$ kg/s,出口含气率 $x_e = 0.18$。用均相流模型($\lambda = \lambda_{lo}$)计算摩擦切应力。

5-3　气液两相介质在内径 20 mm 的水平光滑管中流动,总质量流量 $M = 0.2$ kg/s,$x = 0.149$,$\mu'' = 10^{-5}$ N·s/m²,$\mu' = 2 \times 10^{-3}$ N·s/m²,$\rho'' = 60$ kg/m³,$\rho' = 1\,000$ kg/m³。试用马蒂内里关系式和奇斯霍姆关系式计算管道的压力梯度。

5-4　一个沸水反应堆通道在 7 MPa 在压力下运行,通道入口为饱和水,出口含气率 $x_e = 10\%$,加速度压降为 700 N/m²,滑速比为 2,通道横截面积为 19 cm²。试计算该孔道每小时加入的热量。

5-5　一竖直管段均匀受热,管内径为 10 mm,长为 3.8 m,进口水温 200 ℃,压力为 7 MPa。工质的质量流量为 0.1 kg/s,热负荷为 100 kW,两相之间的滑速比为 1.5。试确定该管段的总压差。

5-6　空气 - 水混合物向上流过内径为 30 mm 的竖直管,已知水流量为 0.5 kg/s,空气流量为 0.1 kg/s。物性参数为 $\rho' = 1\,000$ kg/m³,$\rho'' = 1.64$ kg/m³,$\mu' = 10^{-3}$ N·s/m²,$\mu'' = 1.8 \times 10^{-5}$ N·s/m²,$\sigma = 0.072$ N/m。气水两相流的流型为环状流。试求摩擦压降梯度,截面含气率和平均液膜厚度。

第六章　两相流局部压降计算

第一节　概　　述

在各种各样的两相流动系统中,常常装有各种管件,例如弯头、孔板、突缩接头、突扩接头、三通和阀门等。这些管件的种类繁多,加之这些管件中的两相流动十分复杂,到目前为止,实验和理论分析工作都不很完善。目前还主要用实验方法来确定局部压降。但是,由于这些管件处局部压降变化较大,因此,对整个两相流系统的压降计算有很大影响,特别是对自然循环的两相流系统尤为显著。

在单相流动情况下,流道局部截面变化引起的流体扰动,会延续到下游 $10 \sim 12D$。而在两相流动系统中,远大于此值,大约是此值的 10 倍。从这里也可以看出,两相流的局部压降与单相流相比,对整个流动系统的影响更大。

因为两相流流过局部件的流动机理很难确定,所以到目前为止,有关两相流局部压降的研究工作开展不多,理论分析研究进展不大。目前,两相流局部压降模型分析法基本上沿用了单相流局部压降的分析方法。常用的处理法是定义适当的局部阻力系数 ξ,采用方程 $\Delta p = \xi(\rho W^2)/2$ 来计算局部压降。但是,两相流的局部阻力系数比单相流复杂得多,它与系统压力、气相含量、质量流速、结构尺寸等多种因素有关,因此,计算两相流局部压降的公式形式也比单相流复杂得多。

本章主要介绍几种在工程中常见的局部阻力件的压降计算。

第二节　突扩接头的局部压降

一、单相流的压降

突扩接头处的流动情况示于图 6-1 中。如果忽略截面 1 与截面 2 之间的重位压降及摩擦压降,则在截面 1 与截面 2 之间单相不可压缩流体的一维流动的能量方程为

$$p_1 - p_2 = \frac{\rho}{2}(W_2^2 - W_1^2) + \Delta p_c \qquad (6-1)$$

式中,Δp_c 为突扩接头处的形阻压降,它可由动量方程求出。

假设通道截面积在由 A_1 扩大到 A_2 的瞬间,流体作用在扩大了的面积 A_2 上的压力仍然为 p_1。于是,在忽略摩擦压降和重位压降的情况下,动量方程为

$$p_1 A_2 - p_2 A_2 = M(W_2 - W_1) \qquad (6-2)$$

式中　p_1, p_2——截面 1 和 2 处的静压力;

　　　A_2——截面 2 处的通道面积;

　　　W_1, W_2——流体在截面 1 和 2 处的流速。

由连续方程 $M = \rho A_1 W_1 = \rho A_2 W_2$，上式可写成

$$p_1 - p_2 = \rho(W_2^2 - W_1 W_2) \qquad (6-3)$$

再将式(6-1)与式(6-3)合并，化简后得

$$\Delta p_c = \left(1 - \frac{W_2}{W_1}\right)^2 \frac{\rho W_1^2}{2} \qquad (6-4)$$

而 $A_1 W_1 = A_2 W_2$，因而突扩接头的形阻压降为

$$\Delta p_c = \left(1 - \frac{A_1}{A_2}\right)^2 \frac{\rho W_1^2}{2} = \xi \frac{\rho W_1^2}{2} \qquad (6-5)$$

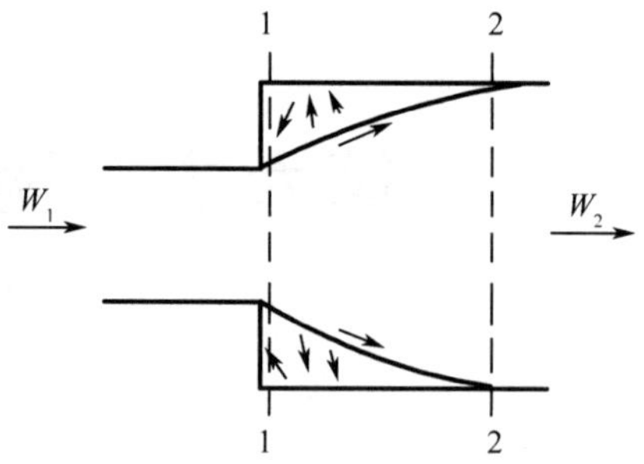

式中，$\xi = (1 - A_1/A_2)^2$ 为突扩接头的形阻系数，此系数可通过实验测定。

图6-1 单相流体在突扩接头内的流动

将式(6-1)与式(6-5)合并，可得突扩接头的静压差

$$p_1 - p_2 = \left[\left(\frac{A_1}{A_2}\right)^2 - \frac{A_1}{A_2}\right]\rho W_1^2 = \left(\frac{1}{A_2^2} - \frac{1}{A_1 A_2}\right)\frac{M^2}{\rho} \qquad (6-6)$$

二、两相流压降

两相流通过突然扩口的流动情况如图6-2所示。计算两相流通过突然扩口的压降常用的方法是罗米(Romie)提出的，按照与单相流类似的处理方法，对两相流动量方程可写出以下的形式：

$$p_1 A_2 + M_1' W_1' + M_1'' W_1'' = p_2 A_2 + M_2' W_2' + M_2'' W_2''' \qquad (6-7)$$

由连续方程可得

$$M_1' = M_2' = G_1 A_1(1-x) = G_1 \sigma A_2(1-x) \qquad (6-8)$$

式中，$\sigma = A_1/A_2$

$$M_1'' = M_2'' = G_1 A_1 x = G_1 \sigma A_2 x \qquad (6-9)$$

$$W_1' = \frac{M(1-x)}{\rho' A_1'} = \frac{G_1(1-x)}{\rho'(1-\alpha_1)} \qquad (6-10)$$

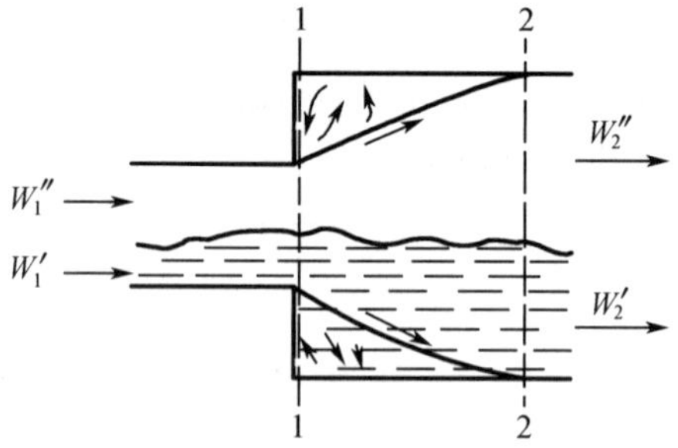

图6-2 两相流体在突扩接头内的流动

$$W_1'' = \frac{Mx}{\rho'' A_1''} = \frac{G_1 x}{\rho'' \alpha_1} \qquad (6-11)$$

$$W_2' = \frac{M(1-x)}{\rho' A_2} = \frac{\sigma G_1(1-x)}{\rho'(1-\alpha_2)} \qquad (6-12)$$

$$W_2'' = \frac{Mx}{\rho'' A_2''} = \frac{\sigma G_1 x}{\rho'' \alpha_2} \qquad (6-13)$$

把式(6-8)至式(6-12)代入式(6-7)中，得出两截面间的静压差

$$p_2 - p_1 = \frac{G_1^2 \sigma}{\rho'}\left\{\left[\frac{(1-x)^2}{1-\alpha_1} + \left(\frac{\rho'}{\rho''}\right)\frac{x^2}{\alpha_1}\right] - \sigma\left[\frac{(1-x)^2}{1-\alpha_2} + \left(\frac{\rho'}{\rho''}\right)\frac{x^2}{\alpha_2}\right]\right\} \qquad (6-14)$$

假设通过突扩接头时截面含气率保持不变，即 $\alpha_1 = \alpha_2 = \alpha$，式(6-14)可写成

$$p_2 - p_1 = \frac{G_1^2 \sigma (1-\sigma)}{\rho'} \left[\frac{(1-x)^2}{1-\alpha} + \left(\frac{\rho'}{\rho''} \right) \frac{x^2}{\alpha} \right] \tag{6-15}$$

对于均相流,$\alpha = \beta$,式(6-15)可写成

$$p_2 - p_1 = \frac{G_1^2 \sigma (1-\sigma)}{\rho'} \left[1 + x \left(\frac{\rho'}{\rho''} - 1 \right) \right] \tag{6-16}$$

以上求出的是突扩接头上下游两个截面间的静压差,若求总的局部阻力损失,还需应用能量方程,与单相流的能量方程类似,两相流的总能量方程可表示为

$$\left(\frac{M'' W_1''^2}{2} + \frac{M' W_1'^2}{2} \right) - \left(\frac{M'' W_2''^2}{2} + \frac{M' W_2'^2}{2} \right) = M \Delta E + M'' \int_{p_1}^{p_2} \frac{\mathrm{d}p}{\rho''} + M' \int_{p_1}^{p_2} \frac{\mathrm{d}p}{\rho'} \tag{6-17}$$

而单位质量的能量方程为

$$\frac{1}{2} \left\{ \left[x W_1''^2 + (1-x) W_1'^2 \right] - \left[x W_2''^2 + (1-x) W_2'^2 \right] \right\}$$

$$= \Delta E + \int_{p_1}^{p_2} \left[x v'' + (1-x) v' \right] \mathrm{d}p \tag{6-18}$$

利用连续方程,式(6-18)可化为

$$p_2 - p_1 = -\rho_{\mathrm{m}} \Delta E + \frac{1}{2} \rho_{\mathrm{m}} G_1^2 \left\{ \left[\frac{x^3}{\rho''^2 \alpha_1^2} + \frac{(1-x)^3}{\rho'^2 (1-\alpha_1)^2} \right] - \right.$$

$$\left. \sigma^2 \left[\frac{x^3}{\rho''^2 \alpha_2^2} + \frac{(1-x)^3}{\rho'^2 (1-\alpha_2)^2} \right] \right\} \tag{6-19}$$

设 $\alpha_1 = \alpha_2 = \alpha$,则有

$$p_2 - p_1 = -\rho_{\mathrm{m}} \Delta E + \frac{1}{2} \rho_{\mathrm{m}} G_1^2 \left\{ (1-\sigma^2) \left[\frac{x^3}{\rho''^2 \alpha^2} + \frac{(1-x)^3}{\rho'^2 (1-\alpha)^2} \right] \right\} \tag{6-20}$$

$p_2 - p_1$ 可由动量方程得到,代入式(6-20)后两相流通过突扩接头的局部阻力损失

$$\Delta p_{\mathrm{k}} = \rho_{\mathrm{m}} \Delta E = \frac{G_1^2}{\rho'} (1-\sigma) \left\{ \frac{\rho_{\mathrm{m}} (1+\sigma)}{2\rho'} \left[\frac{(1-x)^3}{(1-\alpha)^2} + \left(\frac{\rho'}{\rho''} \right) \frac{x^3}{\alpha^2} \right] - \right.$$

$$\left. \sigma \left[\frac{(1-x)^2}{1-\alpha} + \left(\frac{\rho'}{\rho''} \right) \frac{x^2}{\alpha} \right] \right\} \tag{6-21}$$

对于均相流,式(6-21)可写成

$$\Delta p_{\mathrm{k}} = \rho_{\mathrm{m}} \Delta E = \frac{G_1^2 (1-\sigma)^2}{2\rho'} \left[1 + x \left(\frac{\rho'}{\rho''} - 1 \right) \right] \tag{6-22}$$

在推导以上公式时,设定 $\alpha_1 = \alpha_2 = \alpha$,这样处理的结果有一定的误差,因此,当质量流速 $G_1 \geqslant 2\,000 \text{ kg/(m}^2 \cdot \text{s)}$ 时建议采用均相流模型的公式;当 $G_1 < 2\,000 \text{ kg/(m}^2 \cdot \text{s)}$ 时,建议用侯马克(Hughmak)关系式计算突扩接头处的截面含气率。

第三节　突缩接头的局部压降

一、单相流

单相流体通过突缩接头的流动可参见图6-3,冷却剂在紧接缩口后出现一个截面为 A_0 的缩颈,流体在缩颈处的涡流损失。因此,突缩接头的局部阻力的损失应是由截面1到2之

间的阻力。如果用 Δp_k 表示突缩接头的形阻压降,则 1 到 2 截面的总压差可表示为

$$p_1 - p_2 = \frac{\rho}{2}(W_2^2 - W_1^2) + \Delta p_k$$

$$(6-23)$$

式中

$$\Delta p_k = \xi_c \frac{\rho W_2^2}{2} \qquad (6-24)$$

$$\xi_c = a\left[1 - \left(\frac{A_2}{A_1}\right)^2\right] \qquad (6-25)$$

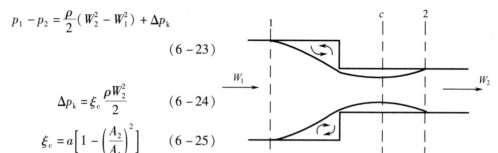

图 6 - 3　单相流体在突缩接头内的流动

a 是一个无因次数,可取 0.4 至 0.5 之间,取 $a = 0.4$ 代入式(6 - 25),经整理后式(6 - 23)可写成

$$p_1 - p_2 = 0.7\left(\frac{1}{A_2^2} - \frac{1}{A_1^2}\right)\frac{M^2}{\rho} \qquad (6-26)$$

二、两相流

与单相流动情况相同,两相流通过突缩接头的阻力损失主要来自 c—c 截面至 2—2 截面,这一段相当于一个突扩接头,如图 6 - 4 所示。设 $\sigma_c = A_o/A_2$,式(6 - 21)中的 σ 由 σ_c 来代替,而 G_1 应换成对应于截面 c—c 的质量流速 G_c。

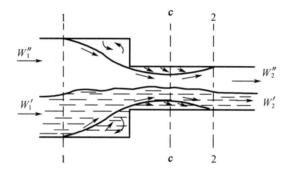

图 6 - 4　两相流体在突缩接头内的流动

$$G_c = \frac{M}{A_o} = \frac{G_2}{\sigma_c} \qquad (6-27)$$

这样,式(6 - 21)可写成

$$\Delta p_k = \rho_m \Delta E = \frac{G_2^2}{2\rho'}\left(\frac{1}{\sigma_c} - 1\right)\left\{\left(\frac{1}{\sigma_c} + 1\right)\frac{\rho_m}{\rho'}\left[\frac{x^3}{\alpha^2}\left(\frac{\rho'}{\rho''}\right)^2 + \right.\right.$$

$$\left.\left. \frac{(1-x)^3}{(1-\alpha)^2}\right] - 2\left[\frac{x^2}{\alpha}\left(\frac{\rho'}{\rho''}\right) + \frac{(1-x)^2}{1-\alpha}\right]\right\} \qquad (6-28)$$

对于均相流,这一局部损失为

$$\Delta p_k = \frac{G_2^2}{2\rho'}\left(\frac{1}{\sigma_c} - 1\right)^2\left[1 + \left(\frac{\rho'}{\rho''} - 1\right)x\right] \qquad (6-29)$$

比较式(6 - 21)与式(6 - 28)可以看出,在突缩接头的公式中,动压头以下游的质量流速

G_2 为基准;而突扩接头以上游的质量流速 G_1 为基准。

对于均相流,其动能压差可表示为

$$\Delta p_M = \frac{\rho_m W_2^2}{2} - \frac{\rho_m W_1^2}{2} = \frac{1}{2\rho_m}(G_2^2 - G_1^2) \qquad (6-30)$$

式中, $G_1/G_2 = A_2/A_1 = 1/\sigma$,由此得

$$\Delta p_M = \frac{G_2^2}{2\rho'}\left(1 - \frac{1}{\sigma^2}\right)\left[1 + x\left(\frac{\rho'}{\rho''} - 1\right)\right] \qquad (6-31)$$

两相流通过突缩接头的静压差为

$$p_1 - p_2 = \Delta p_k + \Delta p_M = \frac{G_2^2}{2\rho'}\left[\left(\frac{1}{\sigma_c} - 1\right)^2 + \left(1 - \frac{1}{\sigma^2}\right)\right]\left[1 + x\left(\frac{\rho'}{\rho''} - 1\right)\right] \qquad (6-32)$$

突缩接头 c—c 截面缩颈的大小与上下游的面积比有关,即 σ_c 与 σ 有关,其关系见表 6–1。

表 6–1　σ 与 σ_c 的关系

$1/\sigma$	0	0.2	0.4	0.6	0.8	1.0
σ_c	0.568	0.598	0.625	0.686	0.790	1.0

第四节　两相流通过孔板的压降

两相流通过孔板的流动情况如图 6–5 所示。其压降特性与阻力件的几何形状和尺寸有较大关系,这里主要讨论两相流通过锐边孔板的压降计算。

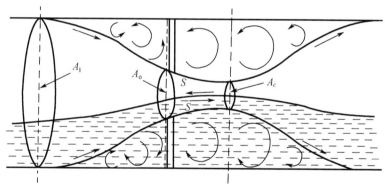

图 6–5　两相流体在孔板内的流动

一、基于均相流模型的计算方法

如图 6–5 所示,孔板处的局部压降主要由流体急剧收缩引起的动能变化、涡流和两相间的摩擦损失构成,简单的计算方法如下:

$$\Delta p_{Tk} = p_1 - p_2 = \frac{W_o^2[1 + x(\rho'/\rho'' - 1)][1 - (d/D)^4]}{2\rho'(y\psi CA)^2} \qquad (6-33)$$

式中　d/D——孔口直径与管内径之比;

　　　ψ——孔板热膨胀系数;

C——孔板流量系数；

A——孔口截面积；

y——单相流体膨胀系数。

在有些计算中，经常使用相对压降的比值形式，即

$$\frac{\Delta p_{\mathrm{Tk}}}{\Delta p_{\mathrm{o}}} = 1 + x\left(\frac{\rho'}{\rho''} - 1\right) \tag{6-34}$$

式中，Δp_{o} 为两相流全部为液体时流过孔板时的压降，按下式计算：

$$\Delta p_{\mathrm{o}} = \frac{W_{\mathrm{o}}^2\left[1 - (d/D)^4\right]}{2\rho'(\psi CAy)^2} \tag{6-35}$$

与实验值相比，以上公式有一定误差，特别是在质量含气率较低时。后来詹姆斯（James）对式（6-33）进行了修正，修正后的公式为

$$\Delta p_{\mathrm{Tk}} = \frac{W_{\mathrm{o}}^2\left[1 + (\rho'/\rho'' - 1)x^{1.5}\right]\left[1 - (d/D)^4\right]}{2\rho'(y\psi CA)^2} \tag{6-36}$$

詹姆斯的实验参数范围如下：压力为 0.5~1.87 MPa，质量含气率为 0.01~0.56，孔口直径为 14.2~16.8 mm，管内径为 20.05 mm，实验工质为汽水混合物。

二、奇斯霍姆计算法

奇斯霍姆（Chisholm）根据分相流模型推导出了计算孔板两相流压降的公式。其有以下基本假设条件：

（1）两相流体通过孔板为不可压缩流体；

（2）与缩颈处的动量相比，上游的动量可以忽略不计；

（3）流体通过孔板时不发生相变；

（4）与两相交界面上的剪切应力相比，流体与壁面的剪切力可以忽略。

根据以上假设，两相流在孔板前后的动量方程可写成

$$(p_1 - p_2)A_{\mathrm{o}}' + F_{\mathrm{o}}' + \tau_{\mathrm{i}} = M'W_c' \tag{6-37}$$

$$(p_1 - p_2)A_{\mathrm{o}}'' + F_{\mathrm{o}}'' - \tau_{\mathrm{i}} = M''W_c'' \tag{6-38}$$

式中　τ_{i}——两相流交界面上的剪切应力；

A_{o}'——孔口处液相所占截面积；

A_{o}''——孔口处气相所占的截面积；

$F_{\mathrm{o}}',F_{\mathrm{o}}''$——液相与气相介质由于压力变化对孔板板面的作用力，其方向是自来流指向下游，可用下式计算：

$$F_{\mathrm{o}}' = \left(\frac{1}{\sigma_{\mathrm{o}}} - \frac{1}{2\sigma_{\mathrm{o}}^2}\right)\frac{M'^2}{A_{\mathrm{o}}'}v' \tag{6-39}$$

$$F_{\mathrm{o}}'' = \left(\frac{1}{\sigma_{\mathrm{o}}} - \frac{1}{2\sigma_{\mathrm{o}}^2}\right)\frac{M''^2}{A_{\mathrm{o}}''}v'' \tag{6-40}$$

式中，$\sigma_{\mathrm{o}} = A_c'/A_{\mathrm{o}}' = A_c''/A_{\mathrm{o}}''$。

将式（6-39）代入式（6-37），然后等式两端同乘 v'/A_{o}'，并考虑 $M' = A_c'W_c'\rho'$，则液相介质的动量方程为

$$(p_1 - p_2)v' + \left(\frac{1}{\sigma_o} - \frac{1}{2\sigma_o^2}\right)\frac{M'^2 v'^2}{A_o'^2} + \frac{\tau_i v'}{A_o'} = \frac{M'^2 v'^2}{A_o' A_o'} \tag{6-41}$$

将式(6-41)中左端第二项与第三项合并,并考虑 $\sigma_o = A_c'/A_o'$,则得

$$(p_1 - p_2)v' \times \left[1 + \frac{\tau_i \sigma_o}{A_c'(p_1 - p_2)}\right] + \frac{M'^2 v'^2}{A_o' A_c'} - \frac{M'^2 v'^2}{2A_c'^2} = \frac{M'^2 v'^2}{A_o' A_c'} \tag{6-42}$$

式(6-42)整理后可写成

$$(p_1 - p_2)v'\left[1 + \frac{\tau_i \sigma_o}{A_c'(p_1 - p_2)}\right] = \frac{W_c'^2}{2} \tag{6-43}$$

用同样的方法对气相介质可得

$$(p_1 - p_2)v''\left[1 - \frac{\tau_i \sigma_o}{A_c''(p_1 - p_2)}\right] = \frac{W_c''^2}{2} \tag{6-44}$$

用式(6-43)两端同除式(6-44)两端,并设

$$\tau_R = \frac{\tau_i \sigma_o}{A_c''(p_1 - p_2)} \tag{6-45}$$

$$\tau_R\left(\frac{A_c''}{A_c'}\right) = \frac{\tau_i \sigma_o}{A_c'(p_1 - p_2)} \tag{6-46}$$

$$Z_R = \left[\frac{1 + \tau_R(A_c''/A_c')}{1 - \tau_R}\right]^{0.5} \tag{6-47}$$

可得到

$$\frac{W_c''}{W_c'} = \frac{1}{Z_R}\left(\frac{v''}{v'}\right)^{0.5} \tag{6-48}$$

由连续方程可得

$$\frac{M''}{M'} = \frac{x}{1-x} = \frac{p'' A_c'' W_c''}{\rho' A_c' W_c'} = \frac{A_c''}{A_c'}\frac{1}{Z_R}\left(\frac{v'}{v''}\right)^{0.5} \tag{6-49}$$

所以

$$\frac{A_c''}{A_c'} = Z_R\left(\frac{x}{1-x}\right)\left(\frac{v''}{v'}\right)^{0.5} \tag{6-50}$$

各相单独流经孔板时的压差分别为

$$(p_1 - p_2)_o' = \frac{M'^2 v'}{2A_c^2} = \frac{M^2(1-x)^2 v'}{2\sigma_o^2 A_o^2} \tag{6-51}$$

$$(p_1 - p_2)_o'' = \frac{M''^2 v''}{2A_c^2} = \frac{M^2 x^2 v''}{2\sigma_o^2 A_o^2} \tag{6-52}$$

上两式相除可得

$$\left[\frac{(p_1 - p_2)_o''}{(p_1 - p_2)_o'}\right]^{0.5} = \left(\frac{x}{1-x}\right)\left(\frac{v''}{v'}\right)^{0.5} = \frac{1}{X} \tag{6-53}$$

用式(6-51)两端同除式(6-42)两端,可得

$$\frac{p_1 - p_2}{(p_1 - p_2)_o'} = \frac{\dfrac{M_c'^2}{2v'[\,1 + \tau_R(A_c''/A_c')\,]}}{\dfrac{M^2(1-x)^2v'}{2\sigma_o^2 A_o^2}} = \frac{\dfrac{M^2(1-x)^2v'^2}{2A_c'^2 v'[\,1+\tau_R(A_c''/A_c')\,]}}{\dfrac{M^2(1-x)^2v'}{2A_c^2}}$$

$$= \frac{(A_c/A_c')^2}{1 + \tau_R(A_c''/A_c')} = \frac{[\,1+(A_c''/A_c')\,]^2}{[\,1+\tau_R(A_c''/A_c')\,]}$$

$$= \left(1 + \frac{A_c''}{A_c'}\right)\left[1 + \frac{(1-\tau_R)(A_c''/A_c')}{1+\tau_R(A_c''/A_c')}\right]$$

$$= \left(1 + \frac{A_c''}{A_c'}\right) + \frac{1}{Z_R^2}\left[\frac{A_c''}{A_c'} + \left(\frac{A_c''}{A_c'}\right)^2\right] \qquad (6-54)$$

将式(6-50)、式(6-53)代入式(6-54)得

$$\frac{p_1 - p_2}{(p_1-p_2)_o'} = 1 + Z_R\left[\frac{(p_1-p_2)_o''}{(p_1-p_2)_o'}\right]^{0.5} + \frac{1}{Z_R}\left[\frac{(p_1-p_2)_o''}{(p_1-p_2)_o'}\right]^{0.5} + \frac{(p_1-p_2)_o''}{(p_1-p_2)_o'} \qquad (6-55)$$

上式也可写成以下形式

$$\frac{p_1 - p_2}{(p_1-p_2)_o'} = 1 + \frac{K}{X} + \frac{1}{X^2} \qquad (6-56)$$

式中,$K = Z_R + \dfrac{1}{Z_R}$。

对于蒸汽-水两相流动,当系统压力 $p < 15$ MPa 时,可取

$$Z_R = 0.19 + 0.92 p_R \qquad (6-57)$$

式中,p_R 是系统压力与临界压力之比。

第五节　两相流通过弯头的压降

弯头的局部阻力与弯头的转向角度大小有关。一般认为,两相流通过弯头的局部压降由两部分构成:一部分由流经弯头时发生涡流和流场变化引起的阻力;另一部分由两相流通过弯头时滑速比发生改变。于是,通过弯头的局部压降为

$$\Delta p_w = \Delta p_{wo}\Phi_{lo}^2 + \Delta(MF) \qquad (6-58)$$

$$\frac{\Delta p_w}{\Delta p_{wo}} = \Phi_{lo}^2 + \frac{\Delta(MF)}{\Delta p_{wo}} \qquad (6-59)$$

式中,Δp_{wo} 为与两相流总质量流量相同的液体流经弯头时的阻力,可用下式计算

$$\Delta p_{wo} = \xi_{lo}\frac{G^2}{2\rho'} \qquad (6-60)$$

Φ_{lo}^2 为两相流通过弯头时的全液相折算因子,可选用适当公式计算,例如,使用简单的均相流模型

$$\Phi_{lo}^2 = 1 + x\left(\frac{\rho'}{\rho''} - 1\right) \qquad (6-61)$$

$\Delta(MF)$ 是由于滑速比变化而引起的动量增量。(MF) 可表示为

$$(MF) = G^2 v_M = G^2\left[\frac{x^2}{\alpha}v'' + \frac{(1-x)^2}{1-\alpha}v'\right] \qquad (6-62)$$

也可表示为

$$(MF) = (MF)_{lo}\left[\frac{x^2}{\alpha}\frac{v''}{v'} + \frac{(1-x)^2}{1-\alpha}\right] \tag{6-63}$$

代入 α 与滑速比 S 的关系得

$$(MF) = (MF)_{lo}\left\{1 + \left(\frac{v''}{v'} - 1\right)\left[\frac{1}{S}x(1-x) + x^2\right] - x(1-x)\left[2 - \left(\frac{1}{S} + S\right)\right]\right\} \tag{6-64}$$

在 $1 < S < 1.5$ 的情况下,上式最后一项趋近于零,故上式可近似表示为

$$(MF) = (MF)_{lo}\left\{1 + \left(\frac{v''}{v'} - 1\right)\left[\frac{1}{S}x(1-x) + x^2\right]\right\} \tag{6-65}$$

在无相变的情况下,按上式可把弯头进出口的两相流动量分别表示成

$$(MF)_1 = (MF)_{lo}\left\{1 + \left(\frac{v''}{v'} - 1\right)\left[\frac{1}{S_1}x(1-x) + x^2\right]\right\} \tag{6-66}$$

$$(MF)_2 = (MF)_{lo}\left\{1 + \left(\frac{v''}{v'} - 1\right)\left[\frac{1}{S_2}x(1-x) + x^2\right]\right\} \tag{6-67}$$

两式相减并设 $\Delta\left(\frac{1}{S}\right) = \frac{1}{S_2} - \frac{1}{S_1}$,可得动量增量

$$\Delta(MF) = (MF)_{lo}\left(\frac{v''}{v'} - 1\right)x(1-x)\Delta\left(\frac{1}{S}\right) \tag{6-68}$$

式中, $(MF)_{lo} = G^2 v'$,代入式(6-68)得

$$\Delta(MF) = G^2 v'\left(\frac{v''}{v'} - 1\right)x(1-x)\Delta\left(\frac{1}{S}\right) \tag{6-69}$$

将式(6-60)、式(6-61)和式(6-69)代入式(6-59)中可得

$$\frac{\Delta p_w}{\Delta p_{wo}} = 1 + \left(\frac{v''}{v'} - 1\right)\left[\frac{2}{\xi_{lo}}x(1-x)\Delta\left(\frac{1}{S}\right) + x\right] \tag{6-70}$$

奇斯霍姆[33]根据实验数据,提出用下式计算滑速比的增量

$$\Delta\left(\frac{1}{S}\right) = \frac{1.1}{2 + R/D} \tag{6-71}$$

式中,R 为弯头的弯曲半径。

第六节　棒束定位格架的压降计算

在实际工程中,当两相流体在棒束中流动时,会遇到棒束定位格架的压降计算问题。例如,现代压水堆的燃料组件一般都有若干个横向定位格架,当两相流通过这些定位格架时,流体通发生了变化,从而产生局部压降。

文献[34]介绍了棒束定位格架的计算。该文献认为,当两相流通过定位格架时,定位格架的隔片将棒束中的流体通道分成了许多小单元,使流体与固体壁面的接触面积增加了很多,加大了定位格架处的局部摩擦阻力,且由于通流面积的改变而造成动能的变化。由于定位格架的结构较复杂,为了使问题简化,在定位格架中取出一个代表性的小通道,如图 6-6 所示。在定位格架中有许多类似的并联小通道。这些小通道的形状可能有所差别,但是它们入口端同一截面上的压力是相等的,出口端同一截面上的压力也是相等的。因此,如果能求出某一个小通道两端的压降,就可得到整个定位格架两端的压降。

根据以上的分析,采用分相流模型,在小通道的两端分别对液相和气相列出能量平衡关系

$$\Delta p_{\mathrm{d}} - \Delta E' - \frac{P_{\mathrm{h}}' H}{A_2'} \tau' + \frac{S_{\mathrm{i}}}{A_2'} = 0 \qquad (6-72)$$

$$\Delta p_{\mathrm{d}} - \Delta E'' - \frac{P_{\mathrm{h}}'' H}{A_2''} \tau'' - \frac{S_{\mathrm{i}}}{A_2''} = 0 \qquad (6-73)$$

$$\Delta E' = \frac{W_2'^2}{2} \rho' \left[1 - \left(\frac{W_1'}{W_2'} \right)^2 \right] \qquad (6-74)$$

$$\Delta E'' = \frac{W_2''^2}{2} \rho'' \left[1 - \left(\frac{W_1''}{W_2''} \right)^2 \right] \qquad (6-75)$$

$$\tau' = \frac{\lambda_{\mathrm{l}}}{4} \frac{W_2'^2}{2} \rho' \qquad (6-76)$$

$$\tau'' = \frac{\lambda_{\mathrm{g}}}{4} \frac{W_2''^2}{2} \rho'' \qquad (6-77)$$

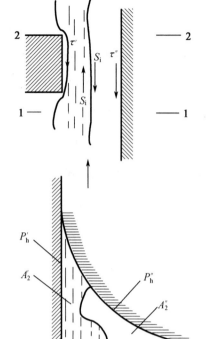

式中　Δp_{d}——定位格架两端的压降;

$\Delta E'$,$\Delta E''$——液相和气相的动能变化;

P_{h}',P_{h}''——所取小通道的液相和气相湿周;

τ',τ''——液相和气相与壁面的切应力;

H——定位格架的高度;

S_{i}——两相之间的切应力。

图 6 - 6　两相流体在定位格架内的流动

两相流在定位格架内的流速一般都很高,雷诺数 Re 值很大,流体的搅混作用很强烈,流动状态大多是处于平方阻力区。摩阻系数 λ 只与壁面粗糙度有关,而与流体的物性参数无关。因此,可认为 $\lambda_{\mathrm{l}} = \lambda_{\mathrm{g}} = \lambda_{\mathrm{o}}$。把式(6 – 74)至式(6 – 77)代入式(6 – 72)和式(6 – 73)中得到

$$\Delta p_{\mathrm{d}} - \frac{W_2'^2}{2} \rho' \left[1 - \left(\frac{W_1'}{W_2'} \right)^2 \right] - \frac{P_{\mathrm{h}}' H}{A_2'} \frac{\lambda}{8} W_2'^2 \rho' + \frac{S_{\mathrm{i}}}{A_2'} = 0 \qquad (6-78)$$

$$\Delta p_{\mathrm{d}} - \frac{W_2''^2}{2} \rho'' \left[1 - \left(\frac{W_1''}{W_2''} \right)^2 \right] - \frac{P_{\mathrm{h}}'' H}{A_2''} \frac{\lambda}{8} W_2''^2 \rho'' - \frac{S_{\mathrm{i}}}{A_2''} = 0 \qquad (6-79)$$

设小通道内的相分布满足以下关系

$$\frac{P_{\mathrm{h}}}{A_2} = \frac{P_{\mathrm{h}}'}{A_2'} = \frac{P_{\mathrm{h}}''}{A_2''} = \frac{4}{D_{\mathrm{e}}} \qquad (6-80)$$

式中,D_{e} 为所取小通道的当量直径。

将式(6 – 80)代入式(6 – 78)和式(6 – 79)中,可得到

$$\Delta p_{\mathrm{d}} \left(1 + \frac{S_{\mathrm{i}}}{A_2' \Delta p_{\mathrm{d}}} \right) = \frac{M'^2}{2 \rho' A_2'^2} \left[\frac{\lambda_{\mathrm{o}}}{D_{\mathrm{e}}} H + (1 - \sigma_{\mathrm{d}}^2) \right] \qquad (6-81)$$

$$\Delta p_{\mathrm{d}} \left(1 - \frac{S_{\mathrm{i}}}{A_2'' \Delta p_{\mathrm{d}}} \right) = \frac{M''^2}{2 \rho'' A_2''^2} \left[\frac{\lambda_{\mathrm{o}}}{D_{\mathrm{e}}} H + (1 - \sigma_{\mathrm{d}}^2) \right] \qquad (6-82)$$

式中,$\sigma_{\mathrm{d}} = A_2 / A_1 = v_1' / v_2' = v_1'' / v_2''$。令

$$S_{\mathrm{R}} = \frac{S_{\mathrm{i}}}{A_2'' \Delta p_{\mathrm{d}}} \qquad (6-83)$$

用式(6-81)除以式(6-82),得到

$$\frac{1 + \frac{A_2''}{A_2'}S_R}{1 - S_R} = \frac{M'^2}{\rho'A_2'^2} \cdot \frac{\rho''A_2''^2}{M''^2} = \left(\frac{W_2'}{W_2''}\right)^2 \frac{\rho'}{\rho''} = B \qquad (6-84)$$

液相单独流过这一小通道的阻力由两部分组成,一部分为壁面的摩擦阻力损失,另一项为动能损失,其压降可写成

$$\Delta p_{dl} = \frac{\lambda}{D_e}\frac{M'^2}{2\rho'A_2'^2}H + \frac{M'^2}{2\rho'A_2'^2}(1 - \sigma_d^2) = \frac{M'^2}{2\rho'A_2'^2}\left[\frac{\lambda}{D_e}H + (1 - \sigma_d^2)\right] \qquad (6-85)$$

用式(6-81)除以式(6-85),得

$$\frac{\Delta p_d}{\Delta p_{dl}} = \frac{A_2^2/A_2'^2}{1 + \frac{A_2''}{A_2'}S_R} \qquad (6-86)$$

根据式(6-84)可得

$$1 + \frac{A_2''}{A_2'}S_R = \frac{A_2/A_2'}{(A_2''/BA_2') + 1} \qquad (6-87)$$

将式(6-87)代入式(6-86)得

$$\frac{\Delta p_d}{\Delta p_{dl}} = \frac{A_2}{A_2'}\left(\frac{A_2''}{BA_2'} + 1\right) \qquad (6-88)$$

根据连续方程有

$$\frac{A_2''}{A_2'} = \frac{x}{(1-x)}\frac{1}{S}\frac{\rho'}{\rho''} \qquad (6-89)$$

式中

$$S = \frac{W_2'}{W_2''} \qquad (6-90)$$

根据式(6-84)和式(6-89),得

$$\frac{A_2''}{BA_2'} = \frac{Sx}{1-x} \qquad (6-91)$$

代入式(6-88)中得到

$$\frac{\Delta p_d}{\Delta p_{dlo}} = \left[1 + \frac{x}{(1-x)}\frac{1}{S}\frac{\rho'}{\rho''}\right]\left[1 + \frac{xS}{(1-x)}\right] \qquad (6-92)$$

由滑速比的定义,S 可表示为

$$S = \frac{x}{1-x} \cdot \frac{1-\alpha}{\alpha}\frac{\rho'}{\rho''} \qquad (6-93)$$

$$\Delta p_{dlo} = \xi_1 \frac{(1-x)^2 M^2}{2\rho'} = (1-x)^2 \Delta p_{do} \qquad (6-94)$$

式中,Δp_{do} 为液相质量与两相流总质量流量相等时的定位格架的压降。

将式(6-93)和式(6-94)代入式(6-92),经整理后可得到

$$\frac{\Delta p_d}{\Delta p_{do}} = \frac{(1-x)^2}{1-\alpha} + \frac{x^2}{\alpha}\frac{\rho'}{\rho''} \qquad (6-95)$$

式(6-95)中 Δp_{do} 可以选用适当的计算单相流的定位格架压降公式来计算。式

(6-95)用实验数据进行了验证[34],与实验数据符合较好。实验的条件是 30 根棒束的定位格架,定位格架是波纹片形的,高度为 8 mm。实验系统压力为 13.7 MPa,定位格架处的质量含气率为 0.02 ~ 0.23。

第七节　阀门的局部压降

两相流通过阀门时的局部压降比较复杂,目前理论研究工作开展不多。一般可采用下面的公式计算:

$$\Delta p_{s} = \xi_{s} \frac{G^2}{2\rho'} \left[1 + x \left(\frac{\rho'}{\rho''} - 1 \right) \right] \tag{6-96}$$

式中,ξ_s 为两相流体通过阀门时的局部阻力系数,可按下式计算:

$$\xi_s = C_s \xi_o \tag{6-97}$$

式中,ξ_o 为单相流体通过阀门的局部阻力系数;C_s 为校正系数,可按下式计算:

$$C_s = 1 + C \left[\frac{x(1-x)\left(1 + \frac{\rho'}{\rho''}\right)\sqrt{1 - \frac{\rho''}{\rho'}}}{1 + x\left(\frac{\rho'}{\rho''} - 1\right)} \right] \tag{6-98}$$

式中,C 为系数。对闸阀,取 $C = 0.5$;截止阀,取 $C = 1.3$。

第八节　三通管中压降计算

在实际工程中,会遇到许多三通管内两相流压降计算问题。三通管有多种结构形式和布置方式,下面讨论水平三通管中的压力变化,先以水平 T 形三通为例,令水平 T 形三通管中主管 1 和侧支管 3 之间的压力降为 Δp_{1-3},主管 1 与直通支管 2 之间的压力降为 Δp_{1-2}。

水平 T 形三通管中,由主管 1 到侧支管 3 之间的管内压力分布和由主管 1 到直通支管 2 之间的管内压力分布情况,可参见图 6-7。图中实线为理论压力分布曲线,虚线为实际压力分布曲线。

由图 6-7 可见,气液两相流体由主管 1 流入侧支管 3 时,主管 1 的进口压力 p_1,与侧支管 3 的出口压力 p_3 的压力差 Δp_{13},可用下式表示:

$$\Delta p_{13} = p_1 - p_3 = p_1 - p_{1J} + (\Delta p_{13})_J + p_{3J} - p_3 \tag{6-99}$$

式中　Δp_{13}——主管进口到侧支管出口之间的压力降,Pa;

　　　p_1——主管进口压力,Pa;

　　　p_{1J}——在三通管交界处,主管中的压力,Pa;

　　　p_{3J}——在三通管交界处,侧支管中的压力,Pa;

　　　$(\Delta p_{13})_J$——三通管交界处,主管与侧支管中的压力差,Pa;

　　　p_3——侧支管出口处的压力,Pa。

在式(6-99)中,$p_1 - p_{1J}$ 为克服主管中的气液两相流体摩擦阻力和重位压力所需的压力降,可用下式进行计算:

$$p_1 - p_{1J} = \lambda_1 \frac{L_1}{d_1} \frac{G_1^2}{2\rho'} \frac{\Delta p_{fl}}{\Delta p_1} + \rho_{ml} g L_1 \sin\theta_1 \tag{6-100}$$

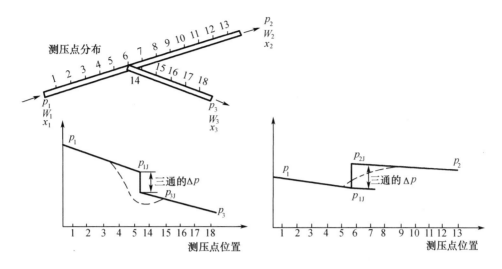

图6-7　T形三通管内各点的压力分布

式中　λ_1——主管1中的单相摩擦阻力系数；

L_1/d_1——主管1中的管长与管子内直径之比；

G_1——主管1中的质量流速，$kg/(m^2 \cdot s)$；

Δp_{f1}——主管1中的气液两相摩擦阻力压力降，Pa；

Δp_1——主管1中的两相流体全部为液体时的摩擦阻力压力降，Pa；

ρ_{m1}——主管1中的混合物平均密度，kg/m^3；

θ_1——主管1和水平面所成之倾角；

g——重力加速度，m/s^2。

式(6-99)中的 $p_{3J}-p_3$，为克服侧支管3中的气液两相流体摩擦阻力和重位压力降所需的压力降，可用下式进行计算：

$$p_{3J}-p_3 = \lambda_3 \frac{L_3}{d_3}\frac{G_3^2}{2\rho'}\frac{\Delta p_{f3}}{\Delta p_3}+\rho_{m3}gL_3\sin\theta_3 \qquad (6-101)$$

式中各符号意义和式(6-100)中的相同，角码3表示管3的。

对于水平三通管，由于 θ_1 及 θ_3 均等于零，所以不需计算重位压力降。

由于管段1和3均很短，因此，其两相摩擦阻力与单相摩擦阻力之比，$\Delta p_{fi}/\Delta p_i$，应用均相模型计算式已足够精确，即可按下式计算

$$\frac{\Delta p_{fi}}{\Delta p_i} = 1+\left(\frac{\rho'-\rho''}{\rho''}\right)x_i \qquad (6-102)$$

式中，下角码 i 表示管子编号数。

在式(6-100)和式(6-101)中，混合物密度 ρ_{m1} 和 ρ_{m3} 应用均相密度计算就已足够精确，即可应用式(1-40)计算。

在式(6-99)中 $(\Delta p_{13})_J$ 由两部分组成。一部分是由于流体由主管1流入侧支管3时产生的局部阻力造成的，称为不可逆压力降；另一部分是由于两相流体在主管中和侧支管中流速变化引起压力变化造成的，由于这部分压力降是由于流体动能与压能之间相互转换造成的，故称为可逆压力降。压力 $(\Delta p_{13})_J$ 即等于这两种压力降之和，用数学式表示为

$$(\Delta p_{13})_J = (\Delta p_{13})_R + (\Delta p_{13})_{IR} \tag{6-103}$$

式中　$(\Delta p_{13})_R$——可逆压力降,Pa;

$(\Delta p_{13})_{IR}$——不可逆压力降,Pa。

可逆压力降$(\Delta p_{13})_R$和不可逆压力降$(\Delta p_{13})_{IR}$均可采用两种方法来进行计算,即采用均相流动模型计算法和采用分相流动模型计算法。

当采用均相流动模型计算法时,通过水平三通管交界处主管截面1及侧支管截面3的均相流能量平衡关系,可得出可逆压力降$(\Delta p_{13})_R$,计算式如下:

$$(\Delta p_{13})_R = \frac{1}{2}\left(\frac{G_3^2}{\rho_{m3}} - \frac{G_1^2}{\rho_{m1}}\right) \tag{6-104}$$

式中　ρ_{m3},ρ_{m1}——管3及管1中混合物的均相密度,按式(1-40)计算,kg/m^3;

G_3,G_1——管3及管1中的工质质量流速,$kg/(m^2 \cdot s)$。

采用均相流动模型计算法时,不可逆压力降$(\Delta p_{13})_{IR}$可按下式计算:

$$(\Delta p_{13})_{IR} = \xi_{13}\frac{G_1^2}{2\rho_{m1}} \tag{6-105}$$

式中,ξ_{13}为单相流体流过三通管侧支管时的局部阻力系数,按式(6-106)计算。

$$\xi_{13} = \left[1.18 + \left(\frac{G_3 A_3}{G_1 A_1}\right) - 0.8\left(\frac{G_3 A_3}{G_1 A_1}\right)\right]\left(\frac{A_1}{A_3}\right) \tag{6-106}$$

式中,A_3,A_1分别为侧支管3及主管1的截面面积,单位为m^2。

当采用分相流动模型计算法时,可逆压力降$(\Delta p_{13})_R$可采用文献[35]的计算式进行计算,即

$$(\Delta p_{13})_R = \frac{\rho_{m3}}{2}\left(\frac{G_3^2}{\rho_{E3}^2} - \frac{G_1^2}{\rho_{E1}^2}\right) \tag{6-107}$$

式中　ρ_{m3}——侧支管3中的混合物均相密度,kg/m^3;

ρ_{E1},ρ_{E3}——主管1及侧支管3中的工质能量密度,kg/m^3。

气液混合的能量密度ρ_{Ei}按下式计算:

$$\frac{1}{(\rho_{Ei})^2} = \left[\frac{(1-x_i)^3}{\rho'^2(1-\alpha_i)^2} + \frac{x_i^3}{\rho''^2 \alpha_i^2}\right] \tag{6-108}$$

式中,x_i,α_i分别为计算管中的气相质量含气率及截面含气率,角码i表示管子编号。

采用分相流动模型计算法时,不可逆压力降$(\Delta p_{13})_{IR}$可采用Fouda的计算式进行计算

$$(\Delta p_{13})_{IR} = \frac{\xi_{13}}{2}\frac{G_1^2}{\rho'}(1-x_1)^2\left[1 + \frac{C}{X} + \frac{1}{X^2}\right] \tag{6-109}$$

式中　ξ_{13}——单相流体流过三通管侧支管时的局部阻力系数,按式(6-106)计算;

C——系数,按式(6-110)计算;

X——参数,按式(6-111)计算。

系数C按下式计算:

$$C = \left[1 + 0.75\left(\frac{\rho' - \rho''}{\rho''}\right)^{0.5}\right] \times \left[\left(\frac{\rho'}{\rho''}\right)^{0.5} + \left(\frac{\rho''}{\rho'}\right)^{0.5}\right] \tag{6-110}$$

X值可按下式计算:

$$\frac{1}{X} = \left(\frac{x_1}{1-x_1}\right)\left(\frac{\rho'}{\rho''}\right)^{0.5} \tag{6-111}$$

气液两相液体由主管 1 流入直通支管 2 时，主管 1 的进口压力 p_1 与直通支管 2 的出口压力 p_2 的压力差 Δp_{12}，可用下式表示：

$$\Delta p_{12} = p_1 - p_2 = p_1 - p_{1J} + (\Delta p_{12})_J + p_{2J} - p_2 \tag{6-112}$$

式中　Δp_{12}——主管进口到直通支管出口之间的压力降，Pa；

p_1——主管进口压力，Pa；

p_{1J}——在三通管交界处，主管中的压力，Pa；

p_{2J}——在三通管交界处，直通支管中的压力，Pa；

$(\Delta p_{12})_J$——三通管交界处，主管与直通支管中的压力差，Pa；

p_2——直通支管出口处的压力，Pa。

在式(6-112)中，$p_1 - p_{1J}$ 可按式(6-100)计算，$p_{2J} - p_2$ 可按下式计算：

$$p_{2J} - p_2 = \lambda_2 \frac{L_2}{d_2} \frac{G_2^2}{2\rho'} \frac{\Delta p_{f2}}{\Delta p_2} + \rho_{m2} g L_2 \sin\theta \tag{6-113}$$

式中　λ_2——直通支管 2 中的单相摩擦阻力系数；

L_2/d_2——直通支管管长与管子内直径之比；

G_2——直通支管中的质量流速，kg/(m²·s)；

Δp_{f2}——直通支管中的气液两相摩擦阻力压力降，Pa；

Δp_2——直通支管中的两相流体全部为液体时的摩擦阻力压力降，Pa；

ρ_{m2}——直通支管中的混合物均相密度，kg/m³；

θ_2——直通支管与水平面所成之倾角；

g——重力加速度，m/s²。

式(6-112)中的 $(\Delta p_{12})_J$ 也有两部分组成。一部分是由于流体由主管流入直通支管 2 时产生的局部阻力造成的；另一部分是由于两相流在主管中和直通支管中流速变化引起压力变化造成的。前一部分称为不可逆压力降，后一部分称为可逆压力降。压力降 $(\Delta p_{12})_J$ 即等于这两种压力降之和。在 $(\Delta p_{13})_J$ 中，由于在管 3 中因流速减小引起的压力增值小于因局部阻力产生的压力降值，因此 $(\Delta p_{13})_J > 0$；而在 $(\Delta p_{12})_J$ 中，因在管 2 中由于流速小引起的压力增值，大于因局部阻力产生的压力降值。因此，$(\Delta p_{12})_J < 0$，亦即 $p_{2J} > p_{1J}$，这一情况已示于图6-7。

$(\Delta p_{12})_J$ 可以采用均相流动模型计算法或分相流动模型计算法算得。当应用均相流动模型计算法时，通过列出主管 1 和直通支管 2 在交界处的动量平衡方程式，可得

$$(\Delta p_{12})_J = p_{1J} - p_{2J} = \xi_h \left(\frac{G_2^2}{\rho_m} - \frac{G_1^2}{\rho_m}\right) \tag{6-114}$$

式中　G_2, G_1——流体在管 2 和管 1 中的质量流速，kg/(m²·s)；

ρ_m——进入主管时两相流体的均相密度，kg/m³；

ξ_h——均相动量损失系数，考虑两相流体由主管 1 流入直通支管 2 时因局部阻力引起的动量损失，由试验确定。

当应用分相流动模型计算法时，可得 $(\Delta p_{12})_J$ 的计算式如下：

$$(\Delta p_{12})_{\text{J}} = \xi_{\delta}\left(\frac{G_2^2}{\rho_{M2}} - \frac{G_1^2}{\rho_{M1}}\right) \tag{6 - 115}$$

式中　ρ_{M2}，ρ_{M1}——管 2 及管 1 中的两相流体的动量密度，可按式(6 - 116)计算；

　　　ξ_{δ}——分相动量损失系数，考虑两相流体由主管 1 流入直通支管 2 时因局部阻力引起的动量损失，由试验确定。

动量密度按下列计算

$$\frac{1}{\rho_{Mi}} = \frac{(1 - x_i)^2}{\rho'(1 - \alpha_i)} + \frac{x_i^2}{\rho''\alpha_i} \tag{6 - 116}$$

式中，x_i，α_i 分别为计算管中的气相质量含气率及截面含气率。

式(6 - 108)和式(6 - 116)中的截面含气率 α_i 可按式(4 - 56)及式(4 - 57)计算。

为了检验均相模型计算法和分相模型计算法对计算$(\Delta p_{13})_{\text{J}}$ 和 $(\Delta p_{12})_{\text{J}}$ 的适用性，文献[36]用均相模型计算法式(6 - 104)和式(6 - 105)计算了$(\Delta p_{13})_{\text{J}}$ 值，并和试验值进行了对比，同时也用分相模型计算法式(6 - 107)和式(6 - 109)计算了$(\Delta p_{13})_{\text{J}}$ 值，并和试验值进行了对比。对比说明，当主管中气相质量含量 $x_1 \geqslant 15\%$ 时，按均相模型法计算$(\Delta p_{13})_{\text{J}}$ 值更接近于试验值；当 $x_1 < 15\%$ 时，用分相模型法计算$(\Delta p_{13})_{\text{J}}$ 值更为准确。

因此，对于各种水平 Y 形三通管在 $x_1 \geqslant 15\%$ 时，可采用均相模型法计算$(\Delta p_{13})_{\text{J}}$ 值，当 $C < 15\%$ 时，可采用分相模型法计算$(\Delta p_{13})_{\text{J}}$ 值。

试验表明，对于不同侧支管直径的水平三通管，均可在 $x_1 \geqslant 15\%$ 时，采用分相流模型法计算$(\Delta p_{13})_{\text{J}}$ 值，但计算时应乘以考虑侧支管直径时的修正系数 K_d，当 d_3/d_{J} 为 0.747，0.588，0.412 和 0.265 时，相应的 K_d 为 1.00，1.05，1.38 和 1.55。其他 d_3/d_1 值时 K_d 值可采用补插法求得。

习　　题

6 - 1　压力为 1 MPa、质量含气率为 0.05 的气 - 水混合物流过一个突缩接头，已知此突缩接头的大头直径为 50 mm，小头直径为 25 mm，质量流量为 0.7 kg/s。试求通过此接头的静压差和局部阻力损失。

6 - 2　试计算水平突扩接头的静压差和不可逆压力损失。设入口直径为 25 mm，差压信号指示值 $\Delta H = 0.21$ m。差压计使用介质的密度为 1 500 kg/m³，系统压力为 13.7 MPa，室温为 35 ℃。求两侧压力点的总压差。

6 - 3　一个直径为 50 mm 的两相流通道。在孔道内有一个直径为 2.5 mm 的孔板。总质量流量为 56 kg/h，压力为 4 MPa，该孔板引起的压降为 4.88 Pa，流量系数为 $c = 0.6$。求该孔板处的含气率。

6 - 4　一个自然循环的沸水反应堆活性区围板上出现一个面积为 18.6 cm² 的小孔。活性区内的压力为 5.6 MPa，质量含气率为 10%，外部压力为 5.5 MPa，小孔的流量系数 $c = 0.6$。求该小孔每小时的漏泄量。

6 - 5　有一个突扩接头，进口直径为 25 mm，出口直径 50 mm，介质为 1 MPa 压力下的蒸汽和饱和水，$x = 5\%$，滑速比 $S = 2$，$M = 0.7$ kg/s。试计算接头的静压差和不可逆压力损失。

第七章 两相临界流动

第一节 概　　述

在图 7-1 的流动系统中,如果上游为常压 p_0,则当背压 p_b 下降到低于 p_0 时(图中的曲线 1),流动就开始了,并在 p_0 与 p_e 之间建立起一个压力梯度。当 p_b 进一步降低时,流量增加(曲线 2),而 p_e 仍等于 p_b,这个关系一直维持到某一点为止。该点由曲线 3 表示,当 p_b 降低得足够多,以至使孔道出口处的流速等于该处的温度和压力下的音速 u 时,达到了某一点,在该点质量流量达到最大值。背压 p_b 的进一步降低不会使质量流量增加,也不会使 p_e 降低(曲线 4 和 5)。我们把上述这种流量保持最大值的流动叫临界流动,它的定义是当系统的某一部分中的流动,不受在一定范围内变化的下游条件影响时,就是临界流动。在气体动力学中,已对这种临界流动现象进行了充分研究,发展了一套完善的理论和计算方法。试验证明,两相流动也存在上述临界流现象,但两相流的临界流速比单相流的临界流速低得多。

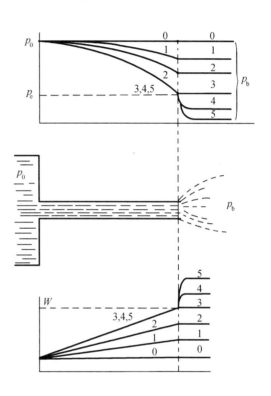

图 7-1　单相临界流示意图

两相临界流动对于核动力装置的安全分析是很重要的。核反应堆的最大可信事故是主冷却剂管路断裂。这时高温高压的冷却剂从大约 14 MPa 的压力下降到大气压力附近,会引起冷却剂的突然汽化和两相流动。这种破裂会导致冷却剂的迅速丧失,使活性区暴露在蒸汽环境中。在这种情况下,如果不及时采取有效措施,就可能导致活性区熔化。在这一过程中,破口处的流动处于临界流状态,研究这一过程的临界流量与系统内其他参数的关系,对分析失水事故的影响有重要意义。因此,计算此时临界两相流系统的流量,对于确定事故危害程度和原因,以及事故冷却系统的设计都是十分重要的。

单相气体的临界流动问题,已经从理论和实验两个方面做了很深入的研究,并且在很多工程实际当中得到应用。两相临界流动的研究工作开展得比较晚,主要是从试验研究和理论探讨两种途径进行的。早期的研究工作是从锅炉、蒸发器设计中所遇到的实际问题出发,后来,随着核反应堆的出现,由于安全分析的需要,国外对两相临界流的研究逐渐引起了重视,提出了大量的试验报告和理论分析模型。

第二节　压力波在流体内的传播速度

一、压力波在可压缩流体中的传播速度(音速)

临界流速及流量都与压力波的传播速度直接相关。下面我们举例说明压力波在可压缩流体中的传播速度,进而讨论临界流速问题。

活塞在一个充满静止的可压缩流体的直圆管中,以微小的速度 $\mathrm{d}W$ 推移(见图 7-2),使活塞前面的流体压力升高一个微量 $\mathrm{d}p$,$\mathrm{d}p$ 所产生的微弱扰动向前传播。活塞将首先压缩紧靠活塞的那一层流体,这层流体受压后,又传及下一层流体,这样依次一层一层地传下去,就在圆管中形成一道微弱的压缩波 $m-n$,它以速度 u 向前推移。扰动波面 $m-n$ 是已经受扰动过的区与没经扰动区的分界面。在波面 $m-n$ 前面的流体仍然是静止的,其压力为 p,密度为 ρ,温度为 T。波面后的压力为 $p+\mathrm{d}p$,密度为 $\rho+\mathrm{d}\rho$,温度为 $T+\mathrm{d}T$,同时,波面后的流体也以与活塞微小运动同样的微小速度 $\mathrm{d}W$ 向前运动。

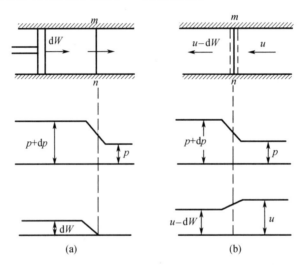

图 7-2　压力波的传播速度

以上的流动是一种不定常的流动。为了转化为定常流动,可以设想观察者随波面 $m-n$ 一起以速度 u 向前运动。气体相对于观察者定常地从右向左流动,经过波面,速度由 u 降为 $u-\mathrm{d}W$,同时,压力由 p 升高到 $p+\mathrm{d}p$,密度由 ρ 升高到 $\rho+\mathrm{d}\rho$,如图 7-2(b)所示。根据连续方程,在 $\mathrm{d}t$ 时间内流入和流出图示控制面的流体质量应该相等,即

$$u\rho A\mathrm{d}t = (u-\mathrm{d}W)(\rho+\mathrm{d}\rho)A\mathrm{d}t \tag{7-1}$$

展开后,得

$$\mathrm{d}W = \frac{u\mathrm{d}\rho}{\rho+\mathrm{d}\rho} \tag{7-2}$$

根据动量方程,我们可以得到

$$\frac{(u - \mathrm{d}W) - u}{\mathrm{d}t} u \rho A \mathrm{d}t = [\, p - (p + \mathrm{d}p)\,] A \qquad (7-3)$$

$$\mathrm{d}W = \frac{\mathrm{d}p}{u\rho} \qquad (7-4)$$

由式(7-2)和式(7-4)得

$$\frac{\mathrm{d}p}{\mathrm{d}\rho} = \frac{u^2}{1 + \dfrac{\mathrm{d}\rho}{\rho}} \qquad (7-5)$$

我们这里讨论的是微弱压力扰动,$\dfrac{\mathrm{d}\rho}{\rho} \ll 1$,所以

$$u = \sqrt{\frac{\mathrm{d}p}{\mathrm{d}\rho}} \qquad (7-6)$$

式中,u 为压力波在可压缩流体中的传播速度。

对于理想气体,式(7-6)还可以写成

$$u = \sqrt{kRT} \qquad (7-7)$$

式中　k——比定压热容与比定容热容之比;

R——气体常数;

T——温度。

上式与物理学中计算声音在弹性介质中传播速度的公式完全相同。可见,可压缩流体中微弱扰动波的传播速度就是音速。从以上的公式可以看出:流体的可压缩性大,则扰动波传播慢,音速小;反之,流体的可压缩性小,则扰动波传播快,音速大。

在发生临界流动情况下,管内的流体速度达到了音速,这时背压降低产生的扰动也以音速在流体中传播。由于这时扰动波的传播方向与流体的流动方向相反,且下游的压力波传不到上游去。所以这时背压降低对流速及流量都没有影响。

二、压力波在两相流中的传播速度

液体和蒸汽的混合物对于压力脉冲的响应存在着两种极限状态。

(1)两相之间发生质量交换时保持热平衡;

(2)不存在质量交换(冻结状态),液体和气体各自都是等熵的。

在等熵的情况下,如果假设没有质量交换,则算得的音速通常叫作"冻结音速"。如果蒸汽和液体可以看作是一种均匀混合物,则两相流的冻结音速可由下式确定[36]:

$$u_{\mathrm{Tp}}^2 = \left[\frac{\alpha \rho_{\mathrm{o}}}{\rho'' u''} + \frac{(1-\alpha)\rho_{\mathrm{o}}}{\rho' u'} \right]^{-1} \qquad (7-8)$$

式中　ρ_{o}——两相混合物的真实密度,$\rho_{\mathrm{o}} = [\alpha \rho'' + (1-\alpha)\rho']$;

u''——压力波在气体中的传播速度;

u'——压力波在液体中的传播速度。

由于 $u' \gg u''$,所以上式可以写为

$$\frac{u_{\mathrm{Tp}}^2}{u''^2} = \left[\alpha^2 + \frac{\alpha(1-\alpha)\rho'}{\rho''} \right]^{-1} \qquad (7-9)$$

以上公式适用于计算截面含气率较低的泡状流的冻结音速。

如果考虑到两相之间的滑移,在截面含气率较高的情况下,可以采用 Henring[37] 的公式,即

$$u_{Tp}^2 = \frac{\left[(1-x)\rho'' + x\rho'\right]^2 + x(1-x)(\rho' - \rho'')^2}{\dfrac{x\rho'^2}{u''^2} + \dfrac{x(1-x)\rho''^2}{u'^2}} \qquad (7-10)$$

以上所介绍的是根据冻结模型得到的音速计算公式,通过以上公式可以计算出临界流速及流量。冻结模型及相应的公式,一般只适用于压力较低的情况。当压力大于 2 MPa,流体在长管中流动时,管中的气泡有足够的时间长大,采用热力学平衡的模型计算临界流速要更合适。

第三节 两相临界流的平衡均相模型

为了表达临界流量,可应用可压缩流体在水平管中的一元稳定流动方程,并假定流体对外不做功且与外界无热交换。在这种情况下,连续方程为

$$M = \rho A W \qquad (7-11)$$

动量方程为

$$\rho W dW + dp = 0 \qquad (7-12)$$

求连续方程对 p 的导数

$$\frac{dM}{dp} = AW\frac{d\rho}{dp} + A\rho\frac{dW}{dp} + \rho W\frac{dA}{dp}$$

对于等截面管段 $\dfrac{dA}{dp} = 0$,则上式可简化成

$$\frac{dG}{dp} = W\frac{d\rho}{dp} + \rho\frac{dW}{dp}$$

把式(7-12)代入上式得

$$\frac{dG}{dp} = W\frac{d\rho}{dp} - \frac{1}{W} \qquad (7-13)$$

按临界流的定义,可压缩流体通过管道时达到临界流量的条件应为

$$\left(\frac{dG}{dp}\right)_s = 0 \qquad (7-14)$$

式中下角码 s 表示此过程为等熵过程。合并式(7-13)、式(7-14),即得临界质量流速

$$G_c^2 = \rho^2 \frac{dp}{d\rho} \qquad (7-15)$$

式(7-15)很容易化成如下的常见形式

$$G_c^2 = G_{max}^2 = -\frac{dp}{dv} \qquad (7-16)$$

式中,p 和 v 分别为管子出口端的压力和比体积。

在分析两相临界流时,有些问题使分析复杂化,即发生相变,流型的变化,气液两相间存在相对速度以及热力学不平衡。当流体的压力低于饱和压力时,可能不发生沸腾,即发生热力学不平衡。这种沸腾的延迟,可能由于缺乏汽化核心或膨胀的时间过短。

在两相临界流的研究中,提出过不少流动模型,其中最简单的是平衡均相模型。在这种流动模型中,假定两相流各处已达到相平衡或热力学平衡,而且两相间无相对速度。因此,

两相流比体积可按均相流计算，即

$$v_{\mathrm{m}} = v'(1-x) + v''x \qquad (7-17)$$

对压力求上式的导数

$$\left(\frac{\mathrm{d}v}{\mathrm{d}p}\right)_{\mathrm{s}} = x\left(\frac{\mathrm{d}v''}{\mathrm{d}p}\right)_{\mathrm{s}} + (v''-v')\left(\frac{\mathrm{d}x}{\mathrm{d}p}\right)_{\mathrm{s}} + (1-x)\left(\frac{\mathrm{d}v'}{\mathrm{d}p}\right)_{\mathrm{s}} \qquad (7-18)$$

若把均质两相流当作单相流处理，则将式(7-18)代入式(7-16)后得

$$G_{\mathrm{c}} = G_{\max} = \left[\frac{-1}{x\left(\dfrac{\mathrm{d}v''}{\mathrm{d}p}\right)_{\mathrm{s}} + (v''-v')\left(\dfrac{\mathrm{d}x}{\mathrm{d}p}\right)_{\mathrm{s}} + (1-x)\left(\dfrac{\mathrm{d}v'}{\mathrm{d}p}\right)_{\mathrm{s}}}\right]^{\frac{1}{2}} \qquad (7-19)$$

在计算时，热力学参数可从蒸汽表中查得，导数可用差值比来近似计算，如 $\dfrac{\mathrm{d}v''}{\mathrm{d}p} \approx \dfrac{\Delta v''}{\Delta p}$。
福斯克(Fauske)根据式(7-19)提出了便于应用的确定汽水混合物临界流速 G_{c} 的线算图。
然而，按这种流动模型计算所得的计算值一般都偏低，尤其是当出口干度很低时，如图7-3
所示。图中 η_{g} 表示临界流速的试验值与均相模型计算值之比。

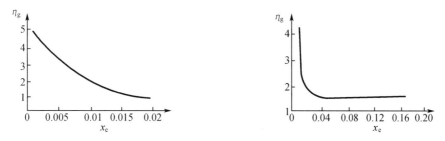

图 7-3　两相临界流速与平衡均相模型的计算值之比

对于长管，由于有足够的时间达到热力学平衡，故用上述方法计算时误差不大，但对于
短管，由于流体流过的时间很短，故误差很大，一般计算值约为试验值的 1/5。

有些研究表明，在大于 2.12 MPa 的高压范围且管长超过 0.3 m 的条件下，采用平衡均
相模型的临界流速计算值与试验结果基本相符。

第四节　长孔道内的两相临界流

对于两相流体，如果在流道的某个断面上有一个压力扰动，那么这个压力波在气相和液
相中的传播速度是不一样的，在液体中的传播速度要大大超过气体中的传播速度。而临界
质量流量取决于孔口处气相和液相各自所占的比例，即取决于孔口处流体的密度。

由于两相之间存在着热力不平衡状态(如蒸发的滞后，流体的过热等)，以及两相之间存在滑
移、质量交换、动量交换和能量交换等，这些因素都直接影响临界流动，因而使两相临界流的研究
比单相临界流复杂得多。

在长孔道内，两相流停留的时间足够长，两个相之间容易获得热力平衡，可以用基本方
程确定流动问题。下面我们介绍两种计算长孔道两相临界流量的方法。

一、福斯克模型

福斯克(Fauske)从动量方程出发,分析了两相流通过长孔道内的临界流动,从而导出了两相流的临界质量流速的一般计算式。

在忽略摩擦的情况下,两相流中液相和气相在相同压降下的动量方程是

$$d(pA') + d(M'W') = 0 \tag{7-20}$$

或者

$$d(pA') + d(\rho'A'W'^2) = 0 \tag{7-21}$$

和

$$d(pA'') + d(\rho''A''W''^2) = 0 \tag{7-22}$$

由于流动过程中压力不断降低,并伴随有汽化发生,所以无论是液相或是气相的流通面积、密度和质量流量都是变量。因此有

$$d(pA') = pdA' + A'dp \tag{7-23}$$

$$d(pA'') = pdA'' + A''dp \tag{7-24}$$

$$d(pA') + d(pA'') = p(dA' + dA'') + (A' + A'')dp = pdA + Adp \tag{7-25}$$

对于等截面流动,$dA = 0$,所以式(7-21)和式(7-22)相加则得到两相流动量方程

$$dp = -\frac{1}{A}d[(\rho'A'W'^2) + (\rho''A''W''^2)] \tag{7-26}$$

根据分相流模型的连续方程得

$$dp = -\left(\frac{M}{A}\right)^2 d\left[\frac{(1-x)^2}{1-\alpha}v' + \frac{x^2}{\alpha}v''\right] \tag{7-27}$$

式中,$\left[\frac{(1-x)^2}{1-\alpha}v' + \frac{x^2}{\alpha}v''\right] = v_M$ 为动量平均比体积,则式(7-27)可以写成

$$dp = -\left(\frac{M}{A}\right)^2 dv_M \tag{7-28}$$

$$\left(\frac{M}{A}\right)^2 = -\frac{dp}{dv_M} = -\frac{1}{\dfrac{dv_M}{dp}} \tag{7-29}$$

以上的表达式与单相临界流量的表达式是一样的。根据式(7-29)我们可以得到质量流速的一般表达形式。由于

$$\alpha = \frac{xv''}{S(1-x)v' + xv''} \tag{7-30}$$

则

$$v_M = \left[v'(1-x) + \frac{x}{S}v''\right][1 + x(S-1)] \tag{7-31}$$

将上式对 p 求导数,可以得出

$$\frac{dv_M}{dp} = [1 + x(S-2) - x^2(S-1)]\frac{dv'}{dp} + (1-x+Sx)\frac{x}{S}\frac{dv''}{dp} +$$

$$\left\{\frac{v''}{S}[1 + 2x(S-1)] + v'[2(x-1) + S(1-2x)]\right\}\frac{dx}{dp} +$$

$$x(1-x)\left(v'-\frac{v''}{S^2}\right)\frac{\mathrm{d}S}{\mathrm{d}p} \tag{7-32}$$

代入式(7-29),则得

$$G^2 = \left(\frac{M}{A}\right)^2 = -S\Big\{[1+x(S-1)]x\frac{\mathrm{d}v''}{\mathrm{d}p} + \{v''[1+2x(S-1)] +$$

$$Sv'[2(x-1)+S(1-2x)]\}\frac{\mathrm{d}x}{\mathrm{d}p} + S[1+x(S-2)-x^2(S-1)]\frac{\mathrm{d}v'}{\mathrm{d}p} +$$

$$x(1-x)\left(Sv'-\frac{v''}{S}\right)\frac{\mathrm{d}S}{\mathrm{d}p}\Big\}^{-1} \tag{7-33}$$

在解以上这个方程时,除去需要知道介质热力学性质及其在上述公式中的导数外,还应该知道两相分界面处的质量、动量及能量交换情况。通常,关于热力学性质是可以知道的,但是关于界面处的质量、动量交换情况目前尚缺乏了解。

当压力沿着孔道下降时,流体有一部分突然汽化成蒸汽,混合物的动量平均比体积在出口处达到最大值。因为 v_M 是 x 和 α 的函数,所以必然是滑速比 S 的函数。因此,不同的 S 值会导致不同的 G 值。所以在 $\partial v_M/\partial S = 0$ 时的滑速比下得到最大的压力梯度(以及最大的 G)。这个模型称为滑动平衡模型,是由福斯克提出来的。该模型假定两个相之间处于热力学平衡状态,因此适用于长孔道。

根据动量平均比体积的表达式

$$v_M = \left[v'(1-x)+\frac{v''x}{S}\right][1+x(S-1)]$$

则

$$\frac{\partial v_M}{\partial S} = (x-x^2)\left(v'-\frac{v''}{S^2}\right) = 0 \tag{7-34}$$

于是,在临界流动时滑速比 S^* 值为

$$S^* = \sqrt{v''/v'} \tag{7-35}$$

将两相临界质量流速一般方程式(7-33)中的滑速比用临界条件下的值 S^* 代替,并考虑临界条件下 $\mathrm{d}S^*/\mathrm{d}p = 0$(等熵流动),以及液体的不可压缩性(忽略 $\mathrm{d}v'/\mathrm{d}p$ 项),可以得到最大质量流速 G_c 的计算式

$$G_c^2 = -S^*\Big\{(1-x+S^*x)x\frac{\mathrm{d}v''}{\mathrm{d}p} + [v''(1+2S^*x-2x)+v'(2xS^*-2S^*-2xS^{*2}+S^{*2})]\frac{\mathrm{d}x}{\mathrm{d}p}\Big\}^{-1} \tag{7-36}$$

应该指出,利用上式计算 G_c^2 时须采用临界条件下的局部参数。

由式(7-36)可以看出,临界质量流速 G_c 的计算,需要分别求出 $\mathrm{d}v''/\mathrm{d}p$,$\mathrm{d}x/\mathrm{d}p$ 和 x 的值。

当压力变化与系统压力相比很小时,$\mathrm{d}v''/\mathrm{d}p$ 之值可以用 $\Delta v''/\Delta p$ 来近似代替。而对于普通的饱和汽-水系统,$\mathrm{d}v''/\mathrm{d}p$ 之值可以由图7-4中查得。

$\mathrm{d}x/\mathrm{d}p$ 的求取亦可利用图7-4的特性曲线。对于一定压力 p 和含气率 x 的两相混合物,其焓值为

$$i = i' + x i_{\mathrm{fg}} \tag{7-37}$$

由式(7-37)可以得到

$$x = \frac{i - i'}{i_{fg}} \tag{7-38}$$

于是

$$\frac{dx}{dp} = \frac{d(i/i_{fg})}{dp} - \frac{d(i'/i_{fg})}{dp} = \frac{1}{i_{fg}^2}\left[\left(i_{fg}\frac{di}{dp} - i\frac{di_{fg}}{dp}\right) - \left(i_{fg}\frac{di'}{dp} - i'\frac{di_{fg}}{dp}\right)\right] \tag{7-39}$$

假定在流动过程中,两相的总焓值不变,即 $di/dp = 0$,而 $i_{fg} = i'' - i'$,$di_{fg} = di'' - di'$,则上式变成

$$\frac{dx}{dp} = -\left(\frac{1-x}{i_{fg}}\frac{di'}{dp}\right) - \left(\frac{x}{i_{fg}}\frac{di''}{dp}\right) \tag{7-40}$$

导数 di'/dp 和 di''/dp 只是压力的函数,对于普通的气 – 水系统,可以从图7 – 4中查得。

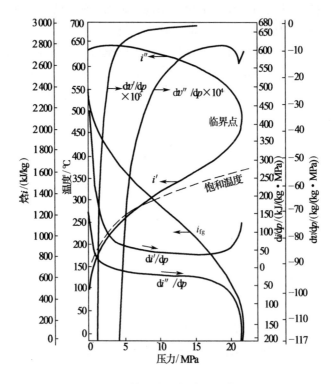

图7 – 4　饱和水及汽的热力学性质

x 值的求取,可借助于既不做功又没有热量交换的稳定流动的能量方程

$$i_o = i + W^2/2 \tag{7-41}$$

对于气液两相可以分别写出

$$i_o' = i' + \frac{W'^2}{2} \tag{7-42}$$

$$i_o'' = i'' + \frac{W''^2}{2} \tag{7-43}$$

式中　i_o——两相流的滞止焓;

　　　i_o'——液相滞止焓;

　　　i_o''——气相滞止焓。

两相混合物的滞止焓可表示为

$$i_o = (1-x)i_o' + xi_o'' = (1-x)\left(i' + \frac{W'^2}{2}\right) + x\left(i'' + \frac{W''^2}{2}\right) \tag{7-44}$$

从上式中可以求得 x 值。该方程还可以写成

$$i_o = (1-x)i' + xi'' + G^2 \frac{1}{2}\left[(1-x)Sv' + xv''\right]^2\left(x + \frac{1-x}{S^2}\right) \tag{7-45}$$

式中，v',i',v'',i'' 都依据临界压力来计算。临界压力可由福斯克的实验数据确定（见图 7-5）。得到这些数据的实验条件是孔道内径为 6.35 mm 时，长度直径比 $L/D = 0$（孔板）到 40，具有锐边进口。福斯克认为，这些数据只与 L/D 之值有关，而与孔道直径单独变化无关。对于 L/D 超过 12 的长孔道，临界压比大约为 0.55。这个区是可以应用福斯克滑动平衡模型的一个区。对于较短的孔道，临界压比随着 L/D 变化而变化，但是在所有情况下，都好像与初始压力的大小没有关系。

对于比较大的压力容器（如反应堆、锅炉等），如果某一管路破裂，两相流体从内部流出，此时可以近似地认为容器内的参数是滞止参数。根据滞止压力 p_o 可以由图 7-5 求出临界压力，然后求出临界压力下的参数 i'、v'、i''、v'' 等。

综上所述，福斯克给出的关系式，确定了一组方程式来求解临界流量，所用参数是孔道出口处的局部参数，为了解出临界质量流速，要进行迭代计算。其计算结果表示在图 7-6 中，图中使用的参数 (x,p) 是指孔道出口处的

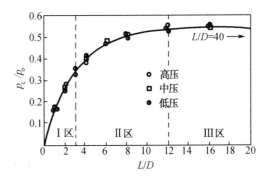

图 7-5　临界压比与 L/D 的关系

参数。从图中可以看出，临界质量流速随出口临界压力的上升而增加，随出口含气率的增加而减少。

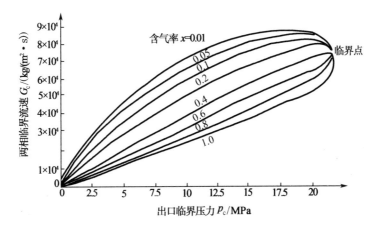

图 7-6　临界质量流速与出口临界压力的关系

二、莫狄模型

在福斯克研究两相临界流的基础上,1967 年,莫狄(Moody)[38] 根据能量平衡方程导出了临界质量流速的一般表达式。这个方法避免了福斯克模型的不便之处。由分相流模型的能量方程

$$M(\mathrm{d}q - \mathrm{d}L) = M\mathrm{d}i + \mathrm{d}\left(\frac{M''W''^2}{2} + \frac{M'W'^2}{2}\right) + Mg\sin\theta\mathrm{d}z \tag{7-46}$$

流动系统一般对外不做功,即 $\mathrm{d}L = 0$,忽略摩擦和重位损失,则有

$$-(M''v'' + M'v')\mathrm{d}p = \mathrm{d}\left(\frac{M''W''^2}{2} + \frac{M'W'^2}{2}\right) \tag{7-47}$$

$$-M[xv'' + (1-x)v']\mathrm{d}p = M\mathrm{d}\left[\frac{xW''^2}{2} + \frac{(1-x)}{2}W'^2\right] \tag{7-48}$$

$$-v_\mathrm{m}\mathrm{d}p = \frac{M^2}{2A^2}\mathrm{d}\left[\frac{x^3}{\alpha^2}v''^2 + \frac{(1-x)^3}{(1-\alpha)^2}v'^2\right] \tag{7-49}$$

$$-v_\mathrm{m}\mathrm{d}p = \frac{1}{2}\left(\frac{M}{A}\right)^2\mathrm{d}v_E^2 \tag{7-50}$$

质量流速

$$G^2 = \left(\frac{M}{A}\right)^2 = -2v_\mathrm{m}\frac{\mathrm{d}p}{\mathrm{d}v_E^2} \tag{7-51}$$

上式就是质量流速的一般表达式,v_E 是动能平均比体积。

$$v_E = \left[\frac{x^3v''^2}{\alpha^2} + \frac{(1-x)^3v'^2}{(1-\alpha)^2}\right]^{\frac{1}{2}} \tag{7-52}$$

把

$$\alpha = \frac{xv''}{S(1-x)v' + xv''}$$

代入式(7-52),得

$$v_E = \left\{\frac{(1-x)^3v'^2}{\left[1 - \frac{xv''}{S(1-x)v' + xv''}\right]^2} + \frac{x^3v''^2}{\left[\frac{xv''}{S(1-x)v' + xv''}\right]^2}\right\}$$

$$= \left\{\left[\frac{xv''}{S} + (1-x)v'\right]^2[1 + x(S^2 - 1)]\right\}^{\frac{1}{2}} \tag{7-53}$$

以上推导的方程是在无摩擦损失(等熵)的条件下得到的,即

$$\int_1^2 \frac{\mathrm{d}q}{T} = 0 \tag{7-54}$$

在这种情况下 v_E 取最小值会得到质量流速的最大值。v_E 是 x 和 α 的函数,也是 S 的函数,不同的 S 值会导致不同的质量流速。当 $\partial v_E / \partial S = 0$ 时,质量流速可达最大值。

$$\frac{\partial v_E}{\partial S} = -\frac{xv''}{S^2}[1 + x(S^2 - 1)]^{\frac{1}{2}} + \frac{\left[\frac{x}{S}v'' + (1-x)v'\right]}{2\sqrt{1 + x(S^2 - 1)}}2xS = 0 \tag{7-55}$$

由式(7-55)可解出临界流动时的滑速比

$$S^* = \left(\frac{v''}{v'} \right)^{\frac{1}{3}} \tag{7-56}$$

由式(7-51)

$$G^2 = \left(\frac{M}{A} \right)^2 = -2v_{\mathrm{m}} \left(\frac{\mathrm{d}v_E^2}{\mathrm{d}p} \right)^{-1}$$

而

$$\frac{\mathrm{d}v_E^2}{\mathrm{d}p} = 2 \left[\frac{xv''}{S} + (1-x)v' \right] \left[1 + x(S^2-1) \right] (1-x) \frac{\mathrm{d}v'}{\mathrm{d}p} + 2 \left[1 + x(S^2-1) \right]$$
$$\left[\frac{xv''}{S} + (1-x)v' \right] \frac{x}{S} \frac{\mathrm{d}v''}{\mathrm{d}p} + \left[\frac{xv''}{S} + (1-x)v' \right]^2 (S^2-1) \frac{\mathrm{d}x}{\mathrm{d}p} +$$
$$2 \left[\frac{x}{S}v'' + (1-x)v' \right] \left[1 + x(S^2-1) \right] \left[\frac{v''}{S} - v' \right] \frac{\mathrm{d}x}{\mathrm{d}p} \tag{7-57}$$

在临界条件下,把式(7-56)的关系代入式(7-57)中,则得

$$\frac{\mathrm{d}v_E^2}{\mathrm{d}p} = 2 \left\{ v' \left[1 + x(S^{*2}-1) \right]^2 \left[\frac{x}{S^*} \frac{\mathrm{d}v''}{\mathrm{d}p} + \frac{3}{2}v'(S^{*2}-1) \frac{\mathrm{d}x}{\mathrm{d}p} + (1-x) \frac{\mathrm{d}v'}{\mathrm{d}p} \right] \right\} \tag{7-58}$$

代入式(7-51),可以得到临界质量流速的计算公式

$$G_c^2 = \left(\frac{M}{A} \right)_{\max}^2 = - \left[v''x + (1-x)v' \right] \times \left\{ v' \left[1 + x(S^{*2}-1) \right]^2 \left[\frac{x}{S^*} \frac{\mathrm{d}v''}{\mathrm{d}p} + \right. \right.$$
$$\left. \left. \frac{3}{2}v'(S^{*2}-1) \frac{\mathrm{d}x}{\mathrm{d}p} + (1-x) \frac{\mathrm{d}v'}{\mathrm{d}p} \right] \right\}^{-1} \tag{7-59}$$

以上公式是在等熵的条件下得到的,式中,v'',v',x 等值都是出口临界条件下的局部参数。图7-7和图7-8分别绘出了莫狄模型计算临界质量流速和出口临界压力的曲线,这两个图的横坐标均为滞止焓。莫狄模型也可以外推到考虑摩擦的影响。

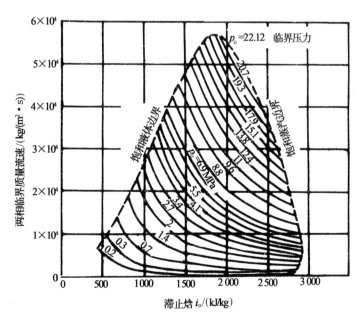

图7-7　莫狄模型计算的临界质量流速

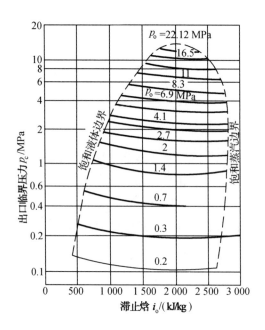

图7-8 临界质量流速下的出口临界压力和滞止焓的关系

福斯克模型和莫狄模型都假定气液两相是处于热力学平衡状态,这种情况的条件是流动持续较长的时间,因此,它们适用于计算长通道的临界流。

例7-1 饱和水从一容器中沿内径为 6.8 mm,长度为 2.8 m 的管子排出,出口为干度等于 27% 的汽水混合物,出口压力为 0.62 MPa(绝对),试分别用平衡均相模型、福斯克模型和莫狄模型计算其临界质量流速。

解 由已知条件, $p_c = p_e = 0.62$ MPa,查水和水蒸气表可得

$$v' = 0.001\ 102\ 4\ \text{m}^3/\text{kg}, v'' = 0.305\ 9\ \text{m}^3/\text{kg}, i_{fg} = 2\ 080.8\ \text{kJ/kg}$$

$$\frac{dv''}{dp} \approx \frac{\Delta v''}{\Delta p} = \frac{0.305\ 9 - 0.296\ 8}{(0.62 - 0.64) \times 10^6} = -4.55 \times 10^{-7}\ \text{m}^3/(\text{kg} \cdot \text{Pa})$$

$$\frac{dv'}{dp} \approx \frac{\Delta v'}{\Delta p} = \frac{0.001\ 102\ 4 - 0.001\ 103\ 9}{(0.62 - 0.64) \times 10^6} = 7.5 \times 10^{-11}\ \text{m}^3/(\text{kg} \cdot \text{Pa})$$

$$\frac{di'}{dp} \approx \frac{\Delta i'}{\Delta p} = \frac{676.01 - 681.46}{(0.62 - 0.64) \times 10^6} = 27.25 \times 10^{-5}\ \text{kJ}/(\text{kg} \cdot \text{Pa})$$

$$\frac{di''}{dp} \approx \frac{\Delta i''}{\Delta p} = \frac{2\ 756.9 - 2\ 758.2}{(0.62 - 0.64) \times 10^6} = 6.5 \times 10^{-5}\ \text{kJ}/(\text{kg} \cdot \text{Pa})$$

由式(7-40)可得

$$\frac{dx}{dp} = -\frac{1}{i_{fg}} \left[(1-x)\frac{di'}{dp} + x\frac{di''}{dp} \right]$$

$$\approx -\frac{1}{2\ 080.8} \left[(1 - 0.27) \times 27.25 \times 10^{-5} + 0.27 \times 6.5 \times 10^{-5} \right]$$

$$= -1.04 \times 10^{-7}\quad 1/\text{Pa}$$

(1)按平衡均相模型计算

由式(7-19),得临界质量流速

$$G_c = \left[\cfrac{-1}{x\left(\cfrac{\mathrm{d}v''}{\mathrm{d}p}\right)_s + (v'' - v')\left(\cfrac{\mathrm{d}x}{\mathrm{d}p}\right)_s + (1-x)\left(\cfrac{\mathrm{d}v'}{\mathrm{d}p}\right)_s} \right]^{\frac{1}{2}}$$

$$= \left[\cfrac{-1}{-12.285 \times 10^{-8} - 3.170 \times 10^{-8} + 0.006 \times 10^{-8}} \right]^{\frac{1}{2}}$$

$$= \left[\frac{10^8}{15.449} \right]^{\frac{1}{2}} = 2\,540\ \mathrm{kg/(m^2 \cdot s)}$$

若设 $\dfrac{\mathrm{d}v'}{\mathrm{d}p} = 0$，则

$$G_c = \left[\cfrac{-1}{x\cfrac{\mathrm{d}v''}{\mathrm{d}p} + (v'' - v')\cfrac{\mathrm{d}x}{\mathrm{d}p}} \right]^{\frac{1}{2}}$$

$$= \left(\cfrac{-1}{-12.285 \times 10^{-8} - 3.170 \times 10^{-8}} \right)^{\frac{1}{2}} = 2\,540\ \mathrm{kg/(m^2 \cdot s)}$$

由此可见，在某些条件下，略去压力对液体比体积 v' 的影响，对计算结果影响不大。

（2）按福斯克模型计算

若按福斯克模型计算，其滑速比为

$$S^* = \left(\frac{v''}{v'} \right)^{\frac{1}{2}} = \left(\frac{0.305\,9}{0.001\,102\,4} \right)^{\frac{1}{2}} = 16.658$$

由式（7 - 36）

$$G_c = \left\{ -S^* \left[(1 - x + S^* x)x \frac{\mathrm{d}v''}{\mathrm{d}p} + \left[v''(1 + 2S^* x - 2x) + \right. \right. \right.$$

$$\left. \left. \left. v'(2xS^* - 2S^* - 2xS^{*2} + S^{*2}) \right] \frac{\mathrm{d}x}{\mathrm{d}p} \right]^{-1} \right\}^{\frac{1}{2}}$$

其中

$$\left[(1 - x + S^* x)x \right] \frac{\mathrm{d}v''}{\mathrm{d}p} = \left[(1 - 0.27 + 0.27 \times 16.658) \times 0.27 \right] \times (-4.55 \times 10^{-7})$$

$$= -6.422 \times 10^{-7}\ \mathrm{m^3/(kg \cdot Pa)}$$

$$\left[v''(1 + 2S^* x - 2x) + v'(2xS^* - 2S^* - 2xS^{*2} + S^{*2}) \right] \frac{\mathrm{d}x}{\mathrm{d}p}$$

$$= \left[0.305\,9(1 + 2 \times 16.658 \times 0.27 - 2 \times 0.27) + \right.$$

$$0.001\,102\,4 \times (2 \times 0.27 \times 16.658 - 2 \times 16.658 - $$

$$\left. 2 \times 0.27 \times 16.658^2 + 16.658^2) \right] \times (-1.04 \times 10^{-7})$$

$$= \left[0.305\,9 \times 9.45 + 0.001\,102\,4 \times 103.3 \right] \times (-1.04 \times 10^{-7})$$

$$= -3.127 \times 10^{-7}\ \mathrm{m^3/(kg \cdot Pa)}$$

故

$$G_c = \left(\frac{-16.658}{-6.422 \times 10^{-7} - 3.127 \times 10^{-7}} \right)^{\frac{1}{2}} = 4\,180\ \mathrm{kg/(m^2 \cdot s)}$$

（3）按莫狄模型计算

按莫狄模型计算的滑速比为

$$S^* = \left(\frac{v''}{v'}\right)^{\frac{1}{3}} = \left(\frac{0.305\ 9}{0.001\ 102\ 4}\right)^{\frac{1}{3}} = 6.522$$

忽略 $\mathrm{d}v'/\mathrm{d}p$ 项,式(7-59)写成如下形式:

$$G_c = \left\{\frac{-[v''x + (1-x)v']}{v'[1+x(S^{*2}-1)]^2\left[\dfrac{x}{S^*}\dfrac{\mathrm{d}v''}{\mathrm{d}p} + \dfrac{3}{2}v'(S^{*2}-1)\dfrac{\mathrm{d}x}{\mathrm{d}p}\right]}\right\}^{\frac{1}{2}}$$

代入各参数经整理后得

$$G_c = \left[\frac{-(0.082\ 593 + 0.000\ 805)}{0.001\ 102\ 4 \times 149.199(-1.884 \times 10^{-8} - 0.714 \times 10^{-8})}\right]^{\frac{1}{2}}$$

$$= \left(\frac{-83.398 \times 10^{-3}}{-4.265 \times 10^{-9}}\right)^{\frac{1}{2}} = 4\ 420\ \mathrm{kg/(m^2 \cdot s)}$$

第五节　短孔道内的两相临界流

在临界流动情况下,如果保持热平衡,则一旦流体进入压力低于其饱和压力的区域,流体就会突然汽化成蒸气。但是,因为缺少能产生气泡的核心,而表面张力又阻碍气泡的生成,并由于传热困难和其他原因,所以汽化可能推迟。当这种现象发生时,就说发生了亚稳态情况。在液流快速扩张中,尤其在短的流道、喷嘴和孔板内,亚稳态情况是常常发生的。

短孔道内临界流动问题还没有进行过充分的解析研究。由图 7-5 能够看出,当 L/D 在 $0 \sim 12$ 之间时,临界压比与 L/D 有关,这与长孔道是不一样的。

对于孔板($L/D = 0$),实验数据证明,由于流体停留的时间短促,突然汽化发生在孔板外面(见图 7-9(a)),因而不存在临界压力。它的流速可用下列不可压缩流的孔板公式比较准确地计算出来

$$G_{\max} = 0.61\ \sqrt{2\rho'(p_0 - p_b)} \tag{7-60}$$

式中,p_0,p_b 分别为上游压力和外界背压。

在图 7-5 中的第 I 区($0 < L/D < 3$),流体在孔口中流动时,变成一个表面上发生汽化的亚稳态液芯射流(见图 7-9(b)),它的质量流速可由下式确定

$$G_{\max} = 0.61\ \sqrt{2\rho'(p_0 - p_c)} \tag{7-61}$$

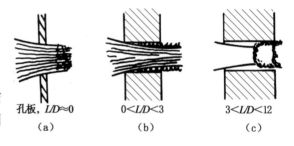

孔板,$L/D \approx 0$　　$0 < L/D < 3$　　$3 < L/D < 12$

(a)　　　　(b)　　　　(c)

图 7-9　孔板和短通道内的两相临界流

式中,p_c 为临界压力,可由图 7-5 中查取。

在第 II 区($3 < L/D < 12$)中,如图 7-9(c)所示,亚稳态液芯破碎,导致一个高压脉冲。其流量要比用方程式(7-61)算出来的值低。图 7-10 表示出了第 II 区的实验临界流量。

上述所有数据都是在锐角进口的通道内得到的。在圆角进口的通道内,亚稳态流体与管壁有较多的接触,汽化可能推迟。对于 $0 < L/D < 3$ 的孔道,例如喷嘴,圆角进口导致的临界压力要比图 7-5 所示的值来得高而且流量稍微小一点。对于长孔道($L/D > 12$),圆角进

口的影响可以忽略,因而可以使用福斯克或莫狄的方法。

在锐角进口的孔道内,壁面条件对临界流没有影响,因为汽化是在液芯表面上发生的,或者是液芯碎裂所引起的,而液芯并不与壁面相接触。壁面的条件对圆角进口的孔道有一些影响。

关于短管、喷嘴和孔板中的临界流计算还有一些方法。伯内尔[39](Burnell)曾在通过喷嘴的急骤蒸发的水流中,分辨出有一个亚稳态存在。他假设水的表面张力延迟了气泡的形成,因而使水过热。伯内尔观察到了饱和水流的亚稳态,并证实了短管中的"阻塞"现象。他根据传热分析来处理这个问题,用一个经验的"表面蒸发系数"计算从亚稳态流体中心表面蒸发产生出的蒸汽量,并以此来确定临界质量流速。他假设这些蒸汽充满管壁与亚稳态流体中心之间的环形截面,于是就形成了"阻塞"的条件。他提出了一个计算急骤蒸发的水流通过直角锐边节流孔的半经验公式,得到了临界质量流速的关系式为

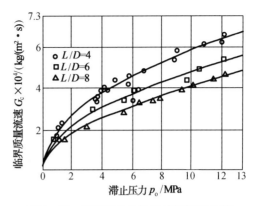

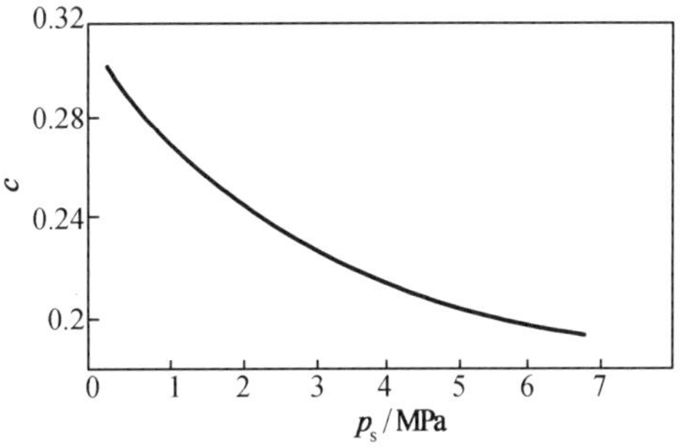

图 7-10 短通道的临界质量流速实验值

图 7-11 系数 C 值

$$G_c = \sqrt{2\rho'\left[p_0 - (1-c)p_s\right]} \qquad (7-62)$$

式中 p_0——上游压力;

  p_s——上游温度下所对应的饱和压力;

  c——经验系数,它是 p_s 的函数,数值在图 7-11 中给出。

习 题

7-1 求 50 ℃氢气中的音速是多少?

7-2 一个储气罐中,空气压力分别为 0.16 MPa 和 2 MPa,温度为 17 ℃,若接管突然破裂空气喷出,环境中的大气压力为 0.1 MPa。试按等熵条件确定以上两种情况断口处空气的流速。

7-3 某压水堆冷却剂出口管的直径为 0.3 m,输送来自压力壳的13.7 MPa 和 290 ℃的水,假定在离压力壳 0.6 m 处突然完全断裂。试计算最初的冷却剂丧失率。

7-4 一个压水反应堆在 13.7 MPa 压力下工作,平均温度为 310 ℃,管子直径为 0.3 m,在离高压容器 6 m 处突然断裂,裂口是完整的并且与管轴线竖直,背压是 0.1 MPa。试计算发生断裂瞬间的冷却剂丧失率。

7-5 一个压力容器存有 7 MPa 的汽-水混合物,质量含气率为0.5,该混合物向下游容器内排放。如果下游容器内的压力分别为 1.2 MPa 和 5 MPa,求排放的质量流速。

第八章 两相流流动不稳定性

第一节 概　述

　　对于一个稳定的流动系统,其参数仅是空间变量的函数,与时间变量无关。实际上在两相流动系统中,流动参数往往因湍动、成核汽化或流型改变而发生小的起伏或脉动。这种脉动,在一定条件下可能是触发某些不稳定性的驱动因素。当两相流动状态经受瞬间扰动后,若它能从新的运行状态又渐渐地恢复到初始的运行状态,这就是稳定流动,如图8-1中的(a)(b)所示。倘若它不能恢复到初始的稳定状态,而是稳定于新的状态,或具有周期性,这种流动工况称为静态流动不稳定性,如图8-1中的(c)所示。在两相流动系统中,当经受某一瞬间扰动时,如果在流动惯性和其他反馈效应作用下,产生了流动振荡而不能稳定在某一状态,则这种特性称为动态流动不稳定性,可以用图8-1中的(d)(e)说明。

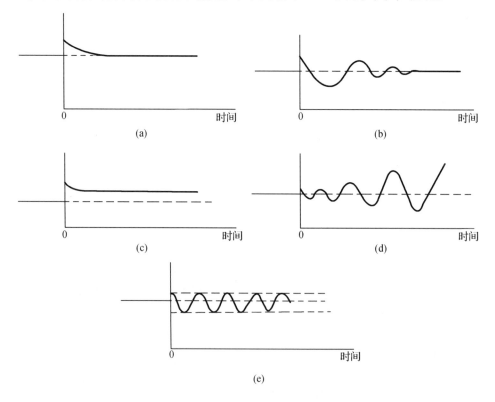

图8-1　流动参数随时间的变化

　　由以上的定义可知,两相流动系统的不稳定性,是指一个系统中,由于小的扰动引起流量、压降和截面含气率的大幅度振荡,它与机械系统中的振动相类似。质量流量、压降和空泡可以看作相当于机械系统中的质量、激发力和弹簧,就此而论,流速和压降间的关系起着重要的作用。如果在传热、空泡、流动方式和流速之间存在热力学－水动力学间的耦合时,流动的振荡会加剧。然而即使在热源保持恒定时,也会发生振荡。

流动不稳定性的存在,无论对锅炉、热交换器、蒸汽发生器、水冷反应堆、化工设备,还是对其他汽水两相流动设备的安全和运行都会带来一些不良的后果。首先,连续不断的流动振荡会使设备产生受迫机械振动(甚至会引起共振),导致设备疲劳破坏。流动振荡还会扰动控制系统,尤其是对以水作冷却剂和慢化剂的反应堆,问题更为突出。另外,流动振荡影响局部传热性能,会使临界热流密度大幅度下降,甚至导致烧毁。在发生了流动振荡之后,往往迫使设备的运行参数低于设计指标,从而降低了装置的经济性。因此,不允许发生流动不稳定现象是很多换热设备的设计准则之一。在设计中应该采取有效措施,防止这种现象发生。

第二节　流量漂移

流量漂移是最简单的流动不稳定性,它是加热通道内汽水两相流中最常见的流动不稳定性之一,属静态不稳定性范围。其特点是系统内流量会发生突然变化(通常是流量减少),当系统内存在着阻力随着流量的增加而下降的关系时,就可能出现这种不稳定性。

一、定性分析

图 8－2 所示为水通过一根加热量保持不变的直管所产生的流量漂移,又称莱迪内格(Ledinegg)流动不稳定现象。图中,实线 OADBEC 表示两相流动所产生的管内压降与流量的关系曲线,通常称为内部流动特性;虚线 a 和 b 表示保持在直管两端之间的压差,通常称为外部流动特性(常常是泵的压头或自然循环压头),当质量流量较小时,水很快被加热至饱和而汽化,在管出口处为过热蒸汽。当总质量流量增大时,产生的蒸汽质量流量也增大,同时压降增大(如曲线 OAD 段所示)。直到 D 点以后,当继续增大质量流量时,欠热段加长,出口的含气率开始下降,同时出口流速也降低,因而压降减小。若质量流量再进一步增大时,欠热段进一步加长,出口含气率减小,出口流速进一步降低,同时压降也继续下降,直到出口完全是水时,压差下降到最小值 E 点。此后,当再进一步增大质量流量时,压降也随着增大。可见,在以上所描述的情

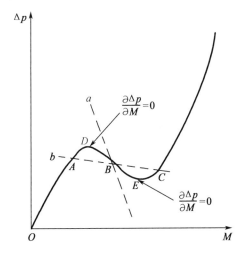

图 8－2　流动特性曲线

况下,压降与质量流量的关系曲线有两个拐点,并非单调关系。而且输入热流密度越大,这个现象越明显。从以上流量从小到大的过程可以看出,当流量小的时候,过热蒸汽的阻力是主要的,这时的特性曲线与过热蒸汽的特性曲线相同;当流量大的时候,水的阻力特性是主要的,这时的特性曲线与水的阻力特性曲线相同。在流量从大到小的过程中,由于沸腾的出

现,阻力特性曲线由水的特性线过渡到蒸汽的特性曲线。在这个过程中,在一定的条件下,会出现随着流量减小阻力升高的现象。这样,在相同管道压差情况下,可能对应有两个或三个流量值,在这种情况下,就会出现流量漂移。这种流量漂移会使加热蒸发管产生热偏差和流量偏差,使运行不安全。这种流量漂移也称水动力特性的不稳定性。

二、流量漂移的数学分析

假设欠热水通过一根均匀加热的直管(见图 8 – 3),水在加热管内流动并逐渐被加热、蒸发,直至变成过热蒸汽从加热管的出口离开。

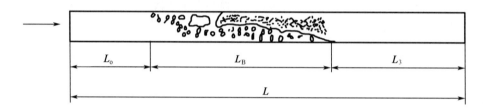

图 8 – 3   水强迫流动时蒸发管简图

如果不计加速度压降,则水平管内的总压降可表示为

$$\Delta p = \Delta p_f = \Delta p_{f_o} + \Delta p_{fB} + \Delta p_{f3} \tag{8 – 1}$$

式中 Δp_{f_o}——预热段的摩擦压降,Pa;

Δp_{fB}——沸腾段的摩擦压降,Pa;

Δp_{f3}——过热蒸汽段的摩擦压降,Pa。

预热段的摩擦压降为

$$\Delta p_{f_o} = \frac{\lambda_o}{2D} L_o \left(\frac{M}{A}\right)^2 \left(\frac{v' + v_i}{2}\right) \tag{8 – 2}$$

同样,若采用均相流模型,饱和汽 – 水混合物的摩擦压降为

$$\Delta p_{fB} = \frac{\lambda}{2D} L_B \left(\frac{M}{A}\right)^2 v_m \tag{8 – 3}$$

过热段的摩擦压降为

$$\Delta p_{f3} = \frac{\lambda_3}{2D} L_3 \left(\frac{M}{A}\right)^2 \bar{v}_3 \tag{8 – 4}$$

式中 v_m——两相流平均密度;

$\bar{v}_3$——过热段的平均密度;

$\lambda_o, \lambda, \lambda_3$——预热段、沸腾段和过热段的摩擦系数,可根据不同公式算出。

在均匀加热的情况下预热段、沸腾段和过热段的平均线功率密度相等,即 $\bar{q}'_o = \bar{q}'_B = \bar{q}'_3 = q'$。从而可以得到上述三段管长的表达式为

$$L_o = \frac{M(i' - i_i)}{q'} \tag{8 – 5}$$

$$L_B = \frac{M(i'' - i')}{q'} \tag{8 – 6}$$

$$L_3 = L - \frac{M(i'' - i_i)}{q'} \tag{8 – 7}$$

将式(8-2)至式(8-7)代入式(8-1)中,整理并简化得到

$$\Delta p = A_o M^3 + B_o M^2 + C_o M \tag{8-8}$$

式中,系数 A_o, B_o, C_o 的表达式为

$$A_o = \frac{4}{\pi^2 D^5 q'} \left[\lambda_o (i' - i_i)(v' + v_i) + \lambda (i'' - i')(v'' + v') - \lambda_3 (i'' - i_i)(v'' + v_e) \right] \tag{8-9}$$

$$B_o = \frac{4\lambda_3}{\pi^2 D^5} L(v'' + v_e) \tag{8-10}$$

$$C_o = 0 \tag{8-11}$$

如果管内只有预热段和沸腾段,则总压降为

$$\Delta p = \Delta p_{fo} + \Delta p_{fB} = \frac{\lambda_o}{2D} L_o \left(\frac{M}{A}\right)^2 \frac{(v' + v_i)}{2} + \frac{\lambda}{2D} L_B \left(\frac{M}{A}\right)^2 \left[v' + \frac{x_e}{2}(v'' - v') \right] \tag{8-12}$$

预热段长度

$$L_o = \frac{M(i' - i_i)}{q'} \tag{8-13}$$

蒸发段长度

$$L_B = L - L_o = L - \frac{M(i' - i_i)}{q'} \tag{8-14}$$

蒸发管出口含气率为

$$x_e = \frac{q'(L - L_o)}{M i_{fg}} \tag{8-15}$$

以上公式经整理可以得到

$$\Delta p = A_1 M^3 - B_1 M^2 + C_1 M \tag{8-16}$$

式中,系数 A_1, B_1, C_1 的表达式为

$$A_1 = \frac{8\lambda_o (i' - i_i)}{\pi^2 D^5 q'} \left[\frac{i' - i_i}{2 i_{fg}}(v'' - v') - \frac{(v' - v_i)}{2} \right] \tag{8-17}$$

$$B_1 = \frac{8\lambda_o L}{\pi^2 D^5} \left[\frac{i' - i_i}{i_{fg}}(v'' - v') - v' \right] \tag{8-18}$$

$$C_1 = \frac{4\lambda_o L^2}{\pi^2 D^5 i_{fg}} q'(v'' - v') \tag{8-19}$$

式(8-8)和式(8-16)都有三个根,可能有一个实根和两个虚根,也可能有三个实根。只有一个实根的情况,意味着在某一压降下,只有一个质量流量和其对应,这时的两相流动显然是稳定流动。若有三个实根,即有三个不同数值的质量流量和一个压降相对应,这时两相流动就处于流动不稳定状态,这就是流量漂移现象。正如图8-2所示,倘若外部流动特性曲线为 a 的情况下,a 与内部流动特性曲线相交于一个点 B。此时系统处于 B 点运行,则是稳定流动。若外部特性曲线为 b 的情况下,b 与内部特性曲线相交于 A, B 和 C 三个点,假定处在 B 点运行,当随机偏差使质量流量变化很小的 $+\Delta M$ 时,由于外部压头高于管内两相流动压降,过剩的驱动压头将继续加大质量流量,直到 C 点为止。相反,倘若使质量流量变化有一个微小的 $-\Delta M$ 时,则外部压头低于管内两相流压降,于是促使质量流量减小,直到它减小到 A 点为止。这样,系统就产生了流量漂移现象。

三、各因素对流量漂移影响

以上讨论了流量漂移不稳定性及其数学描述。由于影响压降及不稳定性的因素很多,很难用数学解析式完全表示其影响。下面将分析不稳定性的主要影响因素,以便从中找出克服不稳定性的方法。

1. 重位压降 Δp_g 的影响

前面所讨论的流量漂移是水平流动情况,没有考虑重位压降。在竖直布置的加热通道中,重位压降这一项占的比例很大,不能忽略。若考虑重位压降的影响,则总压降为

$$\Delta p = \Delta p_f + \Delta p_g$$

重位压降由下式确定:

$$\Delta p_g = L_o g (\rho' + \rho_i)/2 + L_B g \rho_m \tag{8-20}$$

这里考虑没有过热段的情况,如果沿管长均匀加热,则

$$\rho_m = \frac{1}{v_m} = \frac{1}{v' + \dfrac{x_e}{2}(v'' - v')}$$

$$x_e = \frac{q'}{M i_{fg}} L_B = \frac{q'}{M i_{fg}} \Big[L - \frac{M(i' - i_i)}{q'} \Big] \tag{8-21}$$

$$L_B g \rho_m = g \frac{\Big[L - \dfrac{M(i' - i_i)}{q'} \Big]}{v' + \dfrac{x_e}{2}(v'' - v')} \tag{8-22}$$

$$L_o g \frac{(\rho' + \rho_i)}{2} = \frac{2 g M (i' - i_i)}{q'(v' + v_i)} \tag{8-23}$$

$$\Delta p_g = \frac{gM}{q'} \left\{ \frac{2(i' - i_i)}{v' + v_i} + \frac{\big[Lq' - M(i' - i_i) \big]}{M \big[v' + \dfrac{x_e}{2}(v'' - v') \big]} \right\} \tag{8-24}$$

由式(8-24)可知,重位压降的水动力特性曲线是单值的,因此,它对总的水动力特性起稳定作用。

图8-4是竖直上升的蒸发管的水动力特性曲线,在(a),(b)两图中,曲线1为流动阻力曲线,2为重位压降曲线,3为以上两项相加所得到的总水动力特性曲线。

由图8-4(a)可见,如不计重位压降时的水动力特性为单值的,则考虑重位压降后的水动力特性也是单值的;反之,由图8-4(b)可见,如不计重位压降时的水动力特性为多值的,考虑重位压降的影响后也可能消除多值性。总的来说,对于竖直上升蒸发管,重位压降对水动力特性起改善作用。

2. 加速度压降的影响

当欠热水进入均匀加热管道时,出口是含气率为 x_e 的汽水混合物,用均相流模型表示的加速度压降为

$$\Delta p_a = \Big(\frac{M}{A} \Big)^2 \big[x_e (v'' - v') + (v' - v_i) \big] \tag{8-25}$$

利用均匀加热管道中的下列关系式:

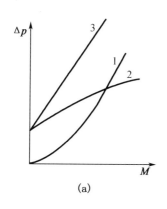
(a)

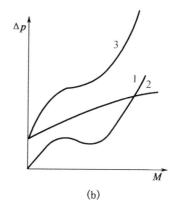
(b)

图 8 – 4　重位压降对流动特性的影响

$$L_{\mathrm{o}} = \frac{M(i' - i_{\mathrm{i}})}{q'}$$

$$L_{\mathrm{B}} = \frac{M i_{\mathrm{fg}} x_{\mathrm{e}}}{q'} = L - L_{\mathrm{o}} = L - \frac{M(i' - i_{\mathrm{i}})}{q'} \qquad (8 - 26)$$

得

$$x_{\mathrm{e}} = \frac{q' L}{M i_{\mathrm{fg}}} - \frac{(i' - i_{\mathrm{i}})}{i_{\mathrm{fg}}} \qquad (8 - 27)$$

将式(8 – 27)代入式(8 – 25),则

$$\Delta p_{\mathrm{a}} = \frac{M^2}{A^2} \left[\frac{q' L}{M i_{\mathrm{fg}}} (v'' - v') - \frac{(i' - i_{\mathrm{i}})}{i_{\mathrm{fg}}} (v'' - v') + (v' - v_{\mathrm{i}}) \right] \qquad (8 - 28)$$

由式(8 – 28)可知,加速度压降的水动力特性曲线是单值的。因此,它对总的水动力特性也起稳定作用。

3. 系统压力的影响

流量漂移的根本原因是水变成蒸汽时,汽水混合物的比体积变化。当工作压力比较高时,蒸汽和水的比体积相差较小,因此不稳定性小;反之,工作压力较低时,蒸汽和水的比体积相差较大,不稳定性严重。

由式(8 – 17)、式(8 – 18)和式(8 – 19)也可以看出,当压力升高时,$v'' - v'$ 变小,虽然 i_{fg} 也变小,但是它远比不上比体积的变化,因此,$\dfrac{v'' - v'}{i_{\mathrm{fg}}}$ 是随压力升高而下降的,这使系数 A_1,B_1 和 C_1 变小,系数的这种变化使式(8 – 16)表示的特性曲线趋于平稳,图 8 – 5 示出了工作压力对不稳定性的影响。

压力越高,水动力特性越稳定,这只是在临界压力以下时才成立。在超临界压力下,由于沿管长热焓变化时,工质比体积也发生变化,尤其在最大比热区的变化很大。因此,与低于临界压力时的情况一样,在超临界压力下也存在流量漂移问题。

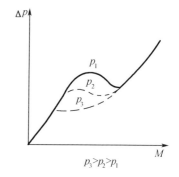

图 8 – 5　压力对不稳定性的影响

4. 热负荷的影响

以上讨论的是管子热负荷一定时的水动力特性曲线。在反应堆、蒸发器、锅炉等设备工作时，随着功率的变化，受热面的热负荷也改变。

为了分析热负荷对水动力特性的影响，先将流量变成管子总吸热量 Q 的函数。假设蒸发管出口和入口参数不变，即工质的总焓增不变，则

$$M = \frac{Q}{\Delta i} = \frac{q'L}{\Delta i} \qquad (8-29)$$

把以上的关系代入压降的表达式得

$$\Delta p_{fo} = \frac{\lambda_o}{2D} \frac{L_o}{A^2} \left(\frac{Q}{\Delta i}\right)^2 \left(\frac{v' + v_i}{2}\right) \qquad (8-30)$$

$$\Delta p_{fB} = \frac{\lambda_o}{2D} \frac{L_B}{A^2} \left(\frac{Q}{\Delta i}\right)^2 v_m \qquad (8-31)$$

$$\Delta p_f = \Delta p_{fo} + \Delta p_{fB} = \frac{\lambda_o}{2DA^2} \left(\frac{Q}{\Delta i}\right)^2 \left[\left(\frac{v' + v_i}{2}\right)L_o + v_m L_B\right] \qquad (8-32)$$

从上式中可以看出，在保持出入口工质参数不变的情况下，随着热负荷的增加，管内的流动阻力也增加，后者与热负荷的平方成正比。

实验也证明，当热负荷改变时，直流锅炉的蒸发受热管水动力特性多值性曲线也随之发生变化。这种由于热负荷变化而引起的水动力特性曲线的变化，更加深了水动力特性的不稳定性，即随着受热面负荷的改变，可能使并联各管中的工质流量重新分配，有可能出现个别管中工质流量过小的情况。

5. 入口水温的影响

进入蒸发管中的水温增高（入口水欠热度减小），则预热区段的长度及其流动阻力减小。当入口水温已达到饱和温度时，则预热段的流动阻力为零，此时式(8-17)中的 A_1 为零，水动力特性曲线为二次曲线，即流量漂移消失。

在低压及中压下，当进入蒸发管的水温达到饱和温度时，流动阻力甚至近似地与入口水流量的一次方成正比，这可以通过以下的分析来证明。

当蒸发管的吸热量不变时，虽然进入管子的饱和水流量改变，管内所产生的蒸汽量仍然不变，即在管子出口处的蒸汽折算速度不变。设入口处蒸汽量为零，出口蒸汽折算速度为 j_{ge}，则蒸发管的摩擦阻力为

$$\Delta p_f = \frac{\lambda_o L}{2D} \left(\frac{M}{A}\right) \frac{W_o}{\rho'} \left[\rho' + \frac{1}{2}\frac{j_{ge}}{W_o}(\rho' - \rho'')\right]$$

$$= \frac{\lambda_o L}{2D} G \left[W_o + \frac{j_{ge}}{2}\left(1 - \frac{\rho''}{\rho'}\right)\right] \qquad (8-33)$$

在低压甚至中压时，蒸汽的比体积比水的比体积大很多倍，另外，当进入管子的水量大部分被蒸发时，上式中方括号内的数值几乎完全决定于 j_{ge} 值而与循环速度 W_o 的关系不大，即

$$W_o + \frac{j_{ge}}{2}\left(1 - \frac{\rho''}{\rho'}\right) \approx \frac{j_{ge}}{2} \qquad (8-34)$$

由此可近似得到蒸发管的摩擦阻力为

$$\Delta p_f = \frac{\lambda_o}{2D} L G \frac{j_{ge}}{2} \qquad (8-35)$$

图8-6绘出了当压力一定时,在不同入口水温情况下的水动力特性曲线。由此图可见,当入口水温达到某一温度后,水动力特性曲线就变成单值的了。

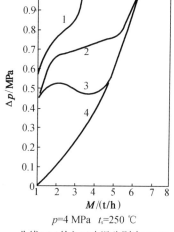

四、克服不稳定的方法

如上所述,产生水动力特性多值性的原因,是由于在蒸发管内同时存在加热水区段和蒸发区段,单独的加热水区段或蒸发区段都不会产生多值性。由此可以提出三种防止蒸发受热管水动力不稳定的途径:一是提高入口水温,即减小蒸发管入口的欠焓;二是在入口欠焓不变的情况下,加大预热区段的阻力,使蒸发段汽水混合物的平均比体积的变化对水动力特性的影响相对减小;三是改变外部水动力特性,即选择具有适当特性的泵。

p=4 MPa　t_s=250 ℃

曲线1,2,3的入口水温分别为210 ℃, 180 ℃, 150 ℃;曲线4为不加热管

图8-6　入口水温改变时蒸发管的水动力特性曲线

1. 提高入口水温

前面讲了提高入口水温可以防止多值性,这里着重讨论当入口水的欠焓达到何值时可以消除多值性。

由式(8-16)

$$\Delta p = A_1 M^3 - B_1 M^2 + C_1 M$$

按照数学分析,如果水动力特性为单值的,则要求此水动力特性曲线上不应有极值点(最大值和最小值),只容许有一个拐点。函数$f(x)$没有极值点的条件是:该函数的一次导数$f'(x)=0$时所得的根x_0为虚数;或$f'(x_0)=f''(x_0)=\cdots=f^{n-1}(x_0)=0$,而$f^n(x_0)\neq0$,且$n$为奇数(在后一条件下,$x_0$是指一次导数$f'(x)=0$时所得实根)。取上式的一次导数为零,得

$$3A_1 M^2 - 2B_1 M + C_1 = 0 \qquad (8-36)$$

$$M = \frac{B_1 \pm \sqrt{B_1^2 - 3A_1 C_1}}{3A_1} \qquad (8-37)$$

当$B_1^2 - 3A_1 C_1 < 0$时,M为虚数,故得没有极值点的条件之一为

$$B_1^2 - 3A_1 C_1 < 0 \qquad (8-38)$$

当$B_1^2 - 3A_1 C_1 = 0$时,方程式有一个实根。又由

$$\frac{\mathrm{d}^2 \Delta p}{\mathrm{d} M^2} = 6A_1 M - 2B_1 = 6A_1\left(\frac{B_1}{3A_1}\right) - 2B_1 = 0 \qquad (8-39)$$

而$\dfrac{\mathrm{d}^3 \Delta p}{\mathrm{d} M^3} = 6A_1 \neq 0$,此时$n$为奇数,故得没有极值的另一条件为

$$B_1^2 - 3A_1 C_1 = 0 \qquad (8-40)$$

此时在水动力特性曲线上出现拐点。

综合以上所述,可得水动力曲线单值性的条件为

$$B_1^2 - 3A_1 C_1 \leqslant 0 \qquad (8-41)$$

将式(8-17)、式(8-18)和式(8-19)中的A_1,B_1和C_1值代入式(8-41),并取$v_i = v'$,则得出均匀加热管道水动力特性的单值条件为

$$i' - i_i = \Delta i_s \leqslant \frac{7.46 i_{fg} v'}{v'' - v'} \qquad (8-42)$$

当实际的入口欠焓等于上式右端时,水动力特性曲线上拐点附近曲线平缓,此时水动力特性仍不稳定,仍然可能在管内产生流量漂移。为了保证曲线有一定的陡度,在式(8-42)右端分母上乘以修正系数 b,即得

$$\Delta i_s \leqslant \frac{7.46 i_{fg} v'}{b(v'' - v')} \qquad (8-43)$$

系数 b 与压力有关。

当 $p \leqslant 10$ MPa 时,取 $b = 2$;

当 10 MPa $< p \leqslant 14$ MPa 时,取 $b = \dfrac{p}{4} - 0.5$;

当 $p > 14$ MPa 时,取 $b = 3$。

图 8-7 绘出按式(8-43)得到的曲线。从这里可以看出,此极限 Δi_s 值仅与压力 p 有关。因此建立 Δi_s 与压力 p 的函数关系。在不同压力下,取 Δi_s 的极限值如下:

当 $p \leqslant 10$ MPa 时,$\Delta i_s = 42 \times p$ kJ/kg。

当 $p > 10$ MPa 时,$\Delta i_s = 420$ kJ/kg。图 8-7 中虚线就是按这个关系绘制的。

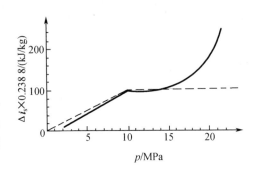

图 8-7　为保证水平管水动力特性单值性所需入口欠焓与压力的关系

在应用式(8-43)或上述 $\Delta i_s = f(p)$ 关系式校验水动力特性的单值性时,应按沸腾点的实际压力进行校验,因为严格地讲,沸腾点的压力既不等于入口压力也不等于出口压力。

由式(8-5)可见,蒸发管入口处欠焓 Δi_s 的计算准确与否,直接影响预热段长度计算的准确性。在进入蒸发管水的焓 i_i 一定的情况下,按出口压力计算欠焓将使加热段长度计算值比实际值偏小,它相当于提高了入口水温,因此是不安全的。究竟用多大的欠焓值代入式(8-43)校验单值性更合适呢?

图 8-8 中用横坐标代表管长 L,纵坐标代表工质的焓 i。设直线 AB 代表工质的饱和水焓沿管长的变化,由于工质的压力是沿管长逐渐下降的,因此饱和水的焓也沿管长逐渐减小。A 点为管子入口,B 点为管子出口,BC 代表按出口压力计算的饱和水的焓 i'(在推导公式时沿管长将此值作为定值)。设进入蒸发管水的焓为 i_i,其值用纵坐标上的 D 点表示,则按出口压力计算的进口欠焓 Δi_s 为图中的线段 CD,按入口压力下的饱和水焓计算的实际欠焓为 $\Delta i_{si} = i'_A - i_i$(如图中线段 AD)。

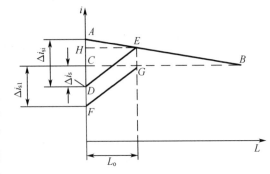

图 8-8　工质的焓值与管长的关系

设蒸发管的总压降为 Δp,则入口 A 点的饱和水焓和实际欠焓可以按以下公式计算:

$$i'_A = i' + \frac{\partial i'}{\partial p} \Delta p \qquad (8-44)$$

$$\Delta i_{si} = i' + \frac{\partial i'}{\partial p}\Delta p - i_i = \Delta i_s + \frac{\partial i'}{\partial p}\Delta p \tag{8-45}$$

式中，$\dfrac{\partial i}{\partial p}$ 为饱和水焓随压力的变化率。

设沿管长均匀加热，则在加热水区段，沿管长水焓值的变化可用图中 DE 直线表示，它与 AB 线的交点 E 即为实际的开始沸腾点。

如果将沿管长工质的压力看作不变，均等于出口压力，则加热段长度与实际情况相同的加热段焓的变化如线段 FG，由于 L_o 相同，单位管长的热负荷 q' 相同，故 $FD /\!/ DE$。

设 F 点的焓为 i_{il}，由以上分析可见，如实际的入口焓 i_i，加热水段长度为 L_o，则沿管长压力看作不变（均等于出口压力），应该将入口焓 i_i 折算为 i_{sl}（图中 CF 段），这样所求出的加热水区段长度才与实际情况相符。

在图 8-8 中，作 $EH /\!/ BC$，根据 $\triangle DEH \cong \triangle FGC$ 和 $\triangle AHE \backsim \triangle ACB$，再应用式（8-45），即得计算 Δi_{sl} 的公式

$$\Delta i_{sl} = \Delta i_s \left(\frac{1 + \dfrac{1}{\Delta i_s}\dfrac{\partial i'}{\partial p}\Delta p}{1 + \dfrac{M}{q'L}\dfrac{\partial i'}{\partial p}\Delta p} \right) \tag{8-46}$$

因为 $q'L = M\Delta i$，而 $\Delta i > \Delta i_s$，故得

$$q'\frac{L}{M} > \Delta i_s \tag{8-47}$$

显然可见，式（8-46）右端括号内的数值是大于 1 的。从式（8-46）还可以看出，蒸发管的总压降 Δp 和 $\dfrac{\partial i'}{\partial p}$ 值越大，式中右端括号内的数值越大；而后者又与压力有关，压力越低，$\dfrac{\partial i'}{\partial p}$ 值越大，因此在低压下及总压降 Δp 较大时，应该进行修正。

2. 增大加热水区段阻力

增大加热水区段的阻力，可以消除不稳定性，使压降随流量单值变化。增大加热水区段阻力的方法有两种，一是在蒸发管入口处加装节流孔圈，二是在蒸发管的入口段采用直径较小的管子。

在图 8-9 中，曲线 1 为未加孔圈前的水动力特性曲线，曲线 2 为节流孔圈的阻力曲线，曲线 3 为加装孔圈后的水动力特性曲线。在加装孔圈后，蒸发管的总压降为孔圈阻力与原蒸发管的流动阻力之和。在图 8-10 中，表示了孔圈孔径对水动力特性的影响。孔径愈小，则孔圈阻力愈大，水动力特性曲线也变得愈陡。当水动力特性曲线已为单值但不够稳定时（在拐点附近曲线较平），加装节流圈可以提高稳定性。图 8-10 中，曲线 1 为不受热管；曲线 2 为无孔圈时的直管；曲线 3 的孔圈直径为 10 mm；曲线 4 的孔圈直径为 7.5 mm；曲线 5 的孔圈直径为 5 mm。

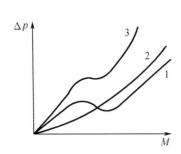

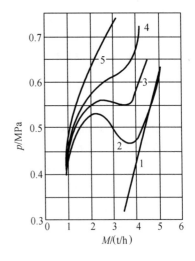

图 8-9　节流圈对水动力特性的影响　　　　图 8-10　孔圈直径对水动力特性的影响

节流孔圈的流动阻力为

$$\Delta p_k = \zeta_k \frac{v'}{2}\left(\frac{M}{A}\right)^2 = B_2 M^2 \tag{8-48}$$

式中，ζ_k 为节流孔圈的阻力系数。

如果节流孔圈装在管子入口端，对应于管内流速的 ζ_k 可按下式计算

$$\zeta_k = \left\{0.5 + \left[1 - \left(\frac{d_o}{d_n}\right)^2\right]^2 + \tau\left[1 - \left(\frac{d_o}{d_n}\right)^2\right]\right\}\left(\frac{d_n}{d_o}\right)^4 \tag{8-49}$$

式中　d_o, d_n——节流圈开孔直径和管子内径，m；

　　　τ——与节流孔圈长度 l 和孔径 d_o 之比有关的系数，按表8-1确定。

表 8-1　系数 τ 与 l/d_o 的关系

l/d_o	0	0.2	0.4	0.6	0.8	1.0	1.2	1.6	2.0	2.4
τ	1.35	1.22	1.10	0.84	0.42	0.24	0.16	0.07	0.02	0

将式(8-48)代入式(8-16)，即得加装孔圈后的水动力特性方程

$$\Delta p = A_1 M^3 - (B_1 - B_2)M^2 + C_1 M \tag{8-50}$$

与推导公式(8-43)相同，可导出加装孔圈后校验水动力特性单值性的公式

$$\Delta i_s \leqslant \left(1 + \frac{\zeta_k}{\zeta_z}\right)\frac{7.46 i_{fg}}{b\left(\frac{v''}{v'} - 1\right)} \tag{8-51}$$

式中，ζ_z 为蒸发管总阻力系数，包括局部阻力系数和摩擦阻力系数。

为简化计算，在不计局部阻力情况下，可取各段的摩阻系数均为水的阻力系数 λ_o，这时有

$$\zeta_z = \lambda_o \frac{L}{D} \tag{8-52}$$

由式(8-51)可见，在加装孔圈后，可容许进入蒸发管的水有较大的欠焓 Δi_s。

孔圈必须装在蒸发管的入口处,如装在出口处,由于在各管出口处工质的比体积不同,反而会增大水动力特性的不稳定性。

式(8-51)中孔圈的阻力系数ζ_k是对应于管内工质流速的情况,如选取对应于孔中流速的阻力系数ζ'_k时,则式(8-51)应改为

$$\Delta i_s \leqslant \left[1 + \frac{\zeta'_k}{\zeta_z}\left(\frac{A}{A_k}\right)^2\right]\frac{7.46i_{fg}}{b\left(\frac{v''}{v'}-1\right)} \qquad (8-53)$$

式中,A,A_k分别为管子和节流孔的截面积。

同理,可以得到在入口欠焓不变情况下,保证流动稳定的节流圈的最小阻力系数为

$$\zeta_k = \zeta_z\left[\frac{\Delta i_s b}{7.46 i_{fg}}\left(\frac{v''}{v'}-1\right)-1\right] \qquad (8-54)$$

增大加热水区段阻力的另一种方法是在加热水区段采用较小的管径,它的作用原理与加装节流圈相同,同样都可以得到消除多值性的效果。加节流圈的优点是可以保持蒸发管的管径不变,使受热面的布置简化,并且调整方便,通过改变孔圈的孔径即可调整加热水段的阻力。它的缺点是当孔小时容易堵塞,此外,当孔圈中流速较大时也易于被水垢、铁锈和焊渣等磨损。

3. 选择具有适当特性的泵

从前面的流量漂移的定性分析中可以看出,流量漂移是在内部流动特性曲线的负斜率区运行时才有可能出现。然而,只要外部特性线的斜率更负(见图8-2中a),就不会出现流量漂移。因此,流量稳定性准则可由下式给出:

$$\left(\frac{\partial \Delta p}{\partial M}\right)_{int} - \left(\frac{\partial \Delta p}{\partial M}\right)_{out} > 0 \qquad (8-55)$$

以式(8-55)作为判断流动稳定性准则,则图8-2中的运行点A和C是稳定的。尽管如此,多点的运行方式还是不希望存在的。所以,流动稳定性的第二个最保守的要求是,内部流动特性曲线和外部流动特性曲线的交点不能多于一个。

对于两个联箱之间的许多平行管的情况(例如具有元件盒的水冷反应堆活性区),各个平行管的进出口压差实际上并不取决于它们各自的质量流量偏差。而是保持常数,即

$$\Delta p_{out} = 常数$$

因而

$$\left(\frac{\partial \Delta p}{\partial M}\right)_{out} = 0 \qquad (8-56)$$

所以,式(8-55)变成

$$\left(\frac{\partial \Delta p}{\partial M}\right)_{int} > 0 \qquad (8-57)$$

上式即为平行管系不发生流量漂移的条件。

第三节 平行通道的管间脉动

管间脉动是平行的加热管道中汽水两相流不稳定现象。前述的流量漂移是水动力特性造成的,而管间脉动是并列管道进出口联箱之间压差基本不变、总的给水量和蒸发量不变

的情况下,并列管道之间所发生的周期性的流量波动。其特点是一些管道的流量增大时,另一些管道的流量减小,并做周期性的变化;同一根管道进水流量 M_i 和出口蒸汽量 D_g 波动的方向相反,即进口水流量降到最小值时,出口蒸汽量达到最大值,两者呈 $180°$ 相位差;而且进口水的流量 M_i 波动幅度较出口蒸汽量 D_g 的波动幅度大得多(见图 8 - 11)。这种流量波动具有自激振荡的性质,也就是在没有周期性外力的作用下,由于热力、水力过程内力的作用,而使脉动能够自动维持下去。

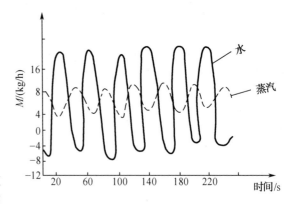

图 8 - 11 管间脉动时蒸汽和水流量的变化

管间脉动对直流锅炉、水冷核反应堆等设备的安全会带来危害,必须防止。

脉动时最大流量与平均流量之差称为脉动的振幅,而两个相邻的最大流量之间的时间称为脉动的周期。脉动的振幅和周期越大,则并联管道(如锅炉)中工质流动的不稳定性越大,管子金属也越容易破坏。由于管道在瞬时的水和蒸汽的流量总是不一致的,那么管内一定存在着压力的波动。图 8 - 12 所示是脉动过程中预热、蒸发、过热三个区段的长度变化及参数变化示意图。并列管道运行时,管道的热负荷总是有一些波动的,如果某一管道中的热负荷增加,则沸腾段的沸腾现象加剧,产生大量蒸汽引起局部压力升高,使沸腾产生"膨胀"现象,将工质分别向管道进出口两端推动,因而使进口水流量减少(入口处压力不变),出口蒸汽量增加;与此同时,由于热负荷的增加,使预热段缩短,部分预热段变为沸腾段,由于局部压力升高,将一部分汽水混合物推向过热段,使沸腾段不仅没有提前结束反而延长到原来的过热段。蒸汽量增加和过热段的缩短都会导致出口过热汽温或热力状态下降。这是脉动的第一瞬时。

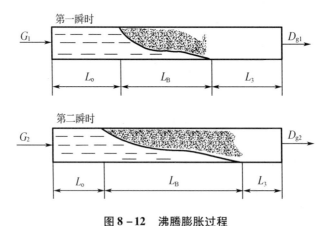

图 8 - 12 沸腾膨胀过程

由于局部压力升高,相应的饱和温度也高,单位质量的水加热到沸点所吸收的热量也增加,因而蒸汽产量下降,排出的汽量减少。而此时进水量少,排出工质多,使流道出现"抽空"现象。这样会引起局部压力的降低,这就增加了管道出口压力与局部压力之差,使进水量又增加。这时预热段又开始增长,蒸发段缩短,过热段增长。排汽量的减少和过热段的增长会导致出口汽温升高,这是脉动的第二瞬时。

在第二瞬时中,局部压力下降,相应的饱和温度也降低,蒸发量又开始增加。蒸发量的增加又促使局部压力升高,如此又回复到第一瞬时的情况。可见一旦发生一次扰动,就会连续、周期地发生流量和温度的脉动。

综上所述,产生脉动的外因是由于某些管道受到如外界热负荷变化的扰动;而其内因在于工质及金属蓄热量发生周期性的变化。因为在开始蒸发点的附近交替地被水和汽水混合物所占据,由于工质温度、局部压力以及放热系数(工质流速的改变)的变动,就改变着工质和金属的蓄热量。例如,当该处局部压力升高时,所得到的热量,部分储蓄在金属及水中,使蒸发量减少;当压力降低时,这些储蓄在管道金属及水中的热量又重新释放给工质,使蒸发量增加。这就是脉动得以持续进行的内在原因。

一、影响管间脉动的主要因素

影响管间脉动的因素比较多,也比较复杂,以下就几种主要影响因素做定性分析。

1. 压力的影响

压力对管间脉动影响很大。脉动现象归根结底是由汽水两相流动引起的。压力升高,则汽和水的比体积接近,局部压力升高等现象就不易发生,从而脉动的可能性小。在超临界压力下,由于最大比热区附近工质的比体积急剧地变化,仍然会出现脉动现象。

2. 质量流速的影响

提高质量流速可以减轻或避免管间脉动发生。因为流速越大,则阻力越大,即入口压力越高,前述的局部压力的变化对流量的影响越小,且很快把工质推向出口,使压力回复。

3. 管内阻力的影响

增加预热段阻力和降低蒸发段阻力可以减轻或避免脉动现象的出现。因为此时在开始蒸发点局部压力的升高对进口工质流量的影响小,并且可以很快把工质推向出口,使压力回复。

4. 入口欠焓的影响

增加管道入口的欠焓,相当于加长预热段,亦即增加了预热段的阻力,对减轻脉动现象是有利的。但是过分增加入口欠焓会促进水动力特性的不稳定,即出现流量漂移。

二、消除管间脉动的方法

消除管间脉动最有效的方法是在管道入口加装节流圈。图8-13示出了节流圈对消除脉动的作用。在管道入口加装节流圈可使进口压力提高,这时在开始蒸发点产生的局部压力升高远远低于进口压力,因而可使流量波动减小直至消除。图8-13中曲线Ⅰ表示正常工况下沿管长的压力变化,曲线Ⅱ为局部压力升高时沿管长的压力变化,此时进入管道的水量减少,而出口蒸汽量增大。若局部压力超过进口压力 p_1,则水会倒流,沸腾起始点也会向出口方向移动。如果在并列管道进口处均加装节流圈,使节流圈产生的压降超过可能波动的压力,脉动便可消除。

为了保证并列管道流动的稳定性,必须确定发生

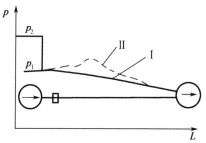

图8-13　沿管长的压力变化
Ⅰ—无脉动时;Ⅱ—产生脉动时

管间脉动的界限。目前,国内外根据实验研究和理论分析提出了一系列计算方法。可是由于脉动现象的复杂性,它与许多因素有关,因此还不能准确地计算。下面介绍一种根据实验提出的防止脉动的准则,即

$$\frac{\Delta p_1 + \Delta p_2}{\Delta p_3} \geqslant m \qquad (8-58)$$

式中　Δp_1——节流圈阻力;

　　　Δp_2——预热段阻力;

　　　Δp_3——蒸发段阻力,包括过热段;

　　　m——实验常数,可由图 8-14 的曲线查出。

当式(8-58)满足时,就不会出现管间脉动。

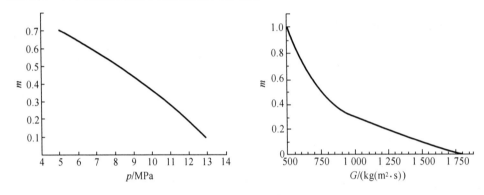

图 8-14　m 值的关系曲线

在用式(8-58)进行计算时,先根据质量流速 G 和工质压力 p 在图 8-14 中查出相应的 m 值,取两者较大的一个数值。由查定的 m 值以及计算得到的 Δp_2, Δp_3 值,便可利用式(8-58)计算出节流圈阻力 Δp_1,然后根据 Δp_1 求得节流圈阻力系数 ζ_k,进而确定节流圈孔径。

在管子加热水段采用较小直径管子,以提高该区段流动阻力,也能防止脉动,其作用和加装节流圈相同。提高管内质量流速,由于增加了加热水段的长度和阻力,因而也可防止脉动。

防止脉动的另一有效措施为装呼吸集箱。例如,可在并联管组的各管上焊一短管,各短管一端与相应的蒸发管相通,另一端和一公共的呼吸集箱相通。这样,各管中的局部压力波动在呼吸集箱中得到平衡,可以达到消除流量脉动的目的。由于脉动起因是在沸点附近,所以短管一般连在质量含气率 $x < 0.25$ 处。

苏联在这方面做了很多工作。他们通过计算机求解数学模型以及在大量试验资料基础上,得出了求取不发生脉动时所要求的管内最低质量流速计算式,并配以线算图以供设计应用。对管径不变的水平管,管内最低质量流速,即界限质量流速 G_j 可按下式计算

$$G_j = 4.62 \times 10^{-9} K_p (G_{p=9.8})_j \frac{q'' l}{d_n} \quad \text{kg/(m}^2 \cdot \text{s)} \qquad (8-59)$$

式中　$(G_{p=9.8})_j$——压力为 9.8 MPa 时的界限质量流速,kg/(m² · s);

　　　K_p——压力修正系数,可由进口阻力系数 ζ 和压力 p 在图 8-15 左面曲线图的横坐标上查得;

　　　q''——管子内壁平均热负荷,W/ m²;

　　　l——管子长度,m;

d_n——管子内直径，m。

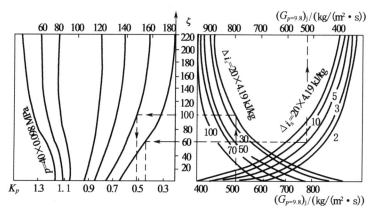

图 8-15　$p=9.8$ MPa 时水平管中不发生脉动的界限质量流速$(G_{p=9.8})_j$ 线算图

$p=9.8$ MPa 时不脉动的界限质量流速$(G_{p=9.8})_j$、压力修正系数 K_p、进口阻力系数 ζ（受热前管段阻力系数及节流圈阻力系数之和）和进口工质欠焓 Δi_s 的关系曲线表示在图 8-15 中。如已知 q'',l,d_n,ζ,p 及 Δi_s，可在图 8-15 左面曲线上按 p 及 ζ 查得 K_p 值，再在右边曲线上按 ζ 及 Δi_s 查得$(G_{p=9.8})_j$。将查得的 K_p 值及$(G_{p=9.8})_j$ 值代入式（8-59），可算出在该计算工况下不发生脉动的界限质量流速 G_j 值。

由图 8-15 可见，进口工质欠焓 Δi_s 的大小对发生脉动也有影响。Δi_s 增大，使加热水段长度增大，这对增大加热水段阻力有利，对防止脉动有利；但沸点离进口处远，沸点处压力升高等工况反馈到进口的时间长，对发生脉动不利，因而存在一个最有利于发生脉动的 Δi_s 值，由图可见，当其他条件相同，Δi_s 值为 83.8 kJ/kg，工质进口欠焓为 83.8 kJ/kg 时，不发生脉动所需的界限质量流速最大。

对于具有逐段增加管径结构的水平蒸发受热面，其界限质量流速按下式计算：

$$(G)_j = 4.62\times10^{-9}K_p(G_{p=9.8})_j \times \frac{1}{d_1}\left(q''_1 l_1 + q''_2 l_2 \frac{d_1}{d_2} + \cdots + q''_n l_n \frac{d_1}{d_n}\right)\cdot\left(\frac{d_{k-1}}{d_k}\right)^{0.25} \quad (8-60)$$

式中　下标 $1,2,\cdots,n$——由管子进口端开始计算的区段序号；

下标 k——开始沸腾段的序号。

在一次竖直上升蒸发管排中，重位压力降是进、出口集箱间压力降中的重要组分，尤其在低负荷时，因而重位压力降对脉动有重要影响作用。当流量脉动时，竖直管的加热水段高度随脉动而变动，所以重位压力降也随之脉动。重位压力降的脉动振幅较大，且比流量脉动落后一个相位角，因而使一次竖直上升蒸发管排比水平管排更易脉动。影响竖直上升管排脉动的因素和影响水平管排的相似。降低热负荷、提高质量流速、提高压力、装设节流圈等均有利于防止脉动。工质进口欠焓增大，由于增加加热段长度，可减轻脉动，但重位压力降影响也相应增大，促使脉动敏感性增强，因而其影响也不是单向的。

竖直上升管排中防止脉动所需的界限质量流速值 G_{js} 高于水平管排的，并可用下式计算

$$G_{js} = cG_j \quad (8-61)$$

式中　G_j——水平管排中的界限质量流速，按式（8-59）确定，kg/（m²·s）；

c——修正系数，按图 8-16 查取。

对于重位压力降不超过总压力降10%的微倾斜管排和上升下降管排,其界限质量流速可取为水平管排的1.2倍;如重位压力降较大者,按竖直上升管计算。对于复杂的排间脉动的校验,如为水平的并联管排,按式(8-59)计算其界限质量流速,如为竖直上升的并联管排,按式(8-61)计算。

复杂的并联管排,如多次炉内上升、炉内下降的管排,其排间脉动可按下式校验:

$$\frac{\Delta p_1 + \Delta p_2}{\Delta p_3} > a \qquad (8-62)$$

式中 Δp_1,Δp_2,Δp_3——节流圈、加热水段和蒸发段的阻力,Pa;

a——系数,按表(8-2)查取。

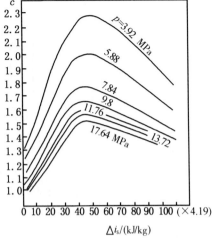

图8-16 竖直上升管脉动界限质量流速修正系数 c

表8-2 式(8-62)中的系数 a 值

p/MPa	4.0	6.0	8.0	10.0	12.0	14.0
a	0.80	0.65	0.52	0.37	0.16	0.10

式(8-59)的应用范围为 $p = 4 \sim 18$ MPa;进口欠焓 $\Delta i_s = 21 \sim 420$ kJ/kg;加节流圈后的进口阻力系数 $\zeta = 0 \sim 300$;受热面负荷为 $58 \sim 580$ kW/m²;水平管内汽水混合物流量脉动频率小于 $0.2 \sim 0.25$ Hz的工况,平均误差为 $10\% \sim 15\%$,最大误差为 20%。

上述校验脉动的计算应按锅炉启动及最低负荷的工况进行。实际质量流速如大于算出的 G_j,则不会发生脉动,否则应增大进口节流度重新计算,直到实际质量流速大于 G_j 为止。

例8-1 一台具有水平围绕水冷壁的直流锅炉的下辐射区,由30根长173.6 m,管子内直径为30 mm的并联管子组成。其启动参数为压力 $p = 5.88$ MPa,给水流量 $M = 60$ t/h,进口水焓 $i_1 = 418.6$ kJ/kg,一根管子的总吸热量 $Q = 2\,863$ MJ/h。管子有12个碳钢弯头,弯曲半径为60 mm,其阻力系数为 $\zeta_{wt} = 0.52$。管入口阻力系数为 $\zeta_i = 0.5$,出口阻力系数 $\zeta_c = 1.1$。

试问:(1)在上述启动工况下,管内水动力特性是否稳定? 如不稳定应装设多大孔径的节流圈? (2)如其他条件不变,启动时的进水焓 $i_1 = 787.8$ kJ/kg,是否会发生脉动流动现象。如发生脉动,求应加装的节流圈孔径。

解 (1)根据水蒸气表,可得 $p = 5.88$ MPa时饱和水比体积 $v' = 0.001\,314\,9$ m³/kg,饱和汽比体积 $v'' = 0.033\,1$ m³/kg;汽化潜热 $i_{fg} = 1\,578.96$ kJ/kg;饱和水焓 $i' = 1\,206.8$ kJ/kg。

进口工质欠焓 $\Delta i_s = 1\,206.8 - 418.6 = 788.2$ kJ/kg。

由式(8-43),不装设节流圈时的水动力特性单值条件为其进口水欠焓应保证

$$\Delta i_s \leqslant \frac{7.46 i_{fg}}{b\left(\frac{v''}{v'} - 1\right)}$$

因为 $p < 10$ MPa,所以修正系数 $b = 2.0$。

$$\Delta i_s \leqslant \frac{7.46}{2} \frac{1\,578.96}{\left(\frac{0.033\,13}{0.001\,314\,9} - 1\right)} = 243.4 \text{ kJ/kg}$$

由于实际欠焓为 788.2 kJ/kg,大于上值,所以水动力特性是不稳定的,必须加装节流圈。对已知的锅炉管,管内摩擦阻力系数 λ 按粗糙区的公式计算,即

$$\lambda = \frac{1}{4\left(\lg 3.7 \dfrac{d_n}{k}\right)^2} = \frac{1}{4\left(\lg 3.7 \dfrac{30}{0.06}\right)^2} = 0.023\,4$$

弯头的总局部阻力系数 $\sum \zeta_{wt} = 12 \times 0.52 = 6.24$。总的管子阻力系数为

$$\zeta_z = \lambda \frac{1}{d_n} + \sum \zeta_{jb} = 0.023\,4 \times \frac{7\,173.6}{0.03} + 6.24 + 0.5 + 1.1 = 143.25$$

按式(8-51)计算,$\Delta i_s = 788.2$ kJ/kg 时,所需的节流圈阻力系数 ζ_k 由式(8-54)可得

$$\zeta_k = \left[\frac{\Delta i_s b \left(\dfrac{v''}{v'} - 1\right)}{7.46 i_{fg}} - 1\right]\zeta_z = \left[\frac{7.882 \times 2\left(\dfrac{0.033\,13}{0.001\,314\,9} - 1\right)}{7.46 \times 1\,578.96} - 1\right] \times 143.25 = 320.6$$

节流圈的 l/d_o 取为 0.4,则 τ 值由表 8-1 查得为 1.1,按式(8-49)可算出节流圈开孔直径 d_o,即

$$320.6 = \left\{0.5 + \left[1 - \left(\frac{d_o}{0.03}\right)^2\right]^2 + 1.1\left[1 - \left(\frac{d_o}{0.03}\right)^2\right]\right\}\left(\frac{0.03}{d_o}\right)^4$$

由上式可算得 $d_o = 0.008\,4$ m $= 8.4$ mm,如 $d_o \leqslant 8.4$ mm,则此水平蒸发管的水动力特性是稳定的。

(2)进口工质欠焓 $\Delta i_s = i' - i_1 = 1\,206.8 - 787.8 = 419$ kJ/kg,启动时的工质质量流速为

$$G = \frac{M}{A} = \frac{60 \times 10^3}{3\,600 n \dfrac{\pi d_n^2}{4}} = k \frac{60 \times 10^3}{3\,600 \times 30 \times \dfrac{3.14 \times 0.03^3}{4}} = 785 \text{ kg/(m}^2 \cdot \text{s)}$$

管子内壁热负荷为

$$q'' = \frac{Q}{\pi d_n l} = \frac{2\,863 \times 10^6/3\,600}{3.14 \times 0.03 \times 173.6} = 48\,630 \text{ W/m}^2$$

如不加装节流圈,且未加装前的管段阻力很小,则进口阻力系数 $\zeta \approx 0$,此时由图 8-15 右面曲线按 $\zeta = 0$,$\Delta i_s = 419$ kJ/kg 可得 $(G_{p=9.8})_j = 625$ kg/(m$^2 \cdot$ s);按 $p = 5.88$ MPa 及 $\zeta = 0$ 由图 8-14 左面曲线可得 $K_p = 1.1$。按式(8-59)可得

$$G_j = 4.62 \times 10^{-3} \times 1.1 \times 625 \times \frac{48\,630 \times 173.6}{0.03} = 893.8 \text{ kg/(m}^2 \cdot \text{s)}$$

由于实际质量流速,$G = 785 < 893.8$ kg/(m$^2 \cdot$ s),所以如进口不加节流圈,工质会发生脉动。节流圈的阻力系数 ζ 应为多大才可防止脉动需采用试算法确定。取 $\zeta = 20$,可查得 $(G_{p=9.8})_j = 535$ kg/(m$^2 \cdot$ s),$K_p = 1.12$,可算得 $G_j = 779$ kg/(m$^2 \cdot$ s)。由于实际质量流速为 785 kg/(m$^2 \cdot$ s),略大于 G_j,所以加装阻力系数为 $\zeta = 20$ 的节流圈后工质不再发生脉动。按式(8-49)可算出 ζ 为 20 的节流圈开孔直径 d_o(节流圈长度与孔径 d_o 之比 l/d_o 取为 0.4,则 τ 值由表 8-1 查得为 1.1),即

$$2 = \left\{0.5 + \left[1 - \left(\frac{d_o}{0.03}\right)^2\right]^2 + 1.1\left[1 - \left(\frac{d_o}{0.03}\right)^2\right]\right\}\left(\frac{0.03}{d_o}\right)^4$$

由上式可解得 $d_o = 0.016\,35$ m $= 16.35$ mm。

第四节　其他一些流动不稳定性

一、流型变迁不稳定性

流型变迁不稳性是发生在泡－塞状流变迁到环状流的流动工况。在泡－塞状流的流动工况中,若遇有随机偏差引起流量的暂时减少,在加热通道中会导致含气量的增加,于是可能转变到环状流动工况。由于在同样的流速下,环状流的压降比泡－塞状流的压降小,那么,在整个通道驱动压头保持不变的情况下,就产生了过剩压头。过剩压头使得流体的流动加速,流量增大,在加热量保持不变的情况下,导致含气率减少,直到不能维持环状流动为止,于是又恢复到泡－塞状流的流动方式。这个循环不断往复,构成了流量的振荡,通常称为流型变迁不稳定性。

在低压的两相流动系统中,观察到临界热流密度受到流型变迁不稳定性的强烈影响。

二、声波脉动不稳定性

强制流动的制冷剂被加热到膜态沸腾时常会出现声波型脉动。有些文献认为,这一脉动是由于气膜对于流动扰动的热力反应造成的。当一个压缩波传过受热面时压缩了气体边界层,因而增加了气膜的导热性能,也增加了蒸汽的生成率。同理,一个稀疏波传过受热面时,气膜边界层将膨胀,气膜导热性能暂时降低,因而产生蒸汽较少。这一过程能自己重复。因而,当扰动通过声波传过管道时,能使管中扰动加强而持续脉动。声波型脉动(或称压力波型脉动)的特点是频率高。脉动周期和压力波传给整个管道系统所需的时间具有相同数量级。在欠热沸腾、泡态沸腾和膜态沸腾中,都能出现声波型脉动现象。有些研究报告表明,在工质欠热度较高的条件下,声波型脉动频率相当高,可达 $10 \sim 100$ Hz。和稳定流动相比,发生声波型脉动时压力降的振幅相当大,进口压力的脉动值和正常工作压力之比也是相当高的。

在各种工况下,压力降的脉动振幅是相当大的。在试验中,脉动都是在管路的压降－流量曲线的负斜率区段上发生,脉动频率大于 35 Hz。

发生声波型脉动的条件为

$$\frac{q''}{Gi_{fg}} = 0.005 \frac{v'}{v'' - v'} \tag{8-63}$$

式中　　q''——热流密度;

$\quad\quad i_{fg}$——汽化潜热;

$\quad\quad G$——质量流速。

三、波型脉动不稳定性

如果在一受热管中使热负荷不变而突然降低进口流量,则单位工质吸热量将增大,蒸发率将增加,因而将使两相流体的密度减小。这一扰动对于压降特性及传热特性均有影响。在一定的管子排列方式和运行工况等综合条件影响下,由于管路系统中流量、蒸发率和压力降之间的多重反馈作用,就会发生流体的密度波型脉动。密度波型脉动发生在管路的压降－流量特性曲线的正斜率区段上。发生密度波型脉动时管壁温度变化不大。这是因为脉动频率较高，管壁因存在热惯性使壁温来不及变化的缘故。密度波型脉动一般发生在出口工质的质量含气率在于大 0.5 时。

密度波型脉动是工程中最常见的脉动，在过去 20 年中，已进行过较多的研究。在文献中常可看到有关动力工业和制冷工业设备中发生密度波型脉动的报道。近 10 年来，对于核反应堆中的密度波型脉动，也进行过不少研究工作。例如，Waszink 曾对一台 1 MW 钠加热蒸发器的水力学问题进行过研究。研究表明，在蒸发器的 9 根管中，发生的不稳定流动是密度波型脉动。

四、热力型脉动不稳定性

在一受热管道中，如使流量降低而保持热流密度不变，当流量降低到一定程度时，会发生两相流体的密度波型脉动。如将流量再进一步降低，则管子出口处将出现蒸干工况。此时，受热管壁的热力反应将迫使流体发生脉动。此即热力型脉动，发生热力型脉动时，管壁上的传热工况在膜态沸腾与过渡沸腾之间来回变动，从而产生温度振幅较大的壁温脉动。高压汽－水混合物发生蒸干工况时的一个特点就是会发生热力型脉动。Quinu 曾经在试验管段的蒸干点下游测得了壁温脉动达近百摄氏度的试验曲线，脉动周期为 2～20 s，这是由于流动不稳定造成蒸干点来回变动引起的。

热力脉动会使管壁金属因温度经常变化而疲劳，并使腐蚀速度加快。

热力型脉动是一种复合脉动，其形成机理比较复杂，理论分析比较困难，对其成因目前尚无具体分析的资料。

目前还不能明确地定出流型开始变迁的条件，它往往随着通道的几何形状、边界条件以及流体的性质而变化。所以，对预计这种流动不稳定性还没有一个合适的模型和分析方法，有待在今后进一步研究和分析。

五、起泡不稳定性

起泡不稳定性指的是液相突然汽化，使汽水混合物的密度迅速下降所引起的瞬间不稳定性。它直接依赖于液体的物性、系统的几何形状以及受热面条件。例如，对于非常清洁和平滑的受热面，需要较高的壁面过热才能激发泡核生成。表面附近的液体受到高度的过热，一旦泡核开始生成，气泡增长特别迅速，会使液体从受热流道喷出，迅速汽化将冷却周围的液体及加热表面。气泡一离开加热表面，加热表面又会重新被液相所覆盖。泡核的进一步生成将受到抑制，直到表面又重新出现必要的过热时，又重复上述过程。

以上介绍的是在加热设备中存在几种主要的不稳定性。不稳定性还有很多种，有些至今还没有很好地研究，对不稳定性的一些影响因素目前还没有真正搞清，对有些问题的看法还有分歧。例如热流密度沿通道轴向分布形状的影响就是如此。有的实验指出，余弦形状热流密度比均匀分布热流密度使流动更趋于稳定，而有的实验却得到相反的结论。这些尚有待于进一步研究确定。

第五节 动态流动不稳定性的理论分析

近年来,人们做了种种努力,试图用解析数学模型逼真地描述两相流动不稳定现象。但是,由于对这个问题的认识还很肤浅,所以提出的各种分析计算程序无不具有局限性。其主要原因是两相流动工况包括的范围很广,两相流动系统的几何条件、传热和流动条件是多种多样的,这给分析问题带来了很多困难。因此,要写出一个适用于各种流动不稳定现象的分析计算程序是极其困难的,现有的一些计算模型都有局限性,只能适用于分析部分动态不稳定性问题。

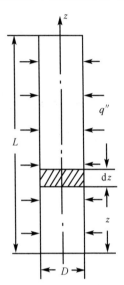

图 8 - 17 均匀受热管内流动示意图

为了简化讨论,仅把问题限制在一维空间的范围内。对于现代动力工程中所用的换热设备来讲,通道的当量直径远远小于它的长度,而且流通截面积常常是恒定的,故可以采用一维方程分析动态流动不稳定性问题。

假定有一个直径为 D,长度为 L,表面热流密度为 q'' 的竖直圆管,流体从下向上流动(见图 8 - 17)。从欧拉体系的观点看来,一维滑动流的基本守恒方程可写为:

质量守恒方程

$$\frac{\partial \rho_o}{\partial t} + \frac{\partial G}{\partial z} = 0 \qquad (8-64)$$

动量守恒方程

$$\frac{\partial G}{\partial t} + \frac{\partial}{\partial z}(v_M G^2) = -\left(\frac{\partial p}{\partial z} + \frac{\partial p_f}{\partial z} + \rho_o g\right) \qquad (8-65)$$

能量守恒方程

$$\frac{\partial}{\partial t}(\rho_o i_m) + \frac{\partial}{\partial z}(G i'_m) = q'' \frac{L_h}{A} \qquad (8-66)$$

式中 ρ_o——两相流真实密度;

i_m——体积权重平均焓;

i'_m——流量权重平均焓;

L_h——通道单位长度上的传热面积。

$$\rho_o = \frac{1}{A}\int_A \rho \mathrm{d}A \qquad (8-67)$$

$$G = \frac{1}{A}\int_A \rho W \mathrm{d}A \qquad (8-68)$$

$$v_M = \frac{1}{G^2}\left(\frac{1}{A}\int_A \rho W^2 \mathrm{d}A\right) \qquad (8-69)$$

$$i_m = \left(\frac{1}{\rho_o}\right)\left(\frac{1}{A}\int_A \rho i \mathrm{d}A\right) = \left(\frac{1}{\rho_o}\right)[\rho' i'(1-\alpha) + \rho'' i'' \alpha] \qquad (8-70)$$

$$i'_m = \frac{1}{G}\left(\frac{1}{A}\int \rho W i \mathrm{d}A\right) = i'(1-x) + i'' x \qquad (8-71)$$

把以上的两相流平均参数代入三个守恒方程中,可以得到质量守恒表达式

$$\frac{\partial}{\partial t}\left[\rho'(1-\alpha)+\rho''\alpha\right]+\frac{\partial}{\partial z}\left[\rho'(1-\alpha)W'+\rho''\alpha W''\right]=0 \tag{8-72}$$

动量守恒表达式

$$\frac{\partial}{\partial t}\left[\rho'W'(1-\alpha)+\rho''W''\alpha\right]+\frac{\partial}{\partial z}\left[\rho'W'^2(1-\alpha)+\rho''W''^2\alpha\right]$$

$$=-\frac{\partial p}{\partial z}-\frac{\partial p_{\mathrm{f}}}{\partial z}-\left[\rho'(1-\alpha)+\rho''\alpha\right] \tag{8-73}$$

能量守恒表达式

$$\frac{\partial}{\partial t}\left[\rho'i'(1-\alpha)+\rho''i''\alpha\right]+\frac{\partial}{\partial z}\left[\rho'W'i'(1-\alpha)+\rho''W''i''\alpha\right]=q''\frac{L_{\mathrm{h}}}{A} \tag{8-74}$$

这样,就得到了应用分离流模型描述动态流动不稳定现象的数学表达式。以上公式可以用数值解法在计算机上求解。为了数值计算方便,提供合适的截面含气率和两相流摩擦压降经验关系式是十分重要的。为此,下面介绍动态流动不稳定性分析中常用的截面含气率和两相流摩擦压降关系式。

截面含气率经验关系为

$$\frac{(1-\eta)\alpha}{K_{\mathrm{s}}-\eta\alpha+(1-K_{\mathrm{s}})\alpha^n}=x \tag{8-75}$$

$$\eta=1-\frac{\rho''}{\rho'} \tag{8-76}$$

$$K_{\mathrm{s}}=1-0.9045\times(3206.2-142.2p)\times10^{-4} \tag{8-77}$$

$$n=3.33+2.5596\times10^{-2}p+9.3016\times10^{-3}p^2 \tag{8-78}$$

式中　p——系统压力,MPa;

　　　x——质量含气率。

经验关系式(8-75)中的截面含气率与质量含气率和压力的关系曲线已画在图8-18中。n 为滑速比修正系数,n 与压力的关系如图8-19所示。

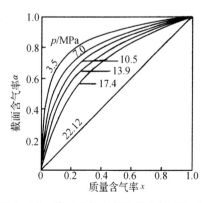

图8-18　截面含气率与质量含气率的关系

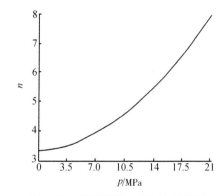

图8-19　修正因子 n 与压力的关系

两相摩擦压降的轴向压力梯度关系式为

$$\frac{\partial p_{\mathrm{f}}}{\partial z}=\frac{\lambda}{2D}\left(\frac{M}{A}\right)^2 v'\overline{\phi_{\mathrm{o}}^2}\Omega \tag{8-79}$$

式中　$\overline{\phi}_0^2$——两相摩擦因子;

　　　Ω——两相摩擦因子的修正系数。

$$\overline{\phi}_0^2 = \exp\left(\sum_{k=1}^{4} a_k \omega^k\right) \qquad (8-80)$$

$$\omega = \ln[100(x + 0.01)] \qquad (8-81)$$

$$a_k = \sum_{i=0}^{7} C_{ki}\left(\frac{142.2p}{1\,000}\right)^i \qquad (8-82)$$

式中　p——压力,MPa;

　　　C_{ki}——系数,见表 8 - 3。

表 8 - 3　C_{ki} 数值表

i	k			
	1	2	3	4
0	2.544 831 6	- 0.517 567 52	- 0.101 939 56	- 0.008 060 679 8
1	- 7.889 620 1	1.955 020 0	- 0.372 337 85	0.026 160 876
2	15.575 870	- 0.968 861 64	- 0.190 256 85	0.060 288 725
3	- 17.340 906	- 4.612 007 9	2.265 483 9	- 0.324 268 71
4	10.409 842	8.491 034 0	- 3.492 541 4	0.465 538 47
5	- 3.204 487 7	- 5.958 309 8	2.329 908 5	- 0.303 334 82
6	0.424 848 05	1.898 918 3	- 0.725 349 73	0.093 379 834
7	- 0.010 804 871	- 0.228 676 80	0.086 169 847	- 0.011 021 915

　　式(8 - 80)在质量含气率由零到 70%、压力在 17.5 MPa 以下时,与实验结果符合较好,其标准偏差为 1.15%。当压力和质量含气率超过上述值时,应做适当修正。

　　Ω 值可由以下公式计算

$$\Omega = \left[\sum_{j=0}^{5} b_{0j}Z^j\right] + 142.2\left[\sum_{j=0}^{5} b_{1j}Z^j\right]p \qquad (8-83)$$

$$Z = \ln[737.3 \times 10^{-6}G + 0.2] \qquad (8-84)$$

系数 b_{0j} 和 b_{1j} 的数值如下:

$b_{00} = 1.401\ 279\ 7$　　　　　　$b_{10} = -0.382\ 293\ 99 \times 10^{-4}$

$b_{01} = -0.680\ 823\ 18 \times 10^{-1}$　　$b_{11} = -0.452\ 000\ 14 \times 10^{-3}$

$b_{02} = -0.833\ 875\ 93 \times 10^{-1}$　　$b_{12} = 0.122\ 784\ 15 \times 10^{-3}$

$b_{03} = 0.356\ 408\ 86 \times 10^{-1}$　　$b_{13} = 0.151\ 652\ 16 \times 10^{-3}$

$b_{04} = 0.218\ 557\ 41 \times 10^{-1}$　　$b_{14} = -0.342\ 962\ 60 \times 10^{-4}$

$b_{05} = -0.636\ 767\ 96 \times 10^{-2}$　　$b_{15} = -0.328\ 207\ 47 \times 10^{-4}$

　　图 8 - 20 给出了两相摩擦因子与质量含气率之间的关系,图中的光滑曲线是两相摩擦因子的对数曲线,图上的点是式(8 - 80)的计算值。图 8 - 21 绘出的是两相摩擦因子的修正系数与质量流速和压力之间的关系曲线。

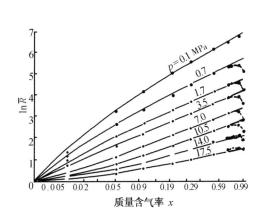

图 8 - 20　两相摩擦因子的对数
与含气率的关系

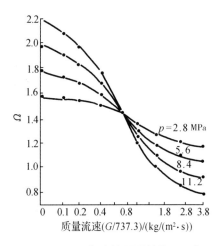

图 8 - 21　两相摩擦因子的修正系数
与质量流速的关系

根据以上的基本方程和经验公式,对于不稳定问题可以用计算机求解计算。

习　　题

8 - 1　一个加热通道由预热段和蒸发段两部分组成,预热段的线功率密度为 q'_1,蒸发段的线功率密度为 q'_2,q'_3 和 q'_4 不相等。不计加速度压降,试推导总压降 Δp 和流量 M 的关系式,并给出 A_o,B_o 和 C_o 的表达式。

8 - 2　某一直流蒸发器的管道尺寸及工作参数如下:工作压力 $p = 3$ MPa,管内径 $D = 1$ cm,预热段线功率密度 $q'_1 = 11.63$ kW/m,蒸发段线功率密度 $q'_2 = 18.6$ kW/m,管长 $L = 4.5$ m。若水入口温度分别为(1) $T_i = 200$ ℃;(2) $T_i = 100$ ℃。求该直流蒸发管的特性曲线。

8 - 3　一台水平围绕上升管带式水冷壁的直流锅炉的下辐射区,由 20 根长为 160 m,内径 38 mm 的管子组成,工作参数为压力 $p = 7$ MPa,给水流量 $M = 55$ t/h,入口水的焓 $i_i = 418.68$ kJ/kg;一根管子的总吸收热量为 795.5 kW。问上述工况下管圈中水动力特性是否稳定,如不稳定,则使流动稳定应装多大的节流圈?

8 - 4　习题 8 - 3 中,为了防止管间脉动需装设的节流圈孔径应是多少?

第九章　两相流参数的测量

第一节　概　　述

从两相流动研究的总体情况看,由于流动过程复杂,很多问题还不能用纯理论的方法来解决。大多数问题的研究还主要依赖于实验解决,而实验技术的发展主要取决于各流动参数的测量。两相流参数测量涉及的内容很多,与单相流体测量相比,不但内容繁多而且有很多新的特点。特别是两相流在通道内流动时可能会有各种各样的流型,这给参数的测量带来很多难题。为此,近几十年来,国内外对两相流的测量问题进行了大量的研究工作,取得了一定的成果,但到目前为止真正能投入使用的和商品化的仪表甚少。这些问题在某种意义上讲也制约了两相流理论研究工作的进展。从这一点上看,两相流参数的测量在两相流的研究领域内占有很重要的地位。

尽管两相流参数的测量很繁杂,内容很多,但是它的发展或多或少总是与单相流的基本测量技术有一定关系,有很多内容是从单相流的测量技术演变而来。

本章简要介绍一些常用的两相流测量方法,以及两相流参数测量过程中应注意的一些问题。

第二节　流型的测量

两相流流型的测量在两相流的研究中占有很重要的地位,因为准确地测量流型对于揭示两相流的特性具有重要的意义。在这里介绍几种常用的测量方法。

一、可视化观测法

可视化观测的初级方法就是直接观察,这就需要通道是透明的。当流速较高时,用肉眼直接观察作出可靠的鉴别是困难的,但是这方面的困难可以通过应用各种高速摄影技术解决。高温高压系统中用这种方法测量更要困难一些,因为流体的通道要透明才能摄影。这就需要采用红宝石等贵重材料。高速摄影法的主要困难在于:透过两相混合物的光在各个界面上受到折射。因而高速摄影会由于光折射的存在而带来测量的较大误差。这些困难可以用 X 射线照相得以克服。X 射线图像仅决定于吸收的程度不同,因而从这些图像中常常可能得到对流动性质分析更有用的资料。

二、电探针测量法

可视化方法存在很多问题,后来很多人提出了新的方法。1969 年贝格尔斯(Bergles)[44]等人提出使用图 9 - 1 所示的电探针技术测量流型。

这种方法是把探针的敏感元件装在通道中,探针除触点外都有绝缘。用探针测量测点

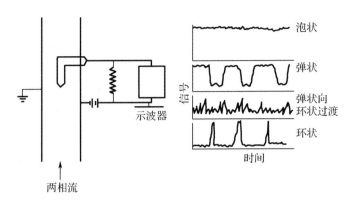

图9-1　电探针测量流型

与壁面之间的电导率,所得到的响应曲线通常显示在示波器下,用它来表示流型。由于气体和液体的电导率是不同的,因此所得到的信号随流型而变化。把所测得的信号以时间为横坐标作出函数图线,根据峰值的波形来判断流型的种类。这种测量一般要先在透明通道中进行标定。

三、X 射线测量法

X 射线吸收法是 1974 年詹斯和朱伯(Jones and Zuber)等人提出来的,如图 9-2 所示。用一束 X 射线穿过两相流通道,用一台经过标定的检测器检测其终结强度,从而给出一个瞬时的空泡份额 α,根据 α 值作出概率密度函数 $p(\alpha)$,$p(\alpha)$ 即表示 α 在某数值下出现的概率。

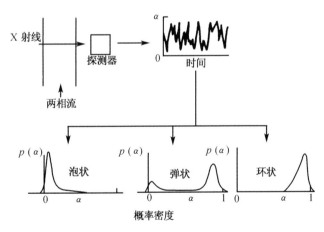

图9-2　X 射线测量法

$p(\alpha)$ 取决于流型:对于泡状流,空泡份数概率密度峰值出现在低空泡份额区,环状流峰值出现在高空泡份额区。而弹状流出现两个峰值,一个在 α 较低情况下,另一个在 α 较高时。这是因为弹状流是间隔的,大气弹的后面还有一些小气泡。应该指出,对于泡状流,有一负截面含气率的概率。这从物理意义上讲是不可能的,但是,因为吸收过程本身有一个统计分布,它使高峰值变宽,所以出现上述现象。

第三节 流量的测量

两相流的流量是两相流中最重要的参数之一。流量测量的方法主要是直接测量与两相流体流量有关的一些参数,从而确定各相流量的数值。下面介绍两种常用的流量测量方法。

一、孔板流量计

当流体流经通道内的孔板时,孔板前后产生压差,在一定的条件下压差和流量之间有确定的关系,通过测量压差便可确定流量。

目前用于单相流体流量测量的孔板已标准化了,在工程中被广泛采用。

为了利用孔板测量两相流的流量,必须找出通过孔板时两相流体的压差、含气率和气液总流量三者间的关系。这里介绍采用均相流模型的这种关系。采用均相流模型,并假定流经孔板时流体不发生相变,孔板中的重力和摩擦力可忽略。在这种情况下,两相流通过孔板时的压降公式为

$$\Delta p = \frac{M^2 v_m}{2 C_t^2 \varepsilon_t^2 A_o^2} \qquad (9-1)$$

式中 A_o——孔板的开孔面积;

$\quad C_t$——两相流流经孔板时的流量系数;

$\quad \varepsilon_t$——两相流体膨胀系数;

$\quad v_m$——混合物的平均比体积,按下式计算

$$v_m = x v'' + (1-x) v' \qquad (9-2)$$

代入式(9-1)后得

$$\Delta p = \frac{M^2 v'}{2 C_t^2 \varepsilon_t^2 A_o^2} \left[1 + \left(\frac{v''}{v'} - 1 \right) x \right] \qquad (9-3)$$

设单相水以两相流总质量流量流过孔板时的压差为

$$\Delta p_{lo} = \frac{M^2 v'}{2 C'^2 A_o^2} \qquad (9-4)$$

式(9-3)和式(9-4)相除,即得孔板的全液相折算系数

$$\Phi_{lo}^2 = \frac{\Delta p}{\Delta p_{lo}} = \left(\frac{C'}{C_t} \right)^2 \frac{1}{\varepsilon_t^2} \left[1 + \left(\frac{v''}{v'} - 1 \right) x \right] \qquad (9-5)$$

如果取 $C' = C_t$, $\varepsilon_t = 1$ 则式(9-5)可简化为

$$\Phi_{lo}^2 = \left[1 + \left(\frac{v''}{v'} - 1 \right) x \right] \qquad (9-6)$$

一些实验证明,上式的计算精度不高,特别是在低压下误差较大。

奇斯霍姆根据其实验建立了理论模型,设定两相流体中气体和液体部分单独流过孔板时的压差分别表示成 Δp_g 和 Δp_1。

$$\Delta p_g = \frac{M^2 x^2 v''}{2 (C'' \varepsilon A_o)^2} \qquad (9-7)$$

$$\Delta p_1 = \frac{M^2 (1-x)^2 v'}{2 (C' A_o)^2} \qquad (9-8)$$

引入参数

$$X^2 = \frac{\Delta p_1}{\Delta p_{\mathrm{g}}} = \left(\frac{1-x}{x}\right)^2 \left(\frac{\rho''}{\rho'}\right) \left(\frac{C''\varepsilon}{C'}\right)^2 \tag{9-9}$$

当取 $C''\varepsilon \approx C'$，则参数 X^2 可简化为

$$X^2 = \frac{\Delta p_1}{\Delta p_{\mathrm{g}}} = \left(\frac{1-x}{x}\right)^2 \left(\frac{\rho''}{\rho'}\right) \tag{9-10}$$

两相流通过孔板时的压差用下式表示

$$\Delta p = \frac{M^2 v'}{2 C_{\mathrm{t}}^2 \varepsilon_{\mathrm{t}}^2 A_{\mathrm{o}}^2} \left[\frac{(1-x)^2}{1-\alpha} + \frac{v''}{v'} \frac{x^2}{\alpha}\right] \tag{9-11}$$

用式(9-11)除以式(9-8)，并取 $C' = C_{\mathrm{t}}\varepsilon_{\mathrm{t}}$，经整理后可得

$$\Phi_1^2 = \frac{\Delta p}{\Delta p_1} = 1 + \frac{C}{X} + \frac{1}{X^2} \tag{9-12}$$

$$C = \frac{1}{S}\left(\frac{\rho'}{\rho''}\right)^{1/2} + S\left(\frac{\rho''}{\rho'}\right)^{1/2} \tag{9-13}$$

上式中的滑速比

$$S = \left(\frac{\rho'}{\rho_{\mathrm{m}}}\right)^{\frac{1}{2}} \tag{9-14}$$

当 $X \geqslant 1$ 时，用上面的方法计算出的 C 值与实验结果符合很好。对于 $X < 1$ 情况，取

$$S = \left(\frac{\rho'}{\rho''}\right)^{\frac{1}{4}} \tag{9-15}$$

二、涡轮流量计

涡轮流量计是单相流测量流量的一种常见测量仪表，在实际中应用很广泛。它的基本工作原理是涡轮的转速与流体的速度或流量呈线性关系。这一工作原理也可以推广到两相流体测量中。

雷哈尼采用涡轮流量计测量两相流流量的公式为

$$\omega = kV = R \cdot M \cdot v_M \tag{9-16}$$

式中　ω——涡轮角速度；

R——由标定确定的系数；

v_M——两相流比体积，计算方法为

$$v_M = \frac{x^2}{\alpha \rho''} + \frac{(1-x)^2}{(1-\alpha)\rho'} \tag{9-17}$$

应用涡轮流量计测出 ω，从而由式(9-16)可算出两相流的质量流量 M。用涡轮流量计直接测量两相流流量还存在一些问题，尚需进一步研究。这是因为两相流的流型、速度分布等因素，对涡轮特性的影响还有待进一步研究证实。

三、应用弯头测量气液两相流量及含气率

应用弯头测量管道中单相流体流量的研究工作开展较早。这种测量方法的优点为不需专用的测量元件，应用被测管道的弯头即可以进行测量，且不增加流体的流动阻力。至今，

在应用弯头测量单相流体的流量方面已发表了一系列论文,但是,应用这种测量方法测量气液两相流体流量的研究工作开展得不多,西安交通大学做了这方面的研究工作。下面介绍一下这种方法的测量原理。

设气液两相流体在水平弯头中作混合均匀的流动,且具有自由涡流的流动规律,即沿弯头截面上的各点流速 W 及该点弯曲半径 r 之乘积为一常数 K。根据伯努利(Bernoulli)定律,在弯头某一截面上的压力和速度应符合下列关系式:

$$\frac{p_2 - p_1}{\rho_m} = \frac{W_1^2 - W_2^2}{2} \qquad (9-18)$$

式中 p_1, p_2——弯头内外侧的压力,Pa;

ρ_m——气液两相混合物的均相密度,kg/m^3;

W_1, W_2——弯头内外侧处的流速,m/s。

根据自由涡流流动规律,可得

$$Wr = K \qquad (9-19)$$

式中 r——弯头某点弯曲半径,m;

W——在弯曲半径 r 处的流速,m/s;

K——常数。

将式(9-19)代入式(9-18)可得

$$\frac{p_2 - p_1}{\rho_m} = \frac{1}{2}\left[\left(\frac{k}{R - \frac{d}{2}}\right)^2 - \left(\frac{k}{R + \frac{d}{2}}\right)^2\right] \qquad (9-20)$$

式中 d——管子内直径,m;

R——管子弯曲半径,m。

在弯头截面上取一面积微元体,如图9-3所示。此面积微元体为 $sd\theta ds$,此微元体面积的弯曲半径 $r = R + s\cos\theta$。

流过此面积微元体的气液混合物容积流量 dV 可按下式计算

$$dV = sd\theta ds\, W \qquad (9-21)$$

应用式(9-19)并代入式(9-21),可得

$$dV = s\, d\theta ds\, \frac{K}{R + s\cos\theta} \qquad (9-22)$$

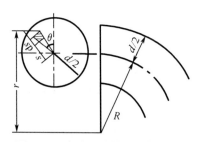

图9-3 弯头尺寸的各代表符号

积分上式可得

$$V = 2K\int_0^{d/2} s\,ds \int_0^\pi \frac{d\theta}{R + s\cos\theta} = 2K\pi\left[R - \sqrt{R^2 - (d/2)^2}\right] \qquad (9-23)$$

联立解式(9-20)和式(9-23)可得

$$V = C\frac{\pi d^2}{4}\sqrt{\frac{2\Delta p}{\rho_m}} \qquad (9-24)$$

式中 Δp——弯头内外侧压力之差,Pa;

C——常数,按式(9-25)计算。

$$C = \left[\frac{R^2}{\left(\frac{d}{2}\right)^2} - 1 \right] \left\{ \frac{\left[R - \sqrt{R^2 - \left(\frac{d}{2}\right)^2} \right]}{\sqrt{Rd/2}} \right\} \tag{9-25}$$

由于实际工况和前述假设有一定出入,因而,在式(9-25)中还应乘上修正系数 φ。令 $\varphi C = C_d B$,C_d 为单相流体时弯头的流量系数;B 为气液两相流体修正系数。两者均由试验确定。因此,式(9-25)可写为

$$V = C_d B \frac{\pi d^2}{4} \sqrt{\frac{2\Delta p}{\rho_m}} \tag{9-26}$$

式(9-26)中的气液两相混合物的均相密度 ρ_m 按式(1-40)计算,即

$$\rho_m = \frac{\rho'}{1 + x(\rho'/\rho'' - 1)} \tag{9-27}$$

式中,x 为质量含气率。

当用试验确定 C_d 及 B 值后,如已知质量含气率 x,便可根据式(9-26)及式(9-27)计算气液两相流体的容积流量;反之,如已知流量 V,便可确定质量含气率 x。在式(9-26)中 Δp 值可由差压计读出,ρ'/ρ'' 可根据压力表读出的压力计算出。

试验时所用的水平布置 $90°$ 弯头由碳钢管弯制而成,其内直径 d 为 26 mm,弯曲半径 R 为 104 mm。弯头内外侧的压差采用 U 形管差压计测量。试验参数如下:空气的质量流量 $M'' = 0.004\ 635 \sim 0.024\ 62$ kg/s,水的质量流量 $M' = 0.07 \sim 0.427$ kg/s,空气的质量含气率 $x = 0.022 \sim 0.241$,压力 $p = (1 \sim 1.85) \times 10^5$ Pa。

经用水标定后,得出该弯头的单相流体流量系数 C_d 为 1.166。通过改变试验系统调节阀的开度可以得到具有不同空气的质量含气率 x 的气水混合物的容积流量 v,并测得气水混合物流过弯头时由差压计测得的相应压差 Δp 及压力 p。

图 9-4 所示为测得的容积流量 V、空气质量含气率 x 和弯头内外侧压差 Δp 的关系曲线。

由于试验时气水混合物的容积流量 V,空气质量含气率 x 均为已知值,弯头内外侧压差 Δp 及弯头前压力 p 均可由差压计及压力表读得,因而可根据式(9-26)及式(9-27)算出气液两相流体的修正系数 B 值。

试验表明,在试验范围内,气液两相流体的修

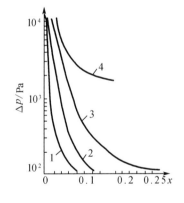

图 9-4 $\Delta p = f(x, V)$ 曲线

1—$V = 0.004$ m³/s;2—$V = 0.006\ 2$ m³/s;
3—$V = 0.009\ 2$ m³/s;4—$V = 0.012$ m³/s

正系数 B 值主要和空气质量含气率 x 有关。图 9-5 所示为气液两相流体的修正系数 B 值和质量含气率 x 的关系曲线。

由式(9-26)可见,当空气的质量含气率 x 为 0 时,气液混合物密度即等于液体密度,此时全部流体为单相液体。再由图 9-5 可知,此时修正系数 B 值等于 1.0。将此二值代入式(9-26),可将式(9-26)转化为计算单相液体流过弯头时的容积流量计算式。因而,式(9-26)不仅适用于气液两相流体,也适用于计算单相液体的容积流量。

图 9-4 中的各曲线为相应于一定容积流量下,弯头内外侧压差 Δp 与质量含气率 x 的

关系曲线。当 x 为 0 时,这些曲线与纵坐标的交点处的
坐标值,都等于这些曲线所代表的容积流量全部为液体
流量时在弯头内外侧产生的压差值。由图可见,当 x 增
大时,Δp 值先迅速下降,但随即下降速度剧减,这是因
为气体和液体密度在试验工况下相差甚大之故造成的。
当质量含气率 x 为 0.02 时,气体容积含气率已在 0.90
以上,当 x 继续增大,则气液混合物中将有 98% 以上的
容积为气体占有。由于气体的离心力很小,所以当 x 略

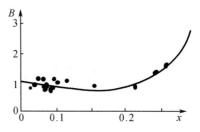

图 9 – 5 系数 B 与质量含气率的关系

大于 0 时,由离心力造成的压差 Δp 迅速下降,随后,当两相流体的容积流量近乎全部为气
体容积流量时,随着 x 的增加 Δp 下降缓慢,而测量误差将迅速增加。

由图 9 – 4 的曲线可见,在试验范围内,为了保证测量灵敏度,x 值不宜大于 0.2。

图 9 – 5 中的 $B = f(x)$ 曲线是根据试验值回归得出的。根据此曲线采用式(9 – 26)及式
(9 – 27)计算气液两相流体的容积流量,在试验范围内其均方根误差 ≤ 1.14% 。

弯头形式众多,所用材料及加工方法各异,因而应用弯头作为流量计应在现场进行调整
试验,得出 C_d 值及 B 值曲线。然后应用式(9 – 26)和式(9 – 27),根据已知的质量含气率 x
值查出 B 值。再和测得的 Δp 值及 p 值一起,算出气液两相流体的容积流量 V 值。

由上述可见,应用弯头测量气液两相流体只能用于单参数测量,即可根据已知质量含气
率 x 求容积流量 V 或反之,其测量误差在实验范围内 ≤ 1.14% 。在试验条件下,弯头流量计
较宜用于质量含气率 $x < 0.2$ 的工况,否则读数误差增大,如用于压力较高的工况,适宜采用
的质量含气率 x 值将增大。

弯头流量计用于测量气液两相流体具有不需专用的测量元件,不因测量而附加增大流
动阻力等优点,但这种流量计较难标准化,应在现场进行调整试验后方可应用。

四、利用皮托管测量两相流质量流量和含气率

皮托管是速度式流量计的一种,它利用测量流体中某一点的全压和静压之差(即动压)
来确定该点的流速。根据伯努利方程,动压与流速间关系为

$$W = k \sqrt{\frac{2}{\rho} \Delta p} \tag{9 – 28}$$

式中　　Δp——动压;

　　　　ρ——介质密度;

　　　　k——由实验定出的系数。

用皮托管测量气体流速,一般情况下可不考虑流体压缩性的影响,仅在流速很高时才予
考虑。

拉库宁曾用皮托管在管径 $d = 10$ mm 和 19 mm 的管内测量气水混合物的质量流量和含
气率 x。皮托管安装在管道中心。气水混合物以很高的质量流速在管内流动,以保证撕破
管壁上的水膜,然后经气水分离器进行气水分离,分离后的气和水进行分相测量,最后获得
气水混合物的质量流量 M。试验结果按均相流动模型整理得到

$$M = \rho_m W A = k A \sqrt{2 \Delta p \rho_m} \tag{9 – 29}$$

将气水混合物比体积 $v_m = x(v'' - v') + v'$ 代入式(9 – 29),经整理后得

$$x = \frac{2A^2 \cdot k^2}{(v'' - v')} \frac{\Delta p}{M^2} - \frac{v'}{v'' - v'} = K \frac{\Delta p}{M^2} - B \qquad (9-30)$$

式中,K,B 均为系数。

若设想的流动模型正确,在管径 d 和工质参数一定的情况下,K 和 B 应为常数,则 x 与 $\Delta p/M^2$ 应呈线性关系。根据式(9-30),已知 M 测出两相压差 Δp,便可获得 x;反之,已知 x 测出 Δp 也可求得 M。但试验结果表明,试验点很分散,仅在高压下 $x < 0.9$ 的区域近似呈线性(见图9-6)。

应用皮托管测量 x 或 M 主要存在的问题:两相流体在管道截面上速度分布很复杂,影响因素又多,因此皮托管安装位置对测量结果有较大的影响;管道直径很小,皮托管探头直径的大小将影响测量结果;采用膜式分离器,分离效率不高,测量精度低;加之流动模型可能未能充分反映实际过程而造成偏差。

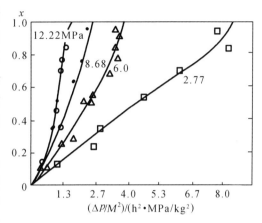

图9-6　压差与质量含气率的关系

第四节　压差的测量

当两相流体在通道内流动时,总的压差一般均可表示为

$$\Delta p = \Delta p_f + \Delta p_a + \Delta p_g + \Delta p_d \qquad (9-31)$$

式中,Δp_f,Δp_a,Δp_g,Δp_d 分别为摩擦、加速、重位和局部压降。

在实际测量中,一般是测出某两个截面间的总压差。压差的测量一般采用差压计或差压传感器。利用差压计测量差压的基本原理如图9-7所示。

由静力学平衡原理,可写出图9-7所示中 z_1 平面上的压力平衡方程

$$p_1 + (z_2 - z_1)g\rho_b = p_2 + (z_4 - z_3)g\rho_b + (z_3 - z_1)g\rho_c \qquad (9-32)$$

经简单整理后可写出

$$p_1 - p_2 = (z_4 - z_2)g\rho_b + (z_3 - z_1)g(\rho_c - \rho_b) \qquad (9-33)$$

式中　ρ_b——脉冲管内流体密度;

ρ_c——差压计内流体密度。

在实际测量中,一般 $p_1 - p_2$ 的值都比较小,所以对差压计内介质要认真选择。如果差压计内介质密度过大,测出的数据精度低或观察不出压力的变化。因此,为了提高测量精度,一般要选用合适的介质。同时,还要注意毛细现象对小直径玻璃管差压计读数的影响,以及差压计的补偿值问题。差压计的补偿值问题是两相流差压测量中所特有的,简单介绍如下。

在图9-7所示的测量系统中令 $p_1 = p_2$,则由式(9-33)可得

$$z_3 - z_1 = -(z_4 - z_2)\frac{\rho_b}{(\rho_c - \rho_b)} \qquad (9-34)$$

式(9-34)说明当两测点之间的静压差等于零时,差压计仍有一个不等于零的指示值。

而且,其指示值的大小与两测压嘴之间的距离,以及差压计和脉冲管介质密度差有关。这个不等于零的指示值就是差压计的补偿值。结合图9-7可以看出,差压计补偿值的物理实质是差压计对于实验本体的冷接管的重力效应。

显然,补偿值的存在对于差压计的测量精度,尤其是小差压的测量精度会带来不利的影响。另外,脉冲管中流体成分和密度对差压信号的测量也有影响。设差压计与实验本体连通,并且通过实验本体的流体流速为零,那么在平衡状态下,可用下列方程组描述系统压降

$$\begin{cases} p_1 - p_2 = (z_4 - z_2)g\rho_b + (z_3 - z_1)g(\rho_c - \rho_b) \\ p_1 - p_2 = (z_4 - z_2)g\rho_m \end{cases}$$

$$(9-35)$$

求解以上方程组,得

$$z_3 - z_1 = \frac{\rho_m - \rho_b}{\rho_c - \rho_b}(z_4 - z_2) \qquad (9-36)$$

式中,ρ_m 为被测通道内的平均密度。

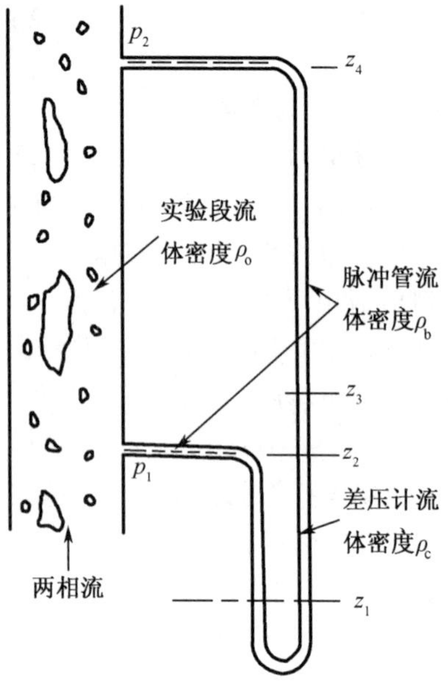

图9-7 差压计测理原理

根据式(9-36),可以分析脉冲管中流体成分和密度对差压测量的影响。脉冲管中通常是与实验本体一致的流体,在单相流动的冷态情况下,满足 $\rho_m = \rho_b$ 的条件,则由式(9-36)得 $z_3 - z_1 = 0$。但是,在加热的两相流系统中,流道内两相流的平均密度为 ρ_m,而脉冲管内基本上是室温下单相水的密度,故 $\rho_m - \rho_b$ 为负值。这时可能会出现这样的现象,即实际两截面的压差是正值,而差压信号的指示值却为负值。

如果流道内的流体速度不为零,则在运行条件下,脉冲管中流体的成分和平均密度可能会发生无法确切知道的变化。例如压降改变、流道内压力波动产生的唧送作用等,都可能使充液的脉冲管中进入或出现气体。对稳态测量,这些可用适当加长脉冲管水平部分的长度加以避免。但对于瞬态测量,无论使用差压计,还是差压传感器,脉冲管中出现气泡都会严重影响测量精度。

第五节　截面含气率的测量

两相流截面含气率的测量方法,从原理上可分为直接测量和间接测量两大类。高速摄影、体积流量测量和利用快速截止阀技术测量属于直接测量方法;其余的一些方法,无论是微波吸收还是射线衰减都属于间接测量,因为后者都是通过对两相混合物特性的测量来确定截面含气率。诸方法各有利弊,采用哪一种方法测量与测量对象和对测量提出的要求有关。下面介绍几种有代表性的方法。

一、高速摄影法

高速摄影法通常是透过含有两相混合物的透明实验段,首先高速摄取照片,然后根据照

片上显现的气泡数目和泡径大小,直接算出截面含气率。这种方法很直观,但是由于此方法需要透明的通道,因此多在中、低压系统中采用。如果在高压下也采用这种方法,就要用很贵重的透明材料,例如蓝宝石等。高速摄影的速度可达 5 000 幅/秒画面,这些照片放大十几倍后可测量出气泡的直径。

高速摄影法虽然有很多难以解决的问题,但是它的直观性是不可多得的优点。高速摄影法不仅可以测量两相流的截面含气率,而且可以对欠热沸腾起始点,净蒸汽产生点以及气泡的生长过程进行详细的研究,这是其他方法难以取代的。

二、快速截止阀法

快速截止阀法是一种比较原始的方法。它的优点是设备简单、操作方便。此种方法是在待测段的两端安装两个截止阀,这两个阀应当同时动作。在测量时同时快速关闭两个截止阀,让内部两相流体充分分离,然后测量液面的高度。很明显,如果知道了液面高度,又知道实验段的总体积,截面含气率就会很容易计算出来。

从目前已经发表的资料看,这种方法多数在常温常压的双组分两相流研究中应用。但是,Colombo 等人 1967 年在高压条件下应用快速截止阀法,成功地进行了加热通道内汽水混合物密度的研究,当时实验使用的是开式回路,压力到 5 MPa。

三、γ射线测量法

1. 基本原理

γ射线吸收和散射法是在测量截面含气率方面广泛应用的一种方法。γ射线通过流体或其他物质时会发生三种不同的衰减过程。

(1)光电效应

γ射线的光子将其全部能量赋予一个原子,引起原子从内层轨道释放出一个电子。

(2)产生电子对

光子产生一正一负电子对,并且被吸收。正电子随后被湮灭,与此同时产生两个 0.51 MeV 光子,即所谓再生光子。由于仅在高能的 γ射线中才产生电子对,所以,再生光子很快再被入射射线吸收。一般认为,被完全吸收了。

(3)康普顿(Compton)效应

γ射线的光子与原子中的电子相互作用,并赋予电子一部分能量,然后以较低的能量改变其行进路线。被散射的光子能量 E'(单位为 MeV)与初始能量 E 及散射角 θ 的关系为

$$E' = \frac{E}{1 + 1.96E(1 - \cos\theta)} \tag{9-37}$$

当 γ射线透过物质时满足单能射线遵守的指数衰减规律,即 γ射线的初始强度(单位为 $1/(m^2 \cdot s)$)与介质的吸收强度 I 之间的关系为

$$I = I_o \exp(-\mu z) \tag{9-38}$$

式中　I_o——衰减前的射线强度;

　　　I——透过物质后的强度;

　　　μ——物质的吸收系数;

　　　z——物质的厚度。

图 9 - 8 所示为 μ/ρ (ρ 为吸收介质的密度)与 γ 射线光子能量之间的关系。由图中曲线可见,在 γ 射线处于较低能量下,在铅中的衰减光电效应起主要作用。对于不同的物质,上述三种衰减过程起作用的重要程度是不同的。譬如,在铁中于很宽的能量范围内,康普顿效应起主要作用。由于康普顿效应产生了再生光子,这些光子能被仪器探测出来,其宽光束与窄光束之间有一些差别。利用 γ 射线的光谱测量法,可以分辨出初始入射光子与再生光子,不过花费很大。解决这一问题的最好方法是在原设备上进行校准,即将所测量的管道中全部充填气体(或蒸汽)或液体,分别测出只充填气体时吸收强度 I_g,或只充填液体时的吸收强度 I_l。I_g 与 I_l 的单位均为 $1/(\mathrm{m}^2 \cdot \mathrm{s})$。

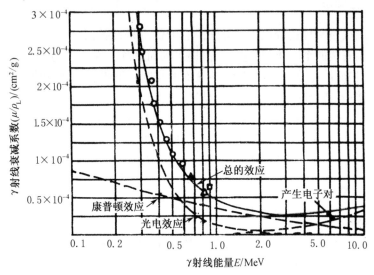

图 9 - 8 铅的 γ 射线衰减系数与 γ 射线光子能量的关系

将式(9 - 38)两端同除 I_o,并取对数,则

$$\ln \frac{I_o}{I} = \mu z \qquad (9 - 39)$$

物质的吸收系数只与物质的密度成正比,即 $\mu = \mu_1 \rho$,若通道中全部是液体,则

$$\ln \frac{I_o}{I'} = \mu_1 \rho' z \qquad (9 - 40)$$

若通道中全部是气体,则

$$\ln \frac{I_o}{I''} = \mu_1 \rho'' z \qquad (9 - 41)$$

若通道中是两相混合物,则

$$\ln \frac{I_o}{I_m} = \mu_1 \rho_o z \qquad (9 - 42)$$

用式(9 - 40)减去式(9 - 41),则得

$$\ln \frac{I''}{I'} = \mu_1 z (\rho' - \rho'') \qquad (9 - 43)$$

将式(9 - 40)减去式(9 - 42),则得

$$\ln\frac{I_m}{I'} = \mu_1 z(\rho' - \rho_o) \qquad (9-44)$$

再用式(9-43)两端除以式(9-44)两端,则得

$$\frac{\ln(I''/I')}{\ln(I_m/I')} = \frac{\rho' - \rho''}{\rho' - \rho_o} = \frac{\rho'' - \rho'}{\rho_o - \rho'} \qquad (9-45)$$

由于

$$\rho_o = \alpha\rho'' + (1-\alpha)\rho' = \rho' + \alpha(\rho'' - \rho')$$

则

$$\alpha = \frac{\rho_o - \rho'}{\rho'' - \rho'} = \frac{\ln(I_m/I')}{\ln(I''/I')} \qquad (9-46)$$

由以上公式,只需测得 I_m 值,就可以算出相应的 α 值。

2. 测量方法

用 γ 射线衰减原理测量截面含气率的方法有多种,常用的有一次通过测量法和分层测量法。

图9-9(a)所示的是一次通过测量方法,这种方法只要一次测量就可以得到结果。它的优点是瞬时响应快,操作简便,节省时间。根据测量值直接用式(9-46)就可以算出结果。

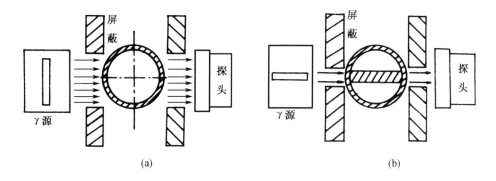

图9-9　γ 射线测量法

分层测量(见图9-9(b))是把通道的径向分成若干等份,对每一层进行分别测量。如图9-10所示,把所有的测量结果取平均值,就可以得到 α 的数值。

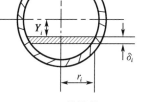

图9-10　管横截面上
的分层测量

$$\alpha = \frac{2\sum\limits_{i=1}^{n}\alpha_i A_i}{A} = \frac{\sum\limits_{i=1}^{n}\alpha_i r_i \delta_i}{A} \qquad (9-47)$$

如果通道为圆管,且束宽 δ_i 取某一定值,则可以得到

$$\alpha = \frac{2\delta_i}{\pi r_i^2}\sum_{i=1}^{n}\alpha_i\sqrt{r_i^2 - Y_i^2} \qquad (9-48)$$

分层测量方法比较麻烦,但是,它可以测量截面含气率的局部值。

表9-1列出了测量截面含气率 α 所用的 γ 射线源的主要类型及其特点。最常用的是铥-170和铯-137以及它们的同位素,这两种元素作为 γ 射线源的优点是能发出大量的单

一能量射线。为了便于使用者进行控制,表中也列出了水和铁的吸收系数的数值。根据表中列出的数值,对照上述方法,就可以在原设备上进行校准了。表中所指的"半距离"是放射强度减少到原来一半时,射线行进的距离。

表 9 - 1　测量截面含气率所用的 γ 射线源

射线源	γ 射线能量 /keV	半衰期	质量吸收系数 $(\mu/\rho)/(cm^2/g)$		线性吸收系数 μ/cm^{-1}		"半距离" /cm	
			水	铁	水	铁	水	铁
铯 - 137	662	30 年	0.086	0.073	0.086	0.57	8.1	1.2
铥 - 170	84	127 日	0.18	0.5	0.18	4	3.8	0.2
铱 - 192	317　468　605	74 日						
硒 - 75	265　136　280 24 ~ 58	120 日			0.12		5.7	

近年来,在利用放射性吸收和散射法测量两相流截面含气率的研究中,有人用 X 线代替 γ 射线作为能源,也取得了良好的结果。另外,β 射线也可以作为能源用在两相流截面含气率的测量中,不过由于管道壁面对这类射线吸收较多,而限制了使用。在截面含气率较小的情况下,使用 β 射线也可以得到良好的结果。

利用放射线吸收和散射法测量两相流截面含气率的过程中,还存在着不少的困难。将其分别叙述如下。

(1)放射源的操纵控制及防护方面有一些困难。不过近年来随着对放射线的广泛使用,人们已掌握了不少操纵控制以及防护方法,只要在使用时谨慎小心,一般不会出什么问题。

(2)在测量两相流截面含气率的过程中所产生的误差是由于对光子统计的偏差而造成的。利用拉长计数时间或者使用强一些的射线源,可以减少误差。这类统计误差与计数数目的平方根成反比,皮波尔曾推导出在保证有一定测量精度的条件下,能求出射线源强度的公式。用 R_g 表示气体(或蒸汽)全部充满通道时得出的计数速率,用 R_l 表示液体全部充满通道时得出的计数速率,并认为,R_g 到 R_l 是探测仪的全量程,可用全量程百分数($FS\%$)表示误差。计数速率的标准偏差为

$$\sigma = \sqrt{\frac{R}{\tau}} \qquad (9 - 49)$$

式中　τ——计数时间;

　　R——两相混合物充满通道时得出的计数速率。

那么,相应于某标准偏差 k 的误差可用下式表示:

$$FS\% = \frac{100k\sqrt{\dfrac{R}{\tau}}}{R_g - R_l} \qquad (9 - 50)$$

满足以上误差的放射源居里强度为

$$居里强度 = \frac{4h^2\exp(\mu_M z_M)}{3.7\eta\gamma\tau r^2 \times 10^{10}}\left[\frac{100k}{1 - \exp(\mu_l z_{max})FS\%}\right]^2 \qquad (9 - 51)$$

式中　h——放射源到探测仪的距离;

μ_M——金属壁的吸收系数;

z_M——射线穿透金属壁的距离;

η——探测仪的效率;

γ——射线源放射的光子份数;

r——平行光的半径;

μ_1——液体的吸收系数;

z_{max}——射线通过液体的最大距离。

从式(9-51)可知,采用强的射线源或者增长计数时间,都能得到高精度。然而,考虑到防护系统的要求,应将射线强度控制在30居里以内。图9-11所示为用X射线作为放射源测量两相流的平均截面含气率和局部截面含气率时,误差与截面含气率之间的关系曲线。

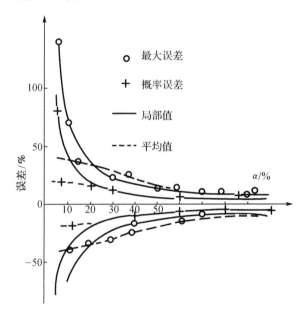

图9-11 用X射线作为放射源时误差与截面含气率的关系

(3)另外一个问题是射线的方向与两相流流动方向是竖直的还是平行的问题。相对方向不同,所用的计算截面含气率的公式也应不同。当射线方向与两相流流动方向相同时,截面含气率 α 由下式表示:

$$\alpha = \frac{I - I_1}{I_g - I_1} \tag{9-52}$$

式中,I 为两相混合物充满管道时,测出的强度。

当射线方向与两相流流动方向竖直时,截面含气率 α 由式(9-46)给出。

(4)有的两相流的截面含气率往往随时间变化,如弹状流的截面含气率可由0变到1,周期性地变化。如果两相流对射线的吸收规律按乘方律变化,那么,平均信号不能代表平均截面含气率。哈木斯(Harms)和福雷斯特(Forrest)介绍了他们为解决上述问题的方案。他们建议采用能量相差较大的两束 γ 射线用为放射源,分别测出二者量值。这就是两相流对于时间的平均截面含气率。它比用一束射线测出的数值真实一些。

四、阻抗法

阻抗法是目前被人们广泛采用的测量两相流截面含气率的另一种方法。其依据的原理是两相混合物的阻抗与各相的密度存在着一定的依从关系。在这种测量方法中,要求测出两相混合物中的电导量和电容量。由于能给出瞬时响应,所以引起人们很大的兴趣。这种方法在出现的早期,不为人们重视。随着测试系统中电极设计的不断改进和阻抗式仪表的日渐完善,用这种方法测量截面含气率取得了比较好的结果。

两相混合物的截面含气率 α 与导纳 B(等于阻抗的倒数)之间的关系式与流型的密切关系。譬如,对泡状流,如果气泡尺寸较小、均匀地分布在液体中,其 α 的计算式为

$$\alpha = \frac{B - B_1}{B + 2B_1} \frac{\varepsilon_g + 2\varepsilon_1}{\varepsilon_g - \varepsilon_1} \qquad (9-53)$$

式中 B——管道中为两相流体时测出的导纳值;

B_1——管道中全部充满液体时测出的导纳值;

$\varepsilon_1, \varepsilon_g$——液相和气相的电导率(如果在系统中电导起主要作用)或电容率(即介电常数,如果系统中电容起主要作用)。

又譬如,对于液滴分散在气体中的两相流,α 计算公式为

$$\alpha = 1 - \frac{B\varepsilon_1 - B_1\varepsilon_g}{B\varepsilon_1 + 2B_1\varepsilon_g} \frac{\varepsilon_1 + 2\varepsilon_g}{\varepsilon_1 - \varepsilon_g} \qquad (9-54)$$

如果阻抗式仪表在电导起主要作用的条件下工作,由于液体中电导率的变化而产生漂移,可使系统在高频下工作,在电容起主要作用的条件下进行测量。

采用阻抗法测量截面含气率的主要困难是对于流型比较敏感。由式(9-53)和式(9-54)可见,如果 B/B_1 一定的话,两个公式得出的 α 值相差很大。在用阻抗法测量泡状流截面含气率的过程中,应当满足下列三点要求:

(1)在两电极之间的流场应当均匀;

(2)能测到所有有代表性尺寸的气泡;

(3)管道的横截面不应当有突然的变化。

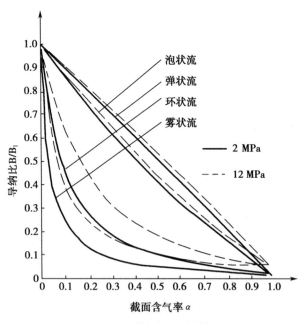

图 9-12 α 与 B/B_1 之间的关系

附　　录

附表 1　水的热物性

温度 T /℃	压力 p /MPa(绝对)	密度 ρ /(kg/m³)	比定压热容 c_p /(kJ/(kg·K))	热导率 $\lambda \times 10^{-2}$ /(W/(m·K))	黏度 $\mu \times 10^6$ /(N·s/m²)	普朗特数 Pr
0	0.101 325	999.9	4.212 7	55.122	1 789.0	13.67
10	0.101 325	999.7	4.191 7	57.448	1 306.1	9.52
20	0.101 325	998.2	4.183 4	59.890	1 004.9	7.02
30	0.101 325	995.7	4.175 0	61.751	801.76	5.42
40	0.101 325	992.2	4.175 0	63.379	653.58	4.31
50	0.101 325	988.1	4.175 0	64.774	549.55	3.54
60	0.101 325	983.2	4.179 2	65.937	470.06	2.98
70	0.101 325	977.8	4.107 6	66.751	406.28	2.55
80	0.101 325	971.8	4.195 9	67.449	355.25	2.21
90	0.101 325	965.3	4.205 8	68.031	315.01	1.95
100	0.101 325	958.4	4.22 11	68.263	282.63	1.75
110	0.243 26	951.0	4.233 6	68.492	259.07	1.60
120	0.198 54	943.1	4.250 4	68.612	237.48	1.47
130	0.270 12	934.8	4.267 1	68.612	217.86	1.36
140	0.361 36	926.1	4.288 1	68.496	201.17	1.26
150	0.435 97	917.0	4.313 2	68.380	186.45	1.17
160	0.618 04	907.4	4.346 7	68.263	173.69	1.10
170	0.792 02	897.3	4.380 2	67.914	162.90	1.05
180	1.002 7	886.9	4.417 9	67.449	153.09	1.00
190	1.255 2	876.0	4.459 7	66.984	144.25	0.96
200	1.555 1	863.0	4.505 8	66.286	136.40	0.93
210	1.907 9	853.8	4.556 1	65.472	130.52	0.91
220	2.320 1	840.3	4.614 7	64.542	124.63	0.89
230	2.797 9	827.3	4.687 1	63.728	119.72	0.88
240	3.348 0	813.6	4.757 1	62.797	114.81	0.87
250	3.977 6	799.0	4.845 0	61.751	109.91	0.86
260	4.694 0	784.0	4.949 7	60.472	105.98	0.87
270	5.505 1	767.9	5.088 2	58.960 3	102.06	0.88
280	6.419 1	750.7	5.230 3	57.448	98.135	0.90
290	7.444 8	732.3	5.485 7	55.820	94.210	0.93
300	8.597 1	712.5	5.737 0	53.959	91.265	0.97

附表 1(续)

温度 T /℃	压力 p /MPa(绝对)	密度 ρ /(kg/m³)	比定压热容 c_p /(kJ/(kg·K))	热导率 $\lambda \times 10^{-2}$ /(W/(m·K))	黏度 $\mu \times 10^6$ /(N·s/m²)	普朗特数 Pr
310	9.869 7	691.1	6.072 0	52.331	88.321	1.03
320	11.290	667.1	6.574 5	50.587	85.377	1.11
330	12.865	640.2	7.244 5	48.377	81.452	1.22
340	14.608	610.1	8.165 8	45.702	77.526	1.39
350	16.537	574.4	9.505 8	43.028	72.620	1.60
360	18.674	528.0	13.986	39.539	66.732	2.35
370	21.053	450.5	40.326	33.724	56.918	6.79

附表 2   饱和线上水和水蒸气的几个热物性

温度 T /℃	压力 p /MPa(绝对)	水的比体积 v' /(m³/kg) $\times 10^{-3}$	蒸汽的比体积 v'' /(m³/kg) $\times 10^{-3}$	水的焓 i' /(kJ/kg)	蒸汽的焓 i'' /(kJ/kg)	汽化热 i_{fg} /(kJ/kg)
0.00	0.000 610 8	1.000 2	206 321	−0.04	2 501.0	2 501.0
10	0.001 227 1	1.000 3	106 419	41.99	2 519.4	2 477.4
20	0.002 336 8	1.001 7	57 833	83.86	2 537.7	2 453.8
30	0.004 241 7	1.004 3	32 929	125.66	2 555.9	2 430.2
40	0.007 374 9	1.007 8	19 548	167.45	2 574.0	2 406.5
50	0.012 335	1.012 1	12 048	209.26	2 591.8	2 382.5
60	0.019 919	1.017 1	7 680.7	251.09	2 609.5	2 358.4
70	0.031 161	1.022 5	5 047.9	292.97	2 626.8	2 333.8
80	0.047 359	1.029 2	3 410.4	334.92	2 643.8	2 308.9
90	0.070 108	1.036 1	2 362.4	376.94	2 660.3	2 283.4
100	0.101 325	1.043 7	1 673.8	419.06	2 676.3	2 257.2
110	0.143 26	1.051 9	1 210.6	461.32	2 691.8	2 230.5
120	0.198 54	1.060 6	892.02	503.7	2 706.6	2 202.9
130	0.270 12	1.070 0	668.51	546.3	2 720.7	2 174.4
140	0.361 36	1.080 1	508.75	589.1	2 734.0	2 144.9
150	0.475 97	1.090 8	392.61	632.2	2 746.3	2 114.1
160	0.618 04	1.102 2	306.85	675.5	2 757.7	2 082.2
170	0.792 02	1.114 5	242.59	719.1	2 768.0	2 048.9
180	1.002 7	1.127 5	193.81	763.1	2 777.1	2 014.0
190	1.255 2	1.141 5	158.31	807.5	2 784.9	1 977.4
200	1.553 1	1.156 5	127.14	852.4	2 791.4	1 939.0
210	1.907 9	1.172 6	104.22	897.8	2 796.4	1 898.6
220	2.320 1	1.190 0	86.02	943.7	2 799.9	1 856.2
230	2.797 9	1.208 7	71.43	990.3	2 801.7	1 811.4
240	3.348 0	1.229 1	59.64	1 037.6	2 801.6	1 764.0

附表 2（续）

温度 T /℃	压力 p /MPa（绝对）	水的比体积 v' /（m³/kg） $\times 10^{-3}$	蒸汽的比体积 v'' /（m³/kg） $\times 10^{-3}$	水的焓 i' /（kJ/kg）	蒸汽的焓 i'' /（kJ/kg）	汽化热 i_{fg} /（kJ/kg）
250	3.977 6	1.251 3	50.02	1 085.8	2 799.5	1 713.7
260	4.694 0	1.275 6	42.12	1 135.0	2 795.2	1 660.2
270	5.505 1	1.302 5	35.57	1 185.4	3 788.3	1 602.9
280	6.419 1	1.332 4	30.10	1 237.0	2 778.6	1 541.6
290	7.444 8	1.365 9	25.51	1 290.3	2 765.4	1 475.1
300	8.597 1	1.404 1	21.62	1 345.4	2 748.4	1 403.0
310	9.869 7	1.448 0	18.29	1 402.9	2 726.8	1 323.9
320	11.290	1.499 5	15.44	1 463.4	2 699.6	1 236.2
330	12.865	1.561 4	12.96	1 527.5	2 665.5	1 138.0
335	13.714	1.597 7	11.84	1 561.4	2 645.4	1 084.0
340	14.608	1.639 0	10.78	1 596.8	2 622.3	1 025.5
345	15.548	1.685 91	9.779	1 633.7	2 596.2	962.5
350	16.537	1.740 7	8.822	1 672.9	2 566.1	893.2
355	17.577	1.807 3	7.895	1 715.5	2 530.5	815.0
360	18.674	1.893 0	6.970	1 763.1	2 485.7	722.6
370	21.053	2.230	4.958	1 896.2	2 335.7	439.5
372	21.562	2.392	4.432	1 942.0	2 280.1	338.1
374	22.084	2.893 4	3.482	2 039.2	2 150.7	111.5
374.12	22.114 5	3.147	3.147	2 095.2	2 095.2	0

附表 3　干空气在标准大气压下的热物性参数

T /℃	ρ /（kg/m³）	c_p /（kJ/（kg·K））	$\lambda \times 10^2$ /（W/（m·K））	$a \times 10^5$ /（m²/s）	$\mu \times 10^6$ /（N·s/m²）	$\nu \times 10^6$ /（m²/s）	Pr
-50	1.548	1.031 3	2.035	1.27	14.61	9.23	0.728
-30	1.453	1.013	2.198	1.49	15.69	10.80	0.723
-10	1.342	1.009	2.361	1.74	16.67	12.43	0.712
0	1.293	1.005	2.442	1.88	17.16	13.28	0.707
10	1.247	1.005	2.594	2.01	17.65	14.16	0.705
30	1.165	1.005	2.757	2.29	18.63	16.00	0.701
50	1.093	1.005	2.896	2.57	19.61	17.95	0.698
70	1.029	1.009	3.129	2.86	20.59	20.02	0.694
100	0.946	1.009	3.338	3.36	21.87	23.13	0.688
140	0.854	1.017	3.641	4.03	23.73	27.80	0.684
180	0.779	1.022	3.780	4.75	25.30	32.49	0.681
200	0.746	1.026	3.931	5.14	25.99	34.85	0.681

附表 3(续)

T /℃	ρ /(kg/m³)	c_p /(kJ/(kg·K))	$\lambda \times 10^2$ /(W/(m·K))	$a \times 10^5$ /(m²/s)	$\mu \times 10^6$ /(N·s/m²)	$\nu \times 10^6$ /(m²/s)	Pr
250	0.674	1.038	4.269	6.10	27.36	40.61	0.677
300	0.615	1.047	4.606	7.16	29.72	48.33	0.674
350	0.566	1.059	4.908	8.19	31.38	56.46	0.676
400	0.524	1.068	5.211	9.31	33.05	63.09	0.678
500	0.456	1.093	5.222	11.53	36.19	79.38	0.687
600	0.404	1.114	5.746	13.83	39.13	96.89	0.699
700	0.362	1.135	6.711	16.34	41.78	115.4	0.706
800	0.329	1.156	7.176	18.88	44.33	134.8	0.713
900	0.301	1.172	7.630	21.62	46.68	155.1	0.717
1 000	0.277	1.185	8.072	24.59	49.04	177.1	0.719
1 200	0.239	1.210	9.154	31.65	53.45	223.7	0.724

附表 4　国际单位与工程单位的换算

名称	国际单位	工程单位	换算关系
力	N(牛顿)	kgf(千克力)	1 N = 0.102 kgf 1 kgf = 9.807 N
压力	Pa = N/m² (帕 = 牛顿/米²) MPa(兆帕) 1 bar = 10⁵ Pa (1 巴 = 10⁵ 帕)	kgf/m²(千克力/米²) kgf/cm²(千克力/厘米²) = at(工程大气压)	1 Pa = 0.102 kgf/m² = 10.2 × 10⁻⁶ kgf/cm² 1 bar = 1.02 kgf/cm² 1 kgf/cm² = 0.098 MPa = 0.98 bar
动力黏度	Pa·s = N·s/m² (帕·秒 = 牛顿秒/米²) P(Poise)(泊) 1 p = 0.1 Pas CP(厘泊) 1CP = 10⁻²P	kgf·s/m² (千克力·秒/米²)	1 Pa·s = 0.102 kgf·s/m² 1 kgf·s/m² = 9.807 Pa·s
功,能,热量	J(焦耳) kJ(千焦耳)	kgf·m (千克力·米) kcal(大卡)	1 J = 0.102 kgf·m 1 kgf·m = 9.807 J 1 kJ = 0.238 9 kcal 1 kcal = 40187 kJ
功率	kW = kJ/s (千瓦 = 千焦/秒)	kgf·m/s (千克力·米/秒)	1 kW = 102 kgf·m/s 1 kgf·m/s = 0.009 8 kW

附表 4(续)

名称	国际单位	工程单位	换算关系
焓	kJ/kg(千焦/千克)	kcal/kg(大卡/千克)	1 kJ/kg=0.238 9 kcal/kg 1 kcal/kg=4.187 kJ
导热系数	W/(m·℃) 瓦/(米·℃)	kcal/(m·h·℃) 大卡/(米·时·℃)	1 W/(m·℃) =0.859 8 kcal/(m·h·℃) 1 kcal/(m·h·℃) =1.163 W/(m·℃)
放热系数 传热系数	W/(m²·℃) 瓦/(米²·℃)	kcal(m²·℃) 大卡/(米²·℃)	1 W(m²·℃) =0.859 8 kcal(m²·℃) 1 kcal(m²·℃) =1.163 W/(m²·℃)
表面张力	N/m(牛顿/米)	kgf/m(千克力/米)	1 N/m=0.102 kgf/m 1 kgf/m=9.807 N/m

参考文献

［1］Oshinowo T, Charles M E. Vertical two-phase flow-pattern correlation［J］. J Chem Eng, 1974,52(3):25 - 35.

［2］Baker O. Simultaneous flow of oil and gas［J］. Oil and Gas Journal, 1954,53(3):185 - 190.

［3］Bell W H, Letourneau B W. Experimental measurements of mixing in parallel flow rod bundles［R］. WAPD-TH-381, Bettis Atomic Power Lab, Pittsburgh, PA,1960.

［4］Collier J G, Thome J R. Convective boiling and condensation［M］. London & New York:McGraw-Oxford University Press, 1994:170 - 175.

［5］Mandhane J M, Gregory G A, Ariz K. Flow pattern map for gas-liquid flow in horizontal pipes［J］. Int J Multiphase Flow, 1974(3):537 - 553.

［6］Bergles A E. Two-phase flow and heat transfer in rod bundles［M］. ［S. L. ］:Edited by Schrock V E, ASME, 1969:47 - 55.

［7］阎昌琪. 竖直管内淹没及流向反转的实验研究［J］. 核动力工程,1992,13(6):46 - 50.

［8］阎昌琪,孙福泰,孙中宁. 管径和气体入口条件对淹没过程的影响［J］. 核动力工程,1993,14(3):238 - 243.

［9］阎昌琪,黄渭堂. 竖直管内淹没及其消失滞后问题的研究［J］. 核科学与工程,1994,14(1):34 - 41.

［10］Taitel Y, Barnea D, Dukler A E. Modeling flow pattern transitions for steady upward gas-liquid flow in vertical tubes［J］. AICHE,1980,26(3):345.

［11］Wallis C B, Dobson J E. The onset of slugging in horizontal stratified air water flow［J］. Int J Multiphase flow,1973(1).

［12］Nicklin G J, Davidson J F. Two-phase Flow［C］. Inst Mech Eng Symp, London,1962.

［13］Wesiman J. Effects of fluid properties and pipe diameter on two-phase flow patterns in horizontal lines［J］. Int J Multiphase Flow, 1979(5):437 - 462.

［14］Wesiman J. Flow pattern transition for gas-liquid flow in vertical and upwardly inclined lines［J］. Int J Multiphase Flow,1980(3):217 - 225.

［15］Lockhart R W, Martinelli R C. Proposed correlation of data for isothermal two-phase, two-component flow in pipes［J］. Chem Eng Progress,1949(3):39 - 45.

［16］Smith S L. Void fraction in two-phase flow: A correlation based upon an equal velocity head model［J］. Proceeding Int Mech Eng,1970(36):657.

［17］Bankoff S G. A variable density, single fluid model for two-phase flow with particular reference to steam-water flow［J］. Trans ASME J Heat Transfer,1960(82):265 - 272.

［18］Zivi S M, Jones A B. An analysis of EBWR instability by FABLE program［J］. Trans Am Nuclear Sec, ANS 1966 Annual Meeting,1966.

［19］Zuber N, Findlay J A. Average volumetric concentration in two-phase flow system［J］. Trans ASME J Heat Transfer,1965(87):453.

［20］Levy S. Steam slip-theoretical predication from momentum model［J］. Trans ASME J Heat Transfer, 1960(82):113.

［21］Bowring R W. Physical model, based on bubble detachment and calculation of steam void age in the subcooled region of a heated channel［C］. Inst for atomenergie Rep, 1962.

［22］Saha P, Ishii M, Zuber N. An experimental investigation of the thermally induced flow oscillations in two-phase systems［J］. Trans ASME J Heat Transfer,1976(98):616－622.

［23］Rouhani S Z. Calculation of steam volume fraction in subcooled boiling［R］. ASME paper 67-HT-31,Natl Heat Transfer Conf, 1967.

［24］凌备备,阎昌琪.核反应堆工程原理［M］.北京:原子能出版社,1989.

［25］阎昌琪.流动欠热水中截面含气率变化的实验研究［J］.核科学与工程,1992(4).

［26］Lockhar R W, Martinelli R C. Proposed correlation of data for isothermal two-phase component flow in pipes ［J］. Chem Eng Progress,1949:39－45.

［27］Cicchirti A. Two phase cooling experiment-pressure drops, heat transfer and burnout measurements［J］. Engeria Nuclear, 1960,2(6).

［28］Dukler A E. Pressure drop and holdup in two-phase flow［J］. AICHE J 1964,10(1).

［29］洛克申 Б А.锅炉机组水力计算标准方法［M］.董祖康,王孟浩,李守恒,译.北京:电力出版社,1981.

［30］Chisolm D. Predication of pressure drop at pipe fitting during two-phase flow［J］. Proc 13th Int, Inst of refrigeration congress, Washington D C,1971(2):781－789.

［31］Martinelli R C, Nelson D B. Prediction of pressure drop during forced circulation boiling of water［J］. Trans ASME,1948(70):695.

［32］Barozy C J. A systematic correlation for two-phase flow pressure drop［J］. AICHE Paper presented at 8th Nat Transfer conference,1965.

［33］Chisholm D. Two-phase flow in bends［J］. Int J Multiphase Flow,1980(4).

［34］阎昌琪.反应堆核燃料组件定位格架的两相流压降计算［J］.核动力工程,1990,11(1).

［35］Chisholm D. Two-phase flow in pipeline and heat exchanges［M］. London: Longman Press,1983.

［36］林宗虎.管内气液两相流特性及其工程应用［M］. 西安:西安交通大学出版社,1992.

［37］Henry R E, Grolmes M A, Fauske H K. Propagation velocity of pressure waves in gas-liquid mixtures［J］. Gas-liquid Flow Symp,1968.

［38］Moody F J. Critical flow of liquid-vapor mixture［J］. AICHE J 1967(13).

［39］Burnell J G. Flow of boiling water through nozzles, orifices and pipes［J］. Engineering,1947(164):572－576.

［40］Edwards A R. Conduction controlled flashing of a fluid and the production of critical flow rate in one-dimensional system［J］. UK Atomic Energy Authority, 1968.

［41］Aritomi M. Heat transfer society of Japan［C］. PaperB206,Proceedings of the 15th annual symposium. 1978:175－177.

［42］Tong L S, Weisman J. Thermal analysis of pressurized water reactor［M］.2nd edition. American Nuclear Society,1979.

［43］任功祖.动力反应堆热工水力分析［M］.北京:原子能出版社,1982.

［44］Bergles A E. Two-phase flow structure observation for high pressure water in a rod bundle［J］. ASME Winter Annual Meeting, 1969.

［45］车得福,李会雄.多相流及其应用［M］.西安:西安交通大学出版社,2007.

［46］周云龙,孙斌,陈飞.气液两相流型智能识别理论及方法［M］.北京:科学出版社,2007.

［47］陈听宽.两相流与传热研究［M］.西安:西安交通大学出版社,2004.

［48］周云龙,洪文鹏,孙斌.多相流体力学理论及其应用［M］.北京:科学出版社,2008.

［49］Ishii M, Hibiki T. Thermo-fluid dynamics of two-phase flow［M］. New York:Springer Science + Business Media,Inc,2006.

［50］Clayton T C. Multiphase flow handbook［M］. New York:Taylor & Francis Group,LLC,2006.

［51］Greg F N. Heat transfer in single and multiphase systems［M］. Boca Raton：CRC Press LLC,2003.

［52］Carey V P. Liquid-vapor phase-change phenomena［M］. New York：Taylor & Francis Group LLC, 2008.

［53］Kolev N I. Multiphase flow dynamics［M］. Berlin：Springer-Verlag,2004.

［54］毕勤成,刘伟民,高峰. U 形管高压汽－液两相流动密度波型不稳定性的实验研究［J］. 核动力工程, 2005,26(6)：559－562.

［55］高峰,陈听宽. 大 L/d 倾斜并联光管汽－液两相流不稳定性实验研究［J］. 核动力工程,2005,26(2)： 130－134.

［56］Chen L,Tian Y S, Karayiannis T G. The effect of tube diameter on vertical two-phase flow regimes in small tubes［J］. International Journal of Heat and Mass Transfer,2006(49)：4220－4230.

［57］Morel C. Modeling approaches for strongly non-homogeneous two-phase flows［J］. Nuclear Engineering and Design, 2007(237)：1107－1127.

［58］Vijayarangan B R, Jayanti S. Pressure drop studies on two-phase flow in a uniformly heated vertical tube at pressures up to the critical point［J］. International Journal of Heat and Mass Transfer, 2007(50)：1879－ 1891.

［59］Chang K H, Pan C. Two-phase flow instability for boiling in a microchannel heat sink［J］. International Journal of Heat and Mass Transfer,2007(50)：2078－2088.

［60］Lee J Y,Ishii M, Kim N. Instantaneous and objective flow regime identification method for the vertical upward and downward co-current two-phase flow［J］. International Journal of Heat and Mass Transfer, 2008 (51)：3442－3459.

［61］Juli'a J E, Liu Y, Paranjape S. Upward vertical two-phase flow local flow regime identification using neural network techniques［J］. Nuclear Engineering and Design, 2008(238)：156－169.

［62］Zhu X J, Bi Q C, Yang D, et al. An investigation on heat transfer characteristics of different pressure steam-water in vertical upward tube［J］. Nuclear Engineering and Design, 2009(239)：381－388.

［63］Kaka S, Cao L P. Analysis of convective two-phase flow instabilities in vertical and horizontal in-tube boiling systems［J］. International Journal of Heat and Mass Transfer, 2009(52)：3984－3993.

［64］Manera A, Ozarc B, Paranjapec S, et al. Comparison between wire-mesh sensors and conductive needle-probes for measurements of two-phase flow parameters［J］. Nuclear Engineering and Design, 2009 (23)： 1718－1724.

［65］Quibén J M, Cheng L X, Ricardo J, et al. Flow boiling in horizontal flattened tubes：Part Ⅰ Two-phase frictional pressure drop results and model［J］. International Journal of Heat and Mass Transfer, 2009 (52)： 3634－3644.

［66］Quibén J M, Cheng L X, Ricardo J, et al. Flow boiling in horizontal flattened tubes：Part Ⅱ Flow boiling heat transfer results and model［J］. International Journal of Heat and Mass Transfer, 2009 (52)：3645－ 3653.

［67］Lee J Y, Kim N S, Ishii M. Flow regime identification using chaotic characteristics of two-phase flow［J］. Nuclear Engineering and Design, 2008(238)：945－957.

［68］Ahmad Mohammad, Berthoud Georges, Mercier Pierre. General characteristics of two-phase flow distribution in a compact heat exchanger［J］. International Journal of Heat and Mass Transfer, 2009(52)：442－ 450.

［69］Podowski M Z. On the consistency of mechanistic multidimensional modeling of gas/liquid two-phase flows ［J］. Nuclear Engineering and Design,2009(239)：933－940.

［70］Zhang Y J, Su G H, Yang X B. Theoretical research on two-phase flow instability in parallel channels［J］. Nuclear Engineering and Design, 2009(239)：1294－1303.